Série Sciences en société

Dirigée par Béatrice Ajchenbaum-Boffety avec un comité de conseillers scientifiques : Jean Audouze, Paul Caro, Albert Jacquard, André Langaney, Jacques Robin, Jean-Jacques Salomon, Édouard Zarifian.

Remerciements à Yujiro Otsuki dont les œuvres illustrent les couvertures de cette collection.

La Terre outragée

Cet ouvrage a reçu le soutien du ministère de l'Environnement (SRETIE) et du Centre national des lettres.

Tél. : 47.70.12.50. Fax : 47.70.97.52. ISBN : 2-86260-344-9.
Dépôt légal : 1er trimestre 1992. Imprimé en France.

La Terre outragée

Les experts sont formels !

Dirigé par Jacques Theys et Bernard Kalaora

Éditions Autrement - Série Sciences en société n° 1

Sommaire

Partie 1 13

Quand la science réinvente l'environnement 15
Jacques Theys et Bernard Kalaora

Partie 2 51

1. Les cartes de la connaissance 53

L'écologie : généalogie d'une discipline 54
Jean-Marc Drouin

L'étude scientifique de l'environnement n'est pas née de la dernière pluie acide. Depuis Linné, naturalistes et géographes n'ont cessé, à grand renfort de concepts et de théories, de scruter la nature, pour mieux la gérer et pour le plaisir de connaître ses détours.
L'environnement dans l'histoire des sciences, de l'éparpillement des disciplines naturalistes à la science des écosystèmes.

Pour une pensée écologisée 66
Edgar Morin

Comment rendre compte de la complexité de l'organisation vivante ?
Comment concilier la conservation des écosystèmes et le développement technologique ?
Comment faire de la planète Terre un véritable « chez-soi » ? De la science de l'écologie au mouvement écologique puis à la pensée écologique : pour une révolution de la pensée.

L'écologie en temps réel 78
Francesco Di Castri

Bouleversements climatiques ou économiques, ozone, dioxine et géopolitique... Aujourd'hui l'écologie fonctionne dans l'urgence. Encore mal assurée sur ses fondements, il lui faut tout à la fois comprendre et expliquer, modéliser, prévoir, communiquer, établir ses protocoles et ses critères, chercher et se trouver. F. Di Castri, expert international, dresse ici le portrait d'une jeune science pressée.

Connaissance utile, ignorance utile ? 87
Jérôme Ravetz

Au commencement était l'illusion de la connaissance... Quand les chiffres sont contestés, les enjeux importants et les décisions urgentes, comment agir sur la base d'un savoir incomplet ? Un nouveau type de science, préoccupée par la protection de l'environnement et la survie de l'espèce, peut-il féconder l'ignorance et lui restituer ses vertus ?

2. Incertitudes et controverses 103

Le débat se réchauffe 104
Robert Kandel

Changement climatique ? L'augmentation du gaz carbonique, résultant de notre consommation croissante d'énergie fossile, contribue à l'effet de serre et ouvre des perspectives périlleuses. Si les incertitudes demeurent chez les experts, aujourd'hui s'impose à l'échelle mondiale une action politique, économique et technologique.

Un dangereux relâchement ? 111

Florian Charvolin et Cécile Schwartz

Comment s'est nouée la controverse européenne, qui débute le 7 juillet 1987, sur des expériences de relâchement en champs d'organismes modifiés génétiquement ? Des bactéries, des choix politiques, des outils scientifiques ou des financements vont être localement reliés et vont, en bout de course, décider provisoirement de la nature des micro-organismes et de leur enjeu social.

Tchernobyl : la montée de l'expertise 118

Marie-Hélène Mandrillon

D'« accident national », l'explosion d'un réacteur de Tchernobyl s'est muée en « catastrophe internationale ». Aux dissonances dans les discours officiels, aux expertises publiques avortées, a succédé la reconnaissance de l'échec d'une gestion. Sur fond de « glasnost » s'affrontent des stratégies institutionnelles, nationales et politiques orchestrées par les experts.

Le lynx a-t-il le mauvais œil ? 126

Anne Vourc'h et Valentin Pelosse

La réintroduction du lynx dans les montagnes françaises a violemment opposé les milieux écologiques aux communautés agricoles et forestières. Derrière la controverse géographiquement circonscrite se profile une autre dimension qu'il faudra désormais prendre en compte : celle des représentations symboliques.

Normandie, 1768-1771 : une controverse sur la soude 130

Gilles Denis

En 1768, la Société d'Agriculture de Rouen et douze verreries normandes engagent un débat sur les effets pernicieux de la production de la soude. La question sera tranchée par un « expert scientifique » dépêché par l'Académie des Sciences de Paris. Les arguments avancés de part et d'autre, de diverses natures, sont dûment marqués par le contexte historique et géographique.

3. L'expert entre la science et la politique 139

Humains, non-humains : morale d'une coexistence 140
Michel Callon et Arie Rip

13 picogrammes, 100, 150 ? Quel seuil d'exposition quotidienne à la dioxine retenir ? Dans les situations embrouillées, les « forums hybrides », lieux de controverses sur la nature des faits scientifiques, de débats sur les procédures à suivre et de litiges entre les acteurs, permettent d'analyser l'expertise comme un processus d'adaptation et de compromis.

L'expertise scientifique, consensus ou conflit ? 157
Philippe Roqueplo

Écartelés entre recherche de savoir et devoir d'alerter le public, les scientifiques jugent volontiers l'expertise malaisée, car surdéterminée par des considérations subjectives. Comment préserver un espace de controverse qui permette de ne pas abandonner l'expertise aux groupes de pression et de maintenir l'objectivité ?

La science absorbée par la commande administrative 170
Denis Duclos

L'expert, appelé depuis l'extérieur de son champ professionnel, ne construit pas son évaluation dans les termes de sa pratique scientifique, mais à partir des repères de perception et d'argumentation du demandeur. Que reste-t-il dès lors de l'autonomie de l'expertise, qui justifie pourtant sa consultation par un décideur ?

Tradition culturelle et expertise 188
Jacques Defrance et Isabelle Jeuffroy-Niehues

Les savoirs scientifiques sont universels et définissent des critères de qualité de l'eau dans tous les pays industriels. Des différences nationales demeurent cependant dans la façon d'établir les normes de pureté. Une approche culturelle comparative (Allemagne, Grande-Bretagne) fournit quelques éclaircissements sur ces variations.

4. *Géo-, média- et démo... crates* 203

L'expertise, une illusion nécessaire 204
François Ewald

Dans *Surveiller et Punir*, Michel Foucault a traité de l'expertise dans le jugement et les politiques pénales. À la lumière de ces travaux, l'expertise en matière d'environnement, analysée ici, apparaît comme bien autre chose qu'un instrument d'aide à la décision. Thèmes et pratiques de l'environnement ouvriraient alors un espace d'indécision nécessaire sur les valeurs.

Quand la science met l'inconnu dans le monde 210
Denise Jodelet et Carole Scipion

On critique les sondages, mais ils disent plus qu'on ne le croit. D'autres que leurs commanditaires peuvent y trouver pâture. Ils y liront les symptômes de l'incohérence d'une opinion mobilisée par l'environnement, mais fragilisée par la science, ballottée par l'actualité, les médias et le politique, en quête de savoirs et de directives.

Expertise et contre-pouvoir 223
Michèle Rivasi

La contre-expertise est-elle possible ? Premier laboratoire indépendant de mesure de la radioactivité, la CRII-RAD est créée en 1986 ; ses projets : sortir de l'archaïsme des structures d'informations unilatérales et tenter d'assurer le fonctionnement démocratique des prises de décision. Histoire d'un outil, avec ses exigences, ses conditions d'existence et ses limites.

La montée des géocrates 233
Guy Béney

La citoyenneté au risque de l'écologisme global : ultime réponse aux dangers partout proclamés, la volonté de « gérer la Terre » fait le lit d'une « géocratie » montante qui impose son idéologie sous une forme plus neuve et séduisante. Thèses biologistes et sélectionnistes ignorant la spécificité humaine, occidentalisme menaçant les pays moins « avancés », n'est-il pas temps de réfléchir à cette dynamique ?

Partie 3 245

Un autre regard : Le droit de l'homme à l'erreur 247
Bernd Guggenberger

Annexes 259

Bibliographie 261

Biographie des auteurs 264

Table des matières 268

Partie 1

« On n'a plus besoin de dire aux princes qu'ils ont intérêt de protéger la science ni au public que les savants ont des droits à la reconnaissance. »
Condorcet, 1784.

« Les cent dernières années nous ont permis d'accroître infiniment notre connaissance de nous-mêmes, de la nature et de toutes choses ; mais de là s'ensuit que tout l'ordre que nous gagnons dans les détails nous le reperdrons dans l'ensemble, de sorte que nous disposons de toujours plus d'ordres (au pluriel) et de toujours moins d'ordre (au singulier). »
R. Musil, *L'homme sans qualité*, 1930-1932.

Quand la science réinvente l'environnement[1]

Jacques Theys et Bernard Kalaora

En vingt ans la science a totalement bouleversé la perception que nous avons de l'environnement et de la nature. Observée jour et nuit par des satellites, auscultée par des ballons sondes ou des capteurs, couverte de stations de mesure - jusqu'en Antarctique -, mise en modèles et en bases de données, la planète est désormais un immense laboratoire, ouvert grâce aux médias au public le plus large.

Pas un mois ne se passe sans que nous soyons sollicités d'intégrer dans nos préoccupations des « êtres nouveaux[2] » que nous ne connaissions pas ou que nous avions choisi d'ignorer : les « baleines bleues », les « forêts d'Amazonie », les « algues de la mer du Nord », le « mercure de Minamata », la « dioxine de Seveso », l'« effet de serre »... Nous ne pouvons plus nous baigner ou ouvrir un robinet sans savoir si l'eau est conforme aux normes ; manger un fruit sans penser aux pesticides ; utiliser un aérosol sans nous

1. Article écrit par Jacques Theys, avec la collaboration partielle de Bernard Kalaora.
2. Expression empruntée à L. Bibard, B. Latour et C. Schwartz *in* : *Crises des environnements, défi aux sciences humaines*, CNRS, 1989.

sentir coupables de faire disparaître la couche d'ozone ; vivre à proximité d'une décharge - même contrôlée - sans craindre de ressentir immédiatement les symptômes d'une maladie invisible... En étendant à l'infini - à côté des dangers réels - l'existence « insidieuse et allusive » du risque possible, les sciences de l'environnement accentuent démesurément ce qui fait de l'homme contemporain, plus que jamais, l'« homme du souci[3] ».

De la science ainsi sacralisée, l'opinion publique attend des réponses à la fois simples et catégoriques : le climat change-t-il ? Les lessives sans phosphates sont-elles effectivement inoffensives ? Faut-il craindre ou pas un accident nucléaire en France ? Les « pluies acides » sont-elles bien responsables de la mort des forêts ?... Or il faut bien constater qu'à toutes ces questions - prises parmi bien d'autres - les scientifiques ne peuvent le plus souvent répondre qu'en faisant état de leurs divergences, de leurs doutes, quand ce n'est pas, plus abruptement, de leur ignorance. L'angoisse du public s'alimente ainsi tout autant des progrès de la connaissance que du sentiment, parfois injustifié, de l'incapacité croissante des experts à fournir les certitudes rassurantes qu'il recherche.

Plus que d'autres, les hommes politiques sont confrontés à cette situation peu confortable de spécialistes divisés, de scientifiques trop prudents ou d'experts trop formels. Ayant de plus en plus à faire des choix qui peuvent engager plusieurs générations ou des pans entiers de l'activité économique, on comprend qu'ils puissent être fortement partagés entre l'urgence d'agir et celle d'attendre.

L'idée selon laquelle leurs décisions devraient pouvoir en toutes circonstances s'appuyer sur des vérités scientifiques solidement établies et vérifiées risque en effet de correspondre de moins en moins à la complexité des phénomènes écologiques et à la compartimentation des savoirs sur l'environnement. Le philosophe des sciences Jérôme Ravetz avance ainsi l'hypothèse d'une inversion des rapports traditionnels entre les faits scientifiques « durs » et les opinions subjectives « molles » des responsables politiques en affirmant : « Désormais nous aurons de plus en plus besoin de décisions "dures" prises par des hommes politiques pour lesquelles nous ne disposerons que d'évidences "molles" ou sujettes à controverses[4]. » Et de

3. Karel Kocik, *La dialectique du concret*, Paris, Maspero, 1960.
4. Jérôme Ravetz, *in Sustainable development of the biosphere*, IIASA, Cambridge University Press, 1988.

conclure : « *Il faudra donc apprendre à nous servir de l'ignorance, comme nous savons déjà nous servir de la connaissance*[5]. »

L'incertitude ne pose pas seulement des problèmes de décision... Elle est, avec la multiplication récente des controverses, un des facteurs qui contribuent à faire basculer la science du côté du débat social, à brouiller les frontières entre culture et nature, à effacer les limites soigneusement tracées entre peur et savoir[6]. Au rêve positiviste d'une société gouvernée par le vrai et le faux s'oppose l'image d'une science devenue l'otage ou l'instrument d'un jeu social où s'affrontent pouvoirs publics, groupes de pression et scientifiques eux-mêmes, jeu dans lequel experts et médias occupent désormais une place centrale.

Le débat sur l'environnement ne fait pas, en l'occurrence, que redonner une actualité nouvelle au conflit opposant depuis toujours les « réalistes » - qui croient à la possibilité d'une représentation objective du réel - et les « nominalistes » qui font de la connaissance le résultat provisoire de rapports de forces ou de négociations entre intérêts ou subjectivités contradictoires[7]. Il le radicalise. Car, dans ce domaine, il est clair que démystifier l'expertise au nom d'une sociologie critique, c'est aussi prendre le risque énorme de rester aveugle face à des évolutions qui peuvent constituer des menaces pour toute l'humanité. Mais, à l'inverse, donner inconditionnellement foi à la parole de l'expert au nom de la compétence, c'est prendre le risque tout aussi grand de s'en remettre à une nouvelle forme de despotisme éclairé dont on peut craindre, cette fois-ci, qu'il ne s'étende à l'ensemble de la planète.

Depuis les premiers vols Apollo, il y a vingt ans, nous nous sommes familiarisés avec la perspective de pouvoir observer de chez soi et « en direct » la terre entière telle que la photographient les satellites. Image fascinante mais trompeuse : l'idée d'une société

---

5. Voir l'article de Jérôme Ravetz, « Connaissance utile, ignorance utile ? », *infra*, p. 87.
6. Cf. Denis Duclos, *La peur et le savoir*, Paris, La Découverte, 1990.
7. L'opposition entre « réalistes » et « nominalistes » remonte au Moyen Âge et à la controverse entre les scolastiques et Guillaume d'Ockham. Les nominalistes réfutent l'idée que la réalité puisse être représentée par des concepts ou des mots abstraits, ce qui, en dernière instance, conduit à nier la possibilité d'une représentation incontestable et donc formelle du monde physique. On peut les rapprocher d'une sociologie relativiste de la connaissance comme celle développée par Mary Douglass ou Bruno Latour.

transparente, c'est-à-dire capable grâce à la science et à la communication de se gouverner en ayant une parfaite connaissance d'elle-même, restera encore longtemps une illusion hors de notre portée. Mais il faut également se convaincre qu'il n'y a probablement pas d'alternative démocratique à cette utopie inaccessible de la transparence[8]. Autrement dit, toute position dogmatique sur la rationalité ou l'irrationalité des discours ou des comportements face aux questions d'environnement est vouée à l'échec. Car nous savons très bien que la science et la technique ne supprimeront jamais la part irréductible de déraisonnable, d'incompréhensible ou d'angoissant qui caractérise le risque, la catastrophe ou l'infinie complexité de la nature, mais nous savons aussi que toute solution à la crise écologique passera nécessairement par la science.

C'est pourquoi l'analyse des controverses scientifiques et du rôle des experts dans le domaine de l'environnement ne peut en définitive s'approcher efficacement que dans une démarche totalement empirique : que sait-on aujourd'hui concrètement des problèmes écologiques ? Pourquoi leur connaissance se heurte-t-elle à des difficultés spécifiques ? Qui sont réellement les experts ? Comment interviennent-ils dans les décisions ? À quelles conditions la démocratie peut-elle être protégée d'un abus de leur pouvoir ? Quel rôle jouent les médias dans les controverses ? Comment finalement faire face aux incertitudes ?

C'est autour de ces questions que se sont rassemblés en septembre 1989 quatre cents scientifiques et responsables politiques d'une dizaine de pays[9] et que se structurera donc naturellement cette introduction.

Mais il nous faut d'abord resituer l'expertise dans son contexte historique en commençant par rappeler que les problèmes d'environnement ne sont pas toujours posés en termes de rapport à la science.

---

8. Ce qui conduit François Ewald à considérer l'expertise comme une illusion nécessaire (*infra*, p. 204).

9. La majorité des communications et des réflexions présentées dans cette publication sont issues d'un colloque international organisé en septembre 1989 à Arc-et-Senans par le ministère de l'Environnement (Groupe de prospective, mission Sciences sociales) et l'association GERMES, sur le thème : « Les experts sont formels : controverses scientifiques et décisions politiques dans le domaine de l'environnement. » Les actes complets de ce colloque ont été publiés par GERMES en 1991.

Du visible à l'invisible

Ceux qui ont lu les nombreux articles consacrés à l'environnement pendant la période 1988-1990 ont probablement été frappés par deux magnifiques images multicolores représentant la réduction dramatique de la couche d'ozone au-dessus de l'Antarctique. Ce qu'il y a de plus remarquable dans ces illustrations, ce n'est pourtant pas leur qualité esthétique mais leur caractère de fiction pure. Il ne s'agit pas en effet des habituelles photographies sur la nature, mais d'images de synthèse tirées d'un montage vidéo censé simuler le fonctionnement d'un modèle.

Personne n'a jamais vu ni photographié la couche d'ozone : *elle est invisible*. Comme le benzène qui oblige à la même date Perrier à retirer de la vente plusieurs millions de bouteilles ; comme le « nuage » de Tchernobyl, dont on ne sait pas s'il a ou non traversé les frontières françaises ; et même, comme l'ours des Pyrénées ou le lynx, emblèmes symboliques de la défense de la nature en France, dont seuls quelques privilégiés ont pu constater la réelle existence[10]. En cette fin des années quatre-vingt, ce sont d'abord ces craintes invisibles qui mobilisent l'opinion publique en France et dans le monde[11].

Le décor est étonnamment différent au début des années soixante-dix, date à laquelle émerge en France un début d'intérêt pour l'environnement. Car à cette époque, c'est au contraire contre les dégradations les plus visibles du « monde vécu » que se construit le mouvement écologique. On se mobilise contre la voie express rive gauche, contre le bruit autour des aéroports, contre l'urbanisme en « tours », contre le passage des autoroutes à travers les forêts d'Île-de-France (Fontainebleau, Saint-Germain...) ou pour la défense du premier parc national français : celui de la Vanoise.

Les premières manifestations antipollution concernent également des symboles parfaitement visibles de l'intrusion de l'industrie dans le paysage : une cimenterie et ses poussières à Mantes, des projets de raffinerie de pétrole dans le Beaujolais ou le Médoc...[12]. Du

---

10. Voir l'article d'Anne Vourc'h et Valentin Pelosse, « Le lynx a-t-il le mauvais œil ? », *infra*, p. 126.
11. Voir également l'article de Denise Jodelet et Carole Scipion, « Quand la science met l'inconnu dans le monde », *infra*, p. 210.
12. Christian Garnier, *L'environnement démystifié*, Mercure de France, 1973.

Larzac aux protestations des usagers des transports en commun, l'écologie commence d'abord en France par être un *existentialisme* et en tant que telle elle est donc aussi très largement antiscientifique.

Dès cette époque pourtant on peut dire que cette conception « existentialiste » de l'environnement est déjà dépassée dans un grand nombre de pays anglo-saxons et notamment dans le pays d'où est partie la croisade écologique, les États-Unis[13]. En 1967, un livre d'anthologie y obtient un énorme succès de librairie : le *Printemps silencieux* de Rachel Carlson. L'auteur, à la fois journaliste et biologiste, y parle de « nature sans voix », de « mal mystérieux », de « mauvais sort », de « fantôme inquiétant », d'« élixir de mort ». On croirait un conte d'Edgar Poe sur la peste[14] mais il s'agit de la description tout à fait scientifique de la contamination des sols, des nappes phréatiques, de la faune sauvage ainsi que des populations américaines par des pesticides aux noms aussi inconnus et rébarbatifs que l'« heptachlore », le « parathion », la « dieldrine » ou le « DTT ».

Avec ce livre de Rachel Carlson, un autre versant de l'environnement s'impose progressivement. On change de révolution industrielle : aux symboles on ne peut plus reconnaissables de la « civilisation du charbon » - cheminées d'usines, égouts à ciel ouvert, villes noires décrites par Zola ou Dickens[15] - se substituent les menaces indiscernables, mais d'autant plus angoissantes, de la chimie de synthèse, du nucléaire[16] ou, plus tard, des manipulations

13. Voir l'article d'Edgar Morin, « Pour une pensée écologisée », *infra*, p. 66.

14. Dans « Le masque de la mort rouge » Edgar Poe personnifie la peste sous la forme d'un personnage masqué au corps invisible dissimulé par une cape (Edgar Poe, *Nouvelles extraordinaires*).

15. La description que fait Ch. Dickens de la ville de Coketown (Preston) symbolise tout à fait cet environnement parfaitement visible de la ville industrielle du XIXe siècle : « C'était une ville de machines et de hautes cheminées, dont sortaient des serpents de fumée qui se traînaient toujours et jamais ne se dissipaient. Dans cette ville il y avait un canal noir et une rivière qui coulait violette à cause des teintures qui sentaient mauvais et de grandes masses de bâtiments pleins de fenêtres où cela crépitait et tremblait toute la journée et où le piston et la machine à vapeur travaillaient, monotones, montant et descendant comme la tête d'un éléphant atteint d'une folie mélancolique. »

16. Le nucléaire illustre naturellement à l'extrême ce phénomène d'invisibilité puisque non seulement ses effets ne peuvent être saisis directement par l'intuition non scientifique mais qu'ils sont le plus souvent différés dans le temps au point de n'être observables qu'à l'échelle de plusieurs générations. C'est sur ce thème de l'angoisse liée à l'invisibilité que l'écrivain Masugi Ibuse a construit le roman le plus saisissant jamais écrit sur la catastrophe d'Hiroshima (*Pluie noire*, Gallimard).

génétiques. Comme le dit François Guéry[17] : « Ce n'est plus sous le regard complaisant de l'homme industriel, spectateur par vocation, que s'étale désormais la "laideur" du monde. Elle s'abrite au contraire loin des yeux : hauteurs, bas-fonds ou hauts fonds sous-marins, stratosphère, cellules infimes des tissus animaux, cycles de longue durée, sanctuaires naturels les plus inviolés... Là où seul peut la débusquer le regard technologique : instruments de plongée, microscopes, échantillonnages, extrapolations sur des décennies, satellites... » Le propre de la pollution moderne est d'être inaccessible au profane.

On comprend qu'à partir de là la science puisse revendiquer le rôle de médiateur indispensable entre l'homme et la nature. « Il semble évident », écrit ainsi dès 1967 le grand écologiste anglais Max Nicholson, dans un autre livre d'anthologie[18], « que désormais seule la science pourra s'attaquer avec quelque succès aux tendances autodestructrices de l'humanité, indépendamment des structures rétrogrades des Églises ou des partis politiques. L'âge de l'ordinateur mettra l'écologie, *en dépit des écologistes eux-mêmes*, en mesure d'assurer un rôle central dans la gestion de la planète : les années soixante-dix marqueront ainsi les premiers moments où la nature et le soin de sa survie seront l'objet d'un examen continuel, scientifique et critique ; et où les examinateurs ne seront pas trop éloignés du siège du pouvoir *ni incapables d'exiger des comptes* ».

Ce qui n'était pour Nicholson qu'une perspective est devenu en grande partie réalité. L'*environnement* n'est pas seulement de mieux en mieux connu : *il n'existe aujourd'hui, très largement, qu'à partir des représentations qu'en donnent les scientifiques*, relayés ou pas par les médias. Dans les journaux ou les rédactions télévisées, l'écologie est passée de la rubrique « société » à la rubrique « science ». Certes, l'opinion se mobilise encore lorsque les droits de propriété individuels sont menacés : mais même dans ces circonstances le débat d'experts se substitue souvent au débat politique[19]. On attend désormais presque tout de la science : non

17. François Guéry, *La société industrielle et ses ennemis*, Olivier Orban, 1990.
18. Max Nicholson, *La révolution de l'environnement, guide à l'usage des nouveaux maîtres du monde*, Gallimard, 1973. Publié en Grande-Bretagne en 1967.
19. Le rôle que jouent les experts dans les controverses scientifiques et dans les conflits locaux est naturellement très différent. On y reviendra dans les parties suivantes.

seulement qu'elle formule des diagnostics et des prévisions, mais qu'elle permette de fixer des normes, de trouver des solutions techniques, d'atténuer ou de canaliser les peurs.

Le recours aux scientifiques ne se justifie pas en effet exclusivement par la complexification croissante des risques liés à la société industrielle. Il présente également l'énorme avantage de transformer en faits objectifs ce qui n'est le plus souvent que conflit de valeur - problème d'équité sociale, opposition éthique ou divergence sur l'intérêt général. C'est ce qu'exprime là encore Max Nicholson, lorsqu'il écrit, non sans quelque naïveté et optimisme sur l'écologie : « Par bonheur les progrès récents de la technique et de la science ont établi la justification positive irréfutable, toujours mieux admise désormais, de presque tout le mouvement de conservation ; il n'est donc plus nécessaire de recourir, dans la persuasion et la controverse, aux arguments esthétiques, moraux et spirituels beaucoup plus discutables et dangereux. » Belle déclaration positiviste mais qui donne probablement à réfléchir sur les liaisons entre l'écologie comme science et comme mouvement social[20].

Naturellement, l'environnement n'est pas le seul domaine à être concerné par ce double processus historique de scientifisation de la politique[21] et de déqualification du regard profane sur le monde. Dans *Les cinq sens* Michel Serres évoque comme un mouvement tout à fait général ce dépaysement (global) de l'humanité, « détachée de ses pays », rendue aveugle à ce qui était autrefois le réel, et « condamnée désormais à habiter des schémas, des messages et des nombres, humanité toute digitale[22] ».

Mais ici, le besoin irrépressible de connaissance s'appuie sur le sentiment peut-être plus aigu qu'ailleurs d'une course contre l'invisibilité du temps : c'est aussi ce qu'on appelle l'« argument d'urgence ».

---

20. Le mouvement écologiste est le seul mouvement social qui ait emprunté son nom à une discipline scientifique. Voir sur ce point l'article d'Edgar Morin, « Pour une pensée écologisée », *infra*, p. 66.
21. Il faut rappeler que c'est le philosophe allemand J. Habermas qui a été le premier à analyser dès 1968 ce processus de scientifisation de la politique dans son livre *La technique et la science comme idéologie*, Denoël.
22. Michel Serres, *Les cinq sens*, Grasset, 1985.

L'argument d'urgence

À une époque où la profession de « naturaliste » évoquait surtout le chasseur de papillons ou le collectionneur d'espèces exotiques, Thomas Huxley, zoologiste mondialement connu et ardent défenseur de Darwin, utilisa la métaphore du jeu d'échecs pour plaider - le premier - l'urgence d'une science exacte de l'écologie planétaire. « Supposons, dit-il, qu'il soit établi que la vie et la fortune de chacun de nous doivent à un moment ou à un autre dépendre de sa capacité à gagner ou à perdre à un jeu d'échecs. Ne pensez-vous pas que nous considérerions tous comme un devoir élémentaire d'apprendre au moins les noms et les mouvements des pièces de ce jeu ? L'échiquier est le monde ; les pièces sont les phénomènes de l'univers ; les règles du jeu sont les lois de la nature ; l'adversaire est caché à notre vue : nous savons qu'il joue bien et qu'il est d'une patience inépuisable ; mais nous savons aussi à nos propres dépens qu'il ne pardonne jamais une erreur et ne tolère aucune ignorance. »

Depuis T. Huxley, notre niveau d'intolérance à l'erreur ou à l'ignorance s'est, sans aucun doute, sensiblement accru[23]. À la métaphore du jeu d'échecs on a volontiers tendance à substituer aujourd'hui la métaphore militaire. On parle de sécurité collective, de menace globale, de bombe à retardement[24], de situation de crise, ou encore, selon l'expression d'Edgar Morin, d'« épée de Damoclès ». Les enjeux liés à l'environnement prennent un peu plus chaque jour le pli radical d'un combat pour la survie. Mais cette fois l'adversaire invisible n'est plus la nature : c'est l'homme dans ce qu'il a de plus moderne et scientifique, divisé contre lui-même.

On peut naturellement s'interroger sur les raisons profondes d'une telle dramatisation des enjeux écologiques et s'inquiéter de l'usage manipulatoire qui peut en être fait[25]. Pourtant, dans le débat qui oppose depuis presque toujours ceux pour qui l'environ-

23. Voir l'article de B. Guggenberger, « Le droit de l'homme à l'erreur », *infra*, p. 247.
24. Le terme de « bombe à retardement » a été très souvent utilisé pour caractériser les risques écologiques depuis le livre « fondateur » de P. Ehrlich intitulé *La bombe P* (« P » pour population).
25. Voir notamment l'article de M. Gauchet intitulé : « Sous l'amour de la nature, la haine des hommes » (*Le Débat*, n° 60, août 1990) ou le livre récemment publié par P. Alphandery, P. Bitoum et Y. Dupont : *L'équivoque écologique*, La Découverte, « Essais », janvier 1991.

nement est une pure « invention sociale », un leurre ou un « fantasme millénariste », et ceux qui y voient une question réelle, l'histoire a semble-t-il déjà tranché.

En dépit de toutes les controverses sur l'avenir de la planète, il y a en effet au moins une tendance que nous pouvons considérer comme quasi certaine : l'immense « transition[26] » démographique et économique, commencée il y a deux siècles et qui a déjà conduit à une multiplication par cinq de la population mondiale, par cinquante de la production industrielle, et par cent des pressions sur les ressources naturelles, va peser encore d'un poids très lourd tout au long du prochain siècle[27]. Les frayeurs modernes ne sont certainement pas seulement, comme certains sociologues le suggèrent, le produit pervers d'un excès de sécurité. Elles sont aussi liées, de manière sélective, à la nature des risques résultant de cette transition planétaire massive.

Depuis la révolution néolithique, toutes les civilisations se sont bâties en remodelant les cours d'eau, polluant les rivières, asséchant les marais, rasant les forêts, créant des déserts autour des villes... Aucune cependant n'a, comme la nôtre, produit des risques susceptibles d'affecter non seulement l'intégrité biologique des individus mais celle de leurs descendants. Aucune non plus - sauf peut-être la civilisation chinoise - n'a provoqué de dommages économiques d'ampleur aussi catastrophique : 200 milliards de dollars pour Tchernobyl[28], peut-être trois à cinq fois plus par an pour les conséquences non maîtrisées de l'effet de serre[29]. Aucune enfin, et

26. Les démographes utilisent le terme de « transition démographique » pour caractériser le mouvement de croissance exponentielle puis amortie qui aura conduit la population mondiale de un milliard d'habitants en 1800 à douze milliards d'ici la fin du prochain siècle, où elle devrait se stabiliser.

27. D'ici là la population mondiale devrait encore être multipliée par deux fois et demie et la consommation d'énergie par quatre. En 1800 chaque Français consommait en moyenne 70 kilos d'équivalent charbon par an, il en consomme aujourd'hui 5 tonnes, deux fois moins pourtant que l'Américain moyen.

28. Voir l'article de Marie-Hélène Mandrillon : « Tchernobyl : la montée de l'expertise », *infra*, p. 118.

29. Les estimations les plus récentes évaluent à environ 3 à 5 % de la production mondiale le coût économique des dommages causés annuellement par une augmentation non maîtrisée de l'effet de serre, soit 600 à 1 000 milliards de dollars. Ces estimations sont cependant très controversées. Voir l'article de Jacques Theys : « Les enjeux économiques des changements globaux », *Économie et Humanisme*, n° 308, juillet-août 1989.

peut-être surtout, n'a constitué une telle menace pour l'équilibre à long terme de la planète.

Que, autour de cette question cruciale, des stratégies se dessinent, des lobbies s'organisent, des conflits d'intérêt se multiplient est une seconde réalité, d'une tout autre nature certes, mais tout aussi manifeste. L'environnement sort de sa marginalité pour devenir un enjeu économique et diplomatique majeur. Rejeté autrefois à la périphérie de l'économie, il est en train de passer au centre du nouveau système industriel qui se met en place, devenant à la fois un marché, un facteur de croissance, et un élément de concurrence. Le jeu diplomatique lui-même est modifié, l'écologie s'imposant progressivement comme une composante normale des relations Est-Ouest ou Nord-Sud, et même de la stratégie des grandes puissances.

Les négociations sur les problèmes planétaires mêlent, on le sait, de manière quasi inextricable des enjeux à la fois écologiques et économiques considérables : la question de l'effet de serre nous situe d'emblée au cœur du modèle futur de croissance de pays comme la Chine, très riche en charbon, comme l'URSS qui pourrait bénéficier du réchauffement de la Sibérie, ou comme les États-Unis dont la consommation d'énergie par habitant est double de celle de l'Europe ; la gestion de la diversité des espèces est simultanément liée à la survie de la partie la plus pauvre de la planète et au développement des techniques les plus sophistiquées du génie génétique ; les modalités internationales de contrôle des déchets ou des grands risques technologiques majeurs (nucléaire, biotechnologie...) vont être, tout aussi probablement, un élément non négligeable de la concurrence entre pays ou grandes firmes mondiales.

Au risque abondamment annoncé de la catastrophe écologique possible s'ajoute ainsi celui, tout aussi redoutable, *de voir l'argument d'urgence être de plus en plus utilisé au profit d'intérêts économiques ou nationaux particuliers parfaitement étrangers à l'idéalisme « naturaliste »*.

L'intervention des scientifiques ne peut naturellement qu'être fortement déterminée par ce contexte général. Il est clair tout d'abord que, face à de tels enjeux, il ne peut y avoir de science « innocente » : aucun scientifique travaillant dans le domaine de l'environnement ne peut désormais ignorer que ses recherches pourront être utilisées, éventuellement à ses dépens, dans des négociations ou des conflits où il ne sera pas directement partie prenante. Il est en second lieu évident que, dans un tel climat de mobilisation générale, les scientifiques se trouvent délibérément placés en première ligne ; et qu'ils doivent en assumer à la fois tous les avantages - en terme de légitimation - et tous les dangers : il leur est ainsi de plus en plus difficile de ne pas s'engager sans risquer d'être accusés au mieux d'incompétence, au pire de « désertion ».

L'« écologie » est ainsi vouée au même « drame » que l'économie : celui d'être de plus en plus sollicitée et soumise à la pression d'une demande sociale exigeante alors que, comme on le sait et comme on va le voir, il s'agit encore très largement d'une science en gestation. Et, qui plus est, d'une science exposée par nature à l'improbable et à l'indéterminé.

Les cartes de la connaissance

« Sur les cartes du monde datées de la Renaissance, on trouvait aux espaces vides des sirènes et des monstres représentant la peur terrifiante de l'inconnu[30]. » Si l'on demandait aujourd'hui à des scientifiques de tracer une carte des connaissances en matière d'environnement, il est probable que l'on obtiendrait deux types de représentations extrêmement contrastés : sur l'une il y aurait beaucoup de sirènes et de monstres, le savoir serait réduit à quelques îles dispersées ; sur l'autre au contraire seraient dessinés de vastes continents reliés par un réseau serré de flèches allant en tous sens - et les monstres ou les sirènes seraient remplacés par d'infinis diagrammes renvoyant eux-mêmes à d'autres cartes ou banques de données pleines de signes. Il n'y a pas là, en fait, de contradiction : tout dépend de la définition que l'on donne de la connaissance et de l'environnement auquel on s'intéresse.

La multiplication des controverses scientifiques sur les grands problèmes écologiques ne doit pas, tout d'abord, faire oublier que l'étendue de nos connaissances en ce domaine est incomparablement plus grande aujourd'hui qu'il y a vingt ou trente ans. Des progrès décisifs ont été faits dans la qualité des moyens d'observa-

30. Citation empruntée à l'article de Jérôme Ravetz, « Connaissance utile, ignorance utile ? », *infra*, p. 87.

tion : avec les instruments disponibles dans les années soixante, il aurait par exemple été impossible de vérifier l'hypothèse de la diminution de la couche d'ozone. L'écologie elle-même n'est plus la science empirique et descriptive qu'elle restait encore récemment[31].

L'assertion de Jérôme Ravetz, citée en introduction, selon laquelle « l'homme politique devra à l'avenir de plus en plus prendre des décisions ''dures'' en s'appuyant sur des connaissances ''molles'' rend ainsi mal justice du fait que, sur de très nombreuses questions, il existe depuis longtemps des évidences qu'un discours trop systématique sur la complexité et l'incertitude risque de masquer : il faut rappeler que ce n'est pas pour des raisons scientifiques qu'il a fallu vingt ans aux États-Unis ou trente à l'Europe pour accepter l'évidence, démontrée dès les années cinquante, du rôle de l'automobile dans la pollution urbaine[32] ; et qu'il n'y a plus de controverse sur la dégradation de l'environnement dans le tiers monde ou, autres exemples, sur les effets de la pollution agricole ou par les phosphates.

L'histoire retiendra peut-être aussi que les conséquences désastreuses des grands travaux sur la mer d'Azov avaient été envisagées par G.P. Marsh dès 1864[33] et l'effet de serre par S. Arrhenius dès 1910 !

Cette remarque fondamentale étant faite, il faut bien convenir que, sur beaucoup de questions extrêmement importantes et qui concernent directement le public, la science n'est pas aujourd'hui en mesure d'apporter des réponses précises. Une donnée aussi élémentaire que l'ordre de grandeur du nombre d'espèces vivantes reste, par exemple, inconnue : les estimations varient actuellement de cinq à trente millions d'espèces et les évaluations disponibles sur leur taux de disparition varient de un à dix. De même ne connaît-on qu'avec une précision toute relative le fonctionnement du cycle du carbone, qui joue un rôle déterminant dans l'effet de serre : si bien qu'on ne peut déterminer à trente ans près à quel

31. Voir l'article de Francesco Di Castri : « L'écologie en temps réel », *infra*, p. 78.
32. Le rôle de l'automobile dans la formation du smog oxydant a été scientifiquement démontré par Hagen-Smith dès 1952. Sous la pression du lobby des grands constructeurs américains, les premières normes américaines n'ont été adoptées qu'à la fin des années soixante.
33. George Perkins Marsh, *Man and nature or physical geography as modified by human action*, 1864.

moment l'augmentation certaine du gaz carbonique dans l'atmosphère aura des effets visibles sur le réchauffement du globe[34]. On est également incapable, et ce n'est là encore qu'un dernier exemple, d'arbitrer entre la centaine d'hypothèses susceptibles d'expliquer la « mort des forêts » - et cela malgré une décennie ou plus d'efforts soutenus de recherche.

Ces lacunes ont sans aucun doute des raisons historiques et institutionnelles, sur lesquelles il faudrait pouvoir s'attarder : genèse récente de l'écologie comme discipline[35], reconnaissance insuffisante du statut des chercheurs qui travaillent dans ce domaine, faiblesse chronique des budgets de recherche...

Mais les déceptions que suscitent le débat scientifique sur l'environnement ou le procès qui est parfois fait à l'écologie d'être une science « immature » ne viennent-elles pas plus fondamentalement de ce que le programme qui a été assigné aux « sciences de l'environnement » était en lui-même un projet démesuré, hors des normes raisonnables ?

Démesuré d'abord dans son champ. L'écologie était une « science de la parcelle », on lui demande de se transformer en science de la planète. Il suffisait au début du siècle de cinq ou six paramètres pour mesurer la qualité de l'eau, de l'air ou du sol : il en faut aujourd'hui quelques centaines[36]. On s'inquiétait autrefois de la toxicité de quelques dizaines de produits chimiques : il y en a désormais plusieurs dizaines de milliers en circulation. Francesco Di Castri compare le savoir à une sphère : « Plus le volume augmente, plus la surface de contact avec l'inconnu s'agrandit, plus les moyens à mobiliser pour réduire ces nouvelles incertitudes deviennent hors de portée. » On a calculé, par exemple, qu'il faudrait un à deux millions d'années de « systématiciens[37] » pour connaître toutes les espèces non encore répertoriées dont on suppose l'existence. Ou encore qu'il faudrait mobiliser toutes les ressources des laboratoires existants pour tester la toxicité de seulement la moitié des produits

34. F. Levêque et M. Glachant, « Démontrer et évaluer la diversité biologique », *La Recherche*, 1991. Voir également l'article de R. Kandel « Le débat se réchauffe », *infra*, p. 104.
35. Voir l'article de J.-M. Drouin « L'écologie : généalogie d'une discipline », *infra*, p. 54.
36. Pour la mesure de la potabilité de l'eau, on est ainsi passé de quatre ou cinq indicateurs vers 1880 à plus d'une centaine aujourd'hui, les substances toxiques à évaluer étant le plus souvent présentes en quantités infinitésimales.
37. En temps cumulés bien sûr. Article de F. Lévêque et M. Glachant déjà cité.

chimiques nouveaux qui sont mis sur le marché chaque année : naturellement tout cela est inenvisageable actuellement et pour longtemps.

Programme démesuré sans doute aussi dans ses ambitions épistémologiques. Car il s'agit, comme le dit Edgar Morin[38], de faire de l'écologie la première « scienza nuova » : la première science des interdépendances globales, des évolutions non linéaires, de la complexité. Et pour cela couper avec tout ce qui avait fait la force du cartésianisme : ne plus séparer les objets de leur environnement, l'événement de la structure, le local du global, la nature de la culture, l'ordre du désordre et donc finalement les disciplines les unes des autres. Au moment où elle devait accumuler une infinité de données sur tous les phénomènes de la nature, l'écologie[39] s'est ainsi vu assigner simultanément pour tâche d'expérimenter de nouveaux langages scientifiques adaptés à la complexité du réel et de faire travailler ensemble toute une « galaxie » de disciplines au statut et au niveau d'avancement extrêmement hétérogènes. Qu'elle ait été jusqu'à présent en partie dépassée par ces trois « travaux d'Hercule », qu'elle n'ait pas réussi à éviter la « babélisation » des savoirs sur l'environnement n'a en soi rien d'étonnant et ne préjuge pas du potentiel de développement futur qu'ouvrent de tels paris méthodologiques.

Ce que la pratique suggère en définitive est qu'il n'est pas possible de juger de la validité des sciences de l'environnement de la même manière que des disciplines plus traditionnelles comme la physique, les mathématiques ou la biologie, ne serait-ce que parce que dans ce domaine l'expérimentation en laboratoire est souvent irréalisable. Impossible d'en dessiner les contours sur une seule carte avec des sirènes et des monstres à la place des espaces vides : il faut en proposer plusieurs au débat scientifique, et apprendre, comme le propose J. Ravetz, « à se servir de l'ignorance comme nous nous servons de la connaissance ». Que cela ne soit pas propre à rassurer l'opinion publique comme il le faudrait est une évidence : mais ce qui caractérise probablement le mieux le progrès des connaissances sur l'environnement est de ne pouvoir se concevoir sans remise en question radicale de la relation entre l'opinion

38. Edgar Morin, *La méthode*, tome II, *La vie de la vie*, Seuil, 1977.
39. Au sens général de « science de l'environnement ».

et les scientifiques. C'est pourquoi certains ont parlé à son propos de « science post-normale[40] ».

Science normale et science « post-normale »

S'il est un sentiment que le public, dans sa très grande majorité, partage avec les scientifiques, c'est sans aucun doute une commune aversion pour ce qui est imprécis, (seulement) probable ou incertain.

Peut-être faut-il y voir l'influence encore profonde de Descartes qui, dans son « horreur » de l'incertitude, allait jusqu'à considérer la controverse scientifique comme un signe de dérèglement et de confusion de la science. « Toutes les fois que deux hommes portent sur la même chose un jugement contraire, écrit ainsi le philosophe dans un passage célèbre des *Règles pour la direction de l'esprit*, il est certain que l'un d'eux se trompe. Il y a plus : aucun d'eux ne possède la vérité ; car s'il y en avait une claire et nette il pourrait l'exposer à son adversaire de telle sorte qu'elle finirait par forcer sa conviction. » Et il ajoute : « Toute science est une connaissance certaine et indubitable ; *aussi vaut-il mieux ne jamais étudier que de s'occuper d'objets tellement difficiles* que dans l'impossibilité de distinguer le vrai et le faux on soit obligé d'admettre comme certain ce qui est douteux ; on court en effet plus de risques à perdre la science qu'on a, que de l'augmenter[41]. »

Interdire à la science d'aborder des problèmes complexes ou sur lesquels il est extrêmement difficile d'accumuler des preuves expérimentales irréfutables, comme c'est le cas pour les grands risques globaux d'environnement, ce serait cependant, répondent Jérôme Ravetz et S. Funtowicz, « prendre le risque inverse de la réduire à

40. Silvio. O. Funtowicz et Jérôme Ravetz, « The emergence of post normal science ». Colloque d'Arc-et-Senans, déjà cité, et l'article de Jérôme Ravetz, « Connaissance utile, ignorance utile ? », *infra*, p. 87.

41. René Descartes, *Règles pour la direction de l'esprit* (règle deuxième : « Il ne faut nous occuper que des objets dont notre esprit paraît capable d'acquérir une connaissance certaine et indubitable »). Livre écrit en 1628, première publication en 1684.

l'insignifiance[42] ». C'est pourquoi ils proposent de compléter la démarche scientifique classique par un autre *Discours de la méthode* adapté aux questions où *à la fois* les enjeux et les incertitudes sont importants. Là où la « science normale[43] » s'attache à opposer « théorie et pratique », « compréhension et action », « fait et valeur », « connaissance et ignorance », la « science post-normale » cherche au contraire à organiser leur complémentarité.

Ainsi, par exemple, du problème de *l'interdisciplinarité*. Ce n'est un secret pour personne que nombre de controverses dans le domaine de l'environnement trouvent leur origine dans des querelles de disciplines : querelles entre chimistes et météorologistes à propos du « trou d'ozone » au-dessus de l'Antarctique, entre forestiers et spécialistes de l'atmosphère pour expliquer la disparition des forêts... on pourrait à l'infini multiplier les exemples. Mais, alors que la « science normale » conduit naturellement à une différenciation de plus en plus poussée en disciplines spécialisées et cloisonnées, la science « post-normale » tente d'organiser leur dialogue. Pari difficile car, comme le remarque P. Roqueplo, « l'approche interdisciplinaire ne peut fonder son objectivité sur les méthodes de validation qui sont celles de la science classique : elle doit trouver son autorité dans les seules qualités subjectives de ceux qui l'élaborent[44] ». Mais pari indispensable car il ne peut y avoir de

42. Ce qui limite le vrai n'est pas le faux, mais l'insignifiant » (René Thom). Le débat entre « science normale » et « science post-normale » s'inscrit, sous une nouvelle forme, dans l'opposition qui a toujours existé depuis les grands philosophes grecs entre connaissance et intérêt (titre d'un article d'Habermas), vérité et utilité de la science. Dans le *Théétète* Platon argumente contre le sophiste Protagoras qui défend l'idée selon laquelle « il n'y a pas de différences de vérité mais des différences de valeur dont le critère est l'utilité : le sage n'est donc pas celui qui détient un savoir, mais un savoir-faire ». Il faut rappeler également que, pour Kant qui a profondément marqué la culture moderne, non seulement le scientifique ne peut connaître les choses en soi (il n'a accès qu'aux « phénomènes ») mais que les questions qu'il peut poser n'ont aucune pertinence pour les vrais problèmes de l'humanité : ni la beauté, ni la liberté, ni l'éthique par exemple ne sont objets de connaissance positive et donc des sciences.

43. Le terme de « science normale » a pour origine les travaux de Kuhn sur *La structure des révolutions scientifiques* (Flammarion, 1983). Kuhn dépeint la science normale comme une activité consistant à résoudre des énigmes (des « puzzles ») sous l'égide des règles dictées par un paradigme non contesté. Le paradigme définit la norme de ce qu'est une activité légitime à l'intérieur du domaine scientifique qu'il régit.

44. Philippe Roqueplo, « L'expertise scientifique, consensus ou conflit ? », *infra*, p. 157.

représentation approchée de la complexité de l'environnement sans cet effort de mise en synergie des différentes disciplines.

Ainsi également de l'*incertitude* et de la place des jugements de valeur dans la connaissance où là encore, la science post-normale propose une inversion des perspectives par rapport à l'approche scientifique classique.

Beaucoup de risques écologiques ont, on le sait, pour caractéristique de poser, selon une terminologie proposée par le physicien Alvin Weinberg, des questions de nature plutôt « transscientifique » que strictement scientifique ou technique : il s'agit de questions de fait qui peuvent être élaborées dans le langage de la science mais auxquelles, en théorie comme en pratique, celle-ci ne peut, comme on l'a vu, apporter de réponses satisfaisantes[45]. Un bon exemple de ces questions « transscientifiques » est celui des effets sur la santé des faibles doses de radiations nucléaires : on a calculé que, pour déterminer par expérimentation directe, avec un niveau de confiance suffisant (supérieur à 95 %), si une exposition de 150 millirems était susceptible d'accroître de 0,5 % le taux de mutation génétique de la souris, il faudrait en sacrifier huit milliards ! Naturellement ni le temps, ni les contraintes budgétaires ne rendent une telle expérimentation réalisable en pratique : ce qui veut dire que, comme dans beaucoup d'autres domaines de l'environnement, l'établissement de normes en matière nucléaire ne peut éviter le recours à des jugements extra-scientifiques.

La nature « transscientifique » des questions écologiques ouvre donc par définition la perspective de débats partisans entre experts, avec le risque que les parties prenantes dans la controverse soient jugées beaucoup plus sur leur crédibilité personnelle que sur leurs compétences effectives. Les défenseurs de la « science normale » y voient avec inquiétude le danger d'un affaiblissement durable de l'objectivité scientifique. Mais, comme le dit Weinberg, une controverse bien organisée peut aussi avoir comme mérite incontestable « de forcer les scientifiques à situer clairement ce qui est du domaine de la science ou du ''transscientifique'' et surtout à expliciter les enjeux éthiques sous-jacents au travail d'expertise ».

Pour les partisans de la science « post-normale », la question de

45. Alvin Weinberg, *Science and trans-science*, Minerva, 10/2, 1972.

l'engagement ou du non-engagement des scientifiques dans les querelles d'experts est d'ailleurs plus virtuelle que réellement pertinente, compte tenu du rôle assigné de fait à la science dans nos sociétés contemporaines. Le vrai problème est en revanche de s'assurer de la qualité des arguments et de l'ouverture démocratique du débat scientifique, dans un contexte marqué de toute façon par la pression publique et l'urgence politique. C'est aussi celui du statut de l'expertise et du type d'institution ou de procédure susceptibles de valider scientifiquement les controverses.

Au-delà, c'est une nouvelle conception du savoir qui se dessine. La connaissance devient un processus dynamique où il y a succession d'intermédiations, fusion d'éléments hétérogènes et imbrication de champs professionnels différents.

L'incertitude et l'ignorance acquièrent de leur côté, paradoxalement, une valeur scientifique. Pour des philosophes des sciences comme Ravetz ou Jonas[46], admettre l'imperfection des connaissances ou des théories ne signifie pas en effet ouvrir la voie au scepticisme ou à la critique de la science « normale » : tous deux insistent sur le caractère complémentaire du savoir et de l'ignorance. Il s'agit en fait, écrit Jonas, de renverser le principe cartésien du doute : « Alors que Descartes nous recommande de tenir pour faux tout ce qui peut être mis en doute, il convient au contraire, face à des risques de type planétaire, de traiter le doute comme une certitude possible et donc comme un élément fondamentalement positif de la décision. » Reconnaître l'ignorance ou l'incertitude devient ainsi l'autre versant de l'obligation de savoir et l'un des moments d'une « éthique de la responsabilité » qui doit désormais être celle de tout scientifique.

Conscience de l'ignorance, éthique de la responsabilité, souci de qualifier et d'objectiver la part d'appréciation nécessairement subjective qu'il y a dans toute connaissance de l'environnement : le paradoxe est que c'est probablement l'émergence de cette science « post-normale » (ou « post-cartésienne ») qui est le mieux à même de préserver la crédibilité des scientifiques face au risque d'un engagement dans l'expertise, c'est-à-dire aussi de la politisation de la science.

46. Jonas, *L'éthique de la responsabilité*, 1990.

Comme on l'a vu, celle-ci est en effet de plus en plus amenée à intervenir pour éclairer, justifier ou fonder partiellement les décisions. Quel rôle joue-t-elle effectivement dans le processus politique ? Pour répondre à cette question, il faut d'abord nous interroger sur le phénomène de l'expertise lui-même, sur son anatomie (qui sont les experts ?) et sa physiologie (à quoi servent-ils ?).

Anatomie et physiologie de l'expertise

Impossible aujourd'hui de consulter un journal ou d'allumer un poste de télévision sans entendre évoquer, sur presque tous les sujets, l'avis d'un ou plusieurs experts tous plus catégoriques les uns que les autres. Cette prolifération de l'expertise n'est pas, comme on pourrait l'imaginer, un phénomène récent[47], mais ce n'est que dans les dernières décennies qu'elle a atteint les proportions d'un phénomène social généralisé. Deux traits, en outre, la caractérisent dans sa forme moderne : sa médiatisation croissante et l'importance déterminante qu'y prennent de plus en plus les scientifiques.

Tout en effet, comme on l'a déjà vu, conduit à une utilisation massive des experts : l'invisibilité et la complexité des risques, l'importance et l'urgence des enjeux, l'existence d'incertitudes irréductibles, la délégitimation de la « politique pure », l'exigence infinie de transparence dans les sociétés de communication modernes... Leur fonction n'est plus seulement publiquement reconnue : elle est de plus en plus institutionnalisée dans des procédures où leur présence semble seule garantir la rationalité et l'équité des décisions.

Omniprésent, l'expert n'a pourtant pas l'image positive du scientifique resté dans son laboratoire. On s'inquiète de son pouvoir occulte. On doute de sa neutralité ou même parfois de sa compétence. Le portrait qu'en fait Amadeo Bordiga dans un article dénonçant les inondations à répétition de la plaine du Pô et la spéculation foncière en Italie, bien qu'extrêmement caricatural et dépassé,

47. C'est au XVIIe siècle que les situations d'expertise se multiplièrent en France, surtout dans le domaine juridique. Voir l'article de Christiane Restier-Melleray publié dans les Actes du colloque d'Arc-et-Senans déjà cité (« Experts et expertise : des mots qu'il faut traduire ») et celui de G. Denis, « Normandie 1768-1771 : une controverse sur la soude », *infra*, p. 130.

reflète un sentiment largement partagé : il y décrit « un personnage souvent anonyme mais toujours plein de gravité, muni d'une imposante serviette de cuir, qui suit, silencieux et fatal, l'homme politique spécialiste des grands principes, et distribue ses démonstrations irréfutables à l'aide d'une règle à calcul[48] ». Image péjorative mille fois répétée, qui vient sans doute de ce que l'expert est la figure emblématique de l'intrusion de la rationalité dans les sociétés modernes, mais qui a surtout son origine dans la fonction de médiateur, de « go between » qu'il joue entre deux mondes dont les systèmes de valeur ont été historiquement très différents et séparés : celui de la science et celui de la politique.

L'histoire n'aime pas ceux qui ont la position ambiguë d'être entre deux mondes : personnages hybrides, transfuges, messagers. Or l'expert cumule toutes ces ambiguïtés. Choisi pour sa compétence, comme le « plus habile à discerner les dangers », il est fréquemment consulté à la limite ou même hors de son champ de compétence, simplement parce qu'il faut faire face, dans l'urgence, à des risques inhabituels ou à la pression de l'actualité. Tirant en principe sa légitimité de la seule objectivité de son savoir, il doit de plus en plus souvent intervenir dans des situations politiques où il n'y a pas de faits objectifs mais des conflits d'intérêts et de valeurs[49], et transformer sa propre conscience des incertitudes en une certitude subjective et formelle. Désigné pour son indépendance, il n'en reste pas moins doublement attaché à sa communauté d'appartenance et à son « commanditaire » : l'expert est toujours le mandaté de quelqu'un d'autre et partie prenante d'un jeu social dans lequel il choisit de s'engager, au risque d'être tour à tour manipulé et manipulateur. Entre ces deux formes de loyauté - à l'égard du pouvoir politique et de l'éthique scientifique - il est inévitable que se créent des tensions difficiles à gérer.

On comprend que dans un domaine comme l'environnement où l'incertitude est grande, les conflits d'intérêts importants et les procédures pas toujours totalement transparentes, cette ambiguïté

48. « Politica e construzione », *Promotheo*, juillet 1952. Article repris dans Amadeo Bordiga, *Espèce humaine et croûte terrestre*, Petite Bibliothèque Payot, 1978.
49. Voir l'article de F. Ewald, « L'expertise, une illusion nécessaire » (*infra*, p. 204), ainsi que celui d'Allan Mazur, « Les experts sont aussi des gens » *in La société vulnérable*, Presses de l'École normale supérieure, 1988.

puisse créer un certain malaise dans la communauté scientifique et fragiliser les fonctions mêmes de l'expertise.

La multiplication des controverses qui s'y déroulent y met peut-être plus qu'ailleurs en évidence la relativité ou la faillibilité des affirmations faites par les experts : ainsi a-t-on vu à quelques années d'intervalle la dioxine de Seveso être recherchée dans toute la France puis innocentée par l'Académie des sciences[50].

L'expérience montre surtout que le fonctionnement et l'influence de l'expertise scientifique y sont fortement déterminés par le contexte socio-politique et la nécessité de prendre des décisions urgentes en situation d'incertitude.

Par exemple, pour le dépérissement forestier, les décisions politiques ont été prises en France et dans une moindre mesure en Allemagne alors que les hypothèses scientifiques n'étaient pas validées : quelques mois à peine se sont écoulés entre les premières mesures dans la forêt des Vosges (février 1985) et les décisions européennes sur la voiture propre (juin 1985). La situation d'urgence politique a conduit à privilégier une des causes possibles de la mort des forêts (l'émission d'ozone et d'oxyde d'azote par les voitures) alors que de nombreuses réserves étaient exprimées par certains experts. Sommés de choisir, les scientifiques français, en raison du manque de connaissances sur la physiologie des arbres, se sont finalement ralliés à l'explication qui se trouvait la plus largement répandue, notamment aux États-Unis[51].

Arie Rip et Michel Callon nous donnent de nombreux autres exemples de cette surdétermination politique de l'expertise scientifique : l'analyse qu'ils font de la mise en œuvre des normes sur les produits chimiques aux Pays-Bas montre ainsi que, malgré l'existence de procédures de consultation des scientifiques, les réglementations peuvent être indépendantes de l'évolution des connaissances[52]. À l'expérience, on constate que dans des situations de plus en plus fréquentes où il faut trancher face à l'incer-

50. Les effets de la dioxine ont suscité depuis plusieurs années de nombreuses controverses, notamment aux États-Unis. Une synthèse de ces débats scientifiques est présentée dans une communication présentée par Michael Gough au colloque d'Arc-et-Senans, déjà cité.

51. Si la responsabilité des voitures peut être controversée en ce qui concerne la « mort des forêts », leur impact sur la pollution urbaine ne peut, lui, être mis en doute.

52. Voir l'article de Michel Callon et Arie Rip : « Humains, non-humains : morale d'une coexistence », *infra*, p. 140.

titude, ce sont généralement et en dernière instance des considérations technico-économiques plus que strictement scientifiques qui permettent au pouvoir politique de se forger une ligne de conduite stable face aux pressions mouvantes de l'opinion. D'autres exemples mettent en évidence le risque croissant d'utilisation de l'expertise dans des conflits d'intérêts : aux États-Unis, on a vu ainsi s'affronter sur le thème de la couche d'ozone trois thèses différentes défendues par des scientifiques travaillant respectivement pour les associations, les industriels et l'Agence pour la protection de l'environnement ; et tout le monde se souvient des controverses sur les phosphates qui se sont développées par médias interposés avant la crise du Golfe.

Dans tout cela, ce qui est finalement le plus inquiétant est peut-être l'énorme inégalité des capacités d'expertise à l'échelle de la planète : actuellement, deux pays, les États-Unis et l'Allemagne, réalisent près de 60 % des recherches publiques mondiales sur l'environnement ; le coût croissant des travaux scientifiques dans ce domaine en exclut pratiquement la quasi-totalité des pays du tiers monde.

Scientifisation de la politique et politisation de la science se conjuguent ainsi pour rendre obsolète le schéma classique proposé par Max Weber du savant qui fournit des connaissances certaines et de l'homme politique qui décide en fonction des valeurs qu'il représente[53]. De nouvelles formes de « division du travail » s'organisent qui entretiennent une confusion dommageable à la fois pour les uns et les autres : à la limite, comme Arie Rip et Michel Callon le suggèrent, décisions et connaissances deviennent l'objet d'un débat généralisé au sein d'un « forum hybride » ouvert également aux médias, aux groupes de pression nationaux et internationaux ou aux intérêts privés.

Dans ce contexte la question fondamentale qui se pose, et qui fut au centre du colloque d'Arc-et-Senans, est de savoir comment protéger la validité de l'expertise mais aussi et surtout éviter la perte de confiance dans l'objectivité scientifique. Plusieurs solutions sont avancées - qui vont de la mise en place de strictes règles déontologiques jusqu'à la création de « parlements de la science », en passant par le pluralisme ou la professionnalisation de l'expertise - mais

53. Max Weber, *Le savant et le politique, op. cit.*

aucune n'est propre à résoudre entièrement le problème de fond qui est la difficulté de séparer dans la décision ce qui appartient au domaine du savoir et ce qui est du domaine des valeurs ou des arbitrages sociaux.

Il est cependant très important de remarquer que ce problème des relations entre le pouvoir politique ou administratif et l'expertise scientifique se pose de manière extrêmement différente non seulement selon la nature des risques, mais aussi et surtout selon les pays et les cultures[54]. Dans un pays comme la France, où l'État s'est historiquement fortement différencié de la société civile, l'expertise reste encore principalement un monopole de l'administration et notamment des ingénieurs. C'est l'État qui détient le pouvoir de déclencher des procédures dans lesquelles il recourt de manière très contrôlée aux compétences spécialisées d'experts qui, dans leur écrasante majorité, font partie du personnel administratif. La communauté scientifique de son côté, bien qu'elle appartienne en grande partie à la fonction publique, marque, peut-être pour la raison précédente, une grande réticence à s'impliquer dans les processus d'expertise et entretient ce que Pierre Papon, ancien directeur du CNRS, appelle le mythe de la « république de la science[55] ».

Aux États-Unis au contraire, où cette différenciation entre État et société civile est beaucoup moins affirmée, les pouvoirs publics ne sont en principe qu'un des acteurs parmi d'autres d'une procédure d'expertise scientifique « destinée à permettre l'expression de différents intérêts et le règlement concerté de problèmes pour lesquels n'existent pas de simples solutions techniques : elle s'inscrit dans une volonté instituée de transparence[56] ». La situation américaine correspond ainsi à ce que Habermas appelle le « modèle prag-

54. Voir l'article de Jacques Defrance et Isabelle Jeuffroy-Niehues, « Tradition culturelle et expertise », *infra*, ainsi que les travaux de Christiane Restier-Melleray publiés dans la *Revue française de science politique*, volume 40, numéro 4, août 1990 (« Experts et expertise scientifique : le cas de la France »).

55. « Les scientifiques, dit ainsi Pierre Papon, ont longtemps vécu en entretenant un mythe [...], celui d'une "république de la science" : une communauté qui s'autogouvernerait en gérant ses moyens, ceux que lui accorde la collectivité, de façon autonome, sans ingérence du pouvoir politique et de la société civile. » Pour Pierre Papon, « cette attitude n'est plus tenable aujourd'hui ».

56. Christiane Restier-Melleray (article déjà cité).

matique de décision[57] » : un mode de régulation spécifique conférant une large place à la négociation entre décideurs, hommes de terrain, scientifiques et opinion publique. Dans une telle configuration, l'expertise prend le sens particulier de l'« advocacy » : chaque acteur concerné a son expert qui joue le rôle d'avocat ou, si l'on préfère, de porte-parole. Tout cela est finalement assez proche de la notion de « forum hybride », mais avec cet avantage que les procédures y sont suffisamment formalisées pour permettre généralement de bien séparer ce qui est du domaine de la connaissance et ce qui est du domaine de la décision[58].

Certes, la différenciation entre le modèle français et le modèle américain tend aujourd'hui à s'atténuer sous l'effet conjoint de l'internationalisation des problèmes d'environnement et du rôle accru que jouent désormais, des deux côtés de l'Atlantique, la communication et les médias dans la décision. Mais ces deux exemples montrent bien qu'il n'est pas possible de parler de manière abstraite du rapport de l'expertise à la démocratie ou à la science sans préciser le contexte politico-culturel dans lequel on se situe.

Si chaque État est aujourd'hui mis au défi de définir, face aux problèmes d'environnement, un nouvel art de gouverner, rien ne permet de penser qu'il y ait une recette universelle pour y parvenir.

Un nouvel art de gouverner

L'expert tel que le caricature Bordiga est, comme on l'a vu, un Janus à double face : utilisé dans certaines circonstances pour mettre à l'abri le pouvoir politique, gagner du temps dans une procédure, ou légitimer *a posteriori* une décision déjà prise, il peut être aussi celui qui détient finalement le pouvoir réel, le symbole par excellence du technocrate. Ce type de fonctionnement traditionnel de l'expertise, dont Arie Rip dit, en forçant le trait, qu'« il

57. J. Habermas distingue trois modèles de relation entre le scientifique (ou l'expert) et le politique : le modèle décisionniste, où le pouvoir de décision appartient au politique ; le modèle technocratique, où c'est l'inverse ; et enfin le modèle pragmatique, où la décision est négociée entre l'un et l'autre *(op. cit.)*.

58. Les processus d'élaboration des normes feront ainsi, par exemple, intervenir de manière distincte des comités de scientifiques et des comités représentant les différents intérêts économiques ou politiques.

s'apparente au rapport maître-esclave[59] », ne recouvre pourtant aujourd'hui qu'une petite partie des modes de relation possibles entre la science et la politique. D'abord, tous les scientifiques ne sont pas des experts - et inversement. Ensuite, les figures de l'expertise se sont elles-mêmes fortement diversifiées, allant désormais de l'expert administratif officiel jusqu'à la « star » médiatique en passant par le consultant privé, l'avocat ou le spécialiste rarissime d'un domaine extrêmement « pointu ». Enfin et surtout, les problèmes posés par l'intrusion de la science dans la politique dépassent assez largement ceux de l'expertise au sens strict.

Il s'agit en fait de savoir si, face à des dangers communs, il est encore possible d'établir un dialogue direct, exempt de toute volonté de domination, entre scientifiques et responsables politiques. La situation est en effet celle d'une frustration réciproque : les scientifiques se plaignent de ne pas être écoutés ; les politiques ont à l'inverse le double sentiment de ne pas recevoir d'information claire et d'être de plus en plus dépossédés de leurs pouvoirs de décision par des experts qu'ils ne comprennent pas[60].

C'est par rapport à cette situation d'incompréhension mutuelle que les deux années qui ont précédé la guerre du Golfe doivent être considérées comme marquant probablement un changement politique majeur. Événement tout à fait inédit, on a vu en effet, au cours de cette période, se multiplier les rencontres au sommet entre hommes d'État et scientifiques du niveau le plus élevé pour discuter ensemble de l'avenir de la planète. Successivement Laurent Fabius, François Mitterrand, Margaret Thatcher et George Bush ont convié la communauté scientifique internationale à présenter ses diagnostics et ses propositions, avant que ne se réunisse, en octobre 1990, une conférence internationale sur les climats, également conjointe[61].

---

59. Arie Rip, « Experts *in* public arenas » (*in Regulating industrial risks*, H. Otway and M. Peltu eds, Londres, 1985). Voir aussi la contribution de Denis Duclos : « La science absorbée par la commande administrative ? », *infra*, p. 170.

60. À la question « pensez-vous que les décisions prises ces dernières années dans le domaine scientifique le sont plus par des experts que par les élus ? » ces derniers répondent à 55 % « par les experts » - alors qu'ils estiment dans une proportion inverse (60 %) qu'elles devraient l'être par les responsables politiques. Source : sondage Cité des sciences, CNRS, *Le Monde*, publié dans *Le Monde* du 11 mars 1991. En outre, près de 70 % des élus considèrent que les avis d'experts sont en général trop différents pour qu'ils puissent se faire une opinion.

61. Colloque de Lassay, 4 mars 1989 ; conférence de La Haye sur les climats du 11 mars 1989 ; colloque « Planète Terre », à l'Élysée les 12 et 13 juin 1989 ; réunion internationale

Simultanément, de grandes organisations scientifiques internationales comme l'UNESCO ou l'ICSU[62] se sont vu confier d'importantes responsabilités dans la préparation de futures réunions diplomatiques - comme la conférence de Rio de Janeiro de 1992 - tandis que tous les sommets successifs des pays industrialisés (Versailles, Houston...) rappelaient la nécessité de développer les connaissances nécessaires à une meilleure gestion de la biosphère. Enfin, plusieurs parlements, dont le Parlement européen, ont ressenti la nécessité commune de se doter d'instances d'évaluation capables de leur apporter une expertise scientifique et technologique indépendante. Tout cela témoigne naturellement de l'importance croissante de la science (et de la communication scientifique) dans la vie politique, mais dessine aussi sans doute les prémisses d'un nouvel « art de gouverner » qui devrait d'abord passer par une redéfinition des rôles respectifs du savant, de l'expert et du politique.

La prise de conscience des problèmes d'environnement conduit en effet à remettre partiellement en cause un art de gouverner qui, nous dit M. Foucault[63], reposait depuis le XVIIe siècle sur trois piliers : la recherche de l'indépendance vis-à-vis de l'extérieur, le contrôle des populations et l'extension de l'État-providence à l'intérieur, et une auto-limitation de la raison d'État par l'économie politique.

La philosophie politique classique excluait la nature du collectif formé par le souverain, l'État et ses sujets. La crise écologique conduit au contraire à réintégrer le « non-humain » dans le champ de l'action publique - ce qui à l'évidence suppose une révolution culturelle extrêmement profonde. Car, comme le dit Bruno Latour, « le "non-humain" ne fait pas partie des causes pour lesquelles nous avons appris jusqu'ici à nous battre : comment dès lors décider de la justice due aux animaux, aux arbres, à l'air... ? » Et il ajoute : « Nous sommes avec l'environnement comme un jeune couple avec son premier enfant, incapable de savoir s'il va se briser à la moindre chute ou s'il est au contraire assez costaud pour encaisser tous les

---

de Londres sur la couche d'ozone les 5 et 6 mars 1989 ; et réunion de Washington sur l'effet de serre en mars 1990.

62. ICSU : Union internationale des associations scientifiques.

63. Michel Foucault, *De la gouvernementalité*. Leçons d'introduction aux cours des années 1978 et 1979 du Collège de France (Seuil). Un nouvel art de gouverner implique un changement à la fois dans les formes et le champ de la souveraineté, et dans la rationalité et la pratique de l'action gouvernementale.

coups. Bien sûr, nous avons tous des connaissances sur des environnements, mais l'unité, l'unification, ce qui permet de parler de l'environnement au singulier, au lieu d'en parler au pluriel, nous n'en savons rien... »

Tout art de gouverner porte en outre désormais « la responsabilité de la possibilité d'un art de gouverner futur ». Il ne suffit plus de se charger des affaires courantes, de raisonner sur un horizon temporel fermé, mais de décider pour un après-demain extrêmement lointain, et en tout cas bien au-delà de l'exercice normal du mandat politique. Il ne s'agit plus non plus de se mobiliser pour l'indépendance ou de défendre des territoires bornés par des frontières mais de s'insérer dans des réseaux d'interdépendance ou de solidarité à l'échelle des continents ou du monde.

La prévoyance doit aussi changer d'échelle. Elle doit non seulement anticiper à partir de l'existant, mais inclure dans son orbite ce qui ne se laisse pas anticiper, ce qui est de l'ordre du non-prévisible, ou du non-encore connu. Même ce sur quoi on ne peut pas parier, comme par exemple le réchauffement climatique, doit ainsi être inclus dans le champ de la prévention : là où tabler sur la toute-puissance de la technique serait courir le risque d'un échec aux conséquences incalculables, l'éthique de la prudence ne peut, sauf preuve contraire, que s'imposer. « L'homme politique moderne doit ainsi désormais, écrit Hervé Passeron, être celui qui se porte en avant des certitudes ; ce qui apparente donc la conscience écologique à une dynamique créatrice proche de ce qu'on appelle en histoire de l'art l'"avant-garde". »

Qu'il y ait de ce nouvel art de gouverner une version totalitaire antihumaniste et parfaitement désenchantée est incontestable. Que l'environnement puisse être le champ privilégié de développement d'une « adhocratie » ou d'une technocratie nationale ou internationale échappant aux contrôles démocratiques est également plus qu'une virtualité. Ce n'est pas un hasard s'il y a déjà plus de quinze ans Christiane Barrier-Lynn évoquait, à propos de l'écologie, le risque d'un « nouveau despotisme éclairé » et si aujourd'hui Guy Bény présente l'écologie globale comme un risque pour la citoyenneté[64]. Traiter la société ou le monde comme un phénomène naturel ou sur le mode catastrophique ne peut effectivement

64. Guy Béney : « La montée des géocrates » *infra*, p. 233.

que conduire à s'en remettre aux mains des experts - pour le meilleur comme pour le pire.

Il n'est pas, sur ce point, inintéressant de rappeler que les physiocrates - qui avaient pour ambition de représenter la société de l'Ancien Régime comme un système naturel - étaient aussi des ardents défenseurs du gouvernement des savants[65] ; et il faut se souvenir que même Condorcet, pourtant démocrate convaincu, rêvait d'une « Nouvelle Atlantide » dans laquelle les représentants élus « décideraient eux-mêmes quels sont ces objets sur lesquels l'opinion majoritaire ne doit point s'en rapporter immédiatement à ses propres décisions » et « détermineraient qui seront ceux dont elle croit devoir substituer la raison à la sienne[66] ». Ce rêve mi-démocratique, mi-élitiste est probablement représentatif des aspirations d'une partie de la communauté scientifique actuelle, face aux problèmes globaux d'environnement.

Mais il existe aussi une autre version de ce « nouvel art de gouverner » dans laquelle, au contraire, la place du politique serait revalorisée, et avec elle peut-être celle du débat démocratique. L'impossibilité dans beaucoup de domaines de l'environnement de se référer à une objectivité extérieure incontestable, les incertitudes fondamentales qui subsistent (en particulier sur les risques planétaires), les controverses non closes entre experts, la résistance de l'opinion à se laisser convaincre par les argumentations scientifiques les plus formelles[67] peuvent redonner toute sa force à une évidence : à savoir que les décisions relatives à l'environnement sont aussi et sans doute surtout des arbitrages entre des valeurs, c'est-à-dire des choix éminemment politiques. Dans les États démocratiques il n'y a pas

65. Voir Mercier de La Rivière : *L'an 2440 ou la méritocratie*.

66. Voir K.M. Baker, *Condorcet, raison et politique*, Hermann, 1988. La citation complète de Condorcet est la suivante : « Sans doute il est des objets sur lesquels la majorité se prononcerait peut-être plus souvent en faveur de l'erreur et contre l'intérêt de tous ; mais c'est encore à elle à décider quels sont ces objets sur lesquels elle ne doit point s'en rapporter immédiatement à ses propres décisions ; c'est à elle à déterminer qui seront ceux dont elle croit devoir substituer la raison à la sienne, à régler la méthode qu'ils doivent suivre pour arriver plus sûrement à la vérité ; et elle ne peut abdiquer l'autorité de prononcer si leurs décisions n'ont point blessé de droits communs à tous. »

67. Comme le remarque R. Bidwell, les experts voient le risque en termes de statistiques alors que le public est fortement influencé par la nature du risque (Robin Bidwell, communication au colloque d'Arc-et-Senans, déjà cité). Voir également Jacques Theys, postface du livre *Conquête de la sécurité et gestion du risque*, L'Harmattan, 1991.

d'autre alternative pour résoudre ces conflits de valeurs que le débat public qui laisse une large part à l'expression des différents intérêts en présence. Comme le suggère F. Ewald, le rôle de l'expert dans cette perspective doit être moins de fournir des solutions toutes faites que de « poser les termes rendant possible cette négociation sur les valeurs qu'institue le thème de l'environnement[68] ».

Encore faut-il, pour qu'une telle « démocratie éclairée » puisse fonctionner sans se transformer en « gouvernement des peurs », que les barrières qui empêchent la communication de circuler entre la science et l'opinion publique soit levées : c'est tout le problème de l'éducation et de la *transparence* dans une société dominée par les médias, et du rapport de la connaissance scientifique à la connaissance immédiate - c'est-à-dire du visible à l'invisible...

La société transparente

Les relations entre savoir et démocratie sont aujourd'hui entièrement surdéterminées par le fait que nous vivons dans une société de communication généralisée qui accorde en effet une place centrale - et quasi magique - à un « mythe » majeur : celui de la transparence. Inséparable d'une certaine conception de la participation du public à la décision, la notion de transparence recouvre en fait plusieurs ordres de réalité différents. Dans son sens premier, elle est presque synonyme d'extension du rôle des médias - et en tout cas de réduction au minimum du secret. À un second degré, elle évoque plutôt une forme de démocratie ouverte : la volonté de fonder les rapports sociaux sur un traitement adulte de l'opinion, c'est-à-dire sur la clarté, la vérité et donc la responsabilité. À un troisième niveau, elle renvoie beaucoup plus profondément encore à la capacité qu'ont ou n'ont pas les sociétés à se connaître elles-mêmes et à se gouverner en toute lucidité à partir de ce savoir de soi et de l'évolution du monde : c'est l'idéal de l'autotransparence ; celui des « Lumières ».

La meilleure illustration que l'on puisse donner, *a contrario*, de cet idéal de transparence est sans doute celle que donne J.-P. Sartre lorsqu'il cite l'exemple de la société traditionnelle

68. F. Ewald, « L'expertise, une illusion nécessaire », *infra*, p. 204.

chinoise confrontée périodiquement à des « catastrophes naturelles » qu'elle a en fait provoquées elle-même[69].

« Ainsi, écrit J.-P. Sartre, le processus entier des terribles inondations chinoises apparaît comme un mécanisme construit intentionnellement. Si quelque ennemi avait voulu persécuter le paysan chinois, il aurait chargé des troupes de mercenaires de déboiser systématiquement les montagnes. Or l'ennemi qui a produit les inondations qui le ruineront : c'est le paysan lui-même. » Et il ajoute : « Mais son action ne provoque aucun choc, aucune prise de conscience en retour car précisément son aspect négatif est une absence : l'absence d'arbres. Au contraire, c'est le déboisement qui par ses conséquences dramatiques unit la foule immense qui peuple la grande plaine : il crée une solidarité de tous devant une même menace et produit finalement une même culture du fleuve... »

Entre la Chine archaïque et nos sociétés modernes, il y a naturellement d'énormes différences. Nos moyens de connaissance, de surveillance, de prévision, de traitement et de diffusion de l'information sont incomparablement plus grands. La volonté de savoir est elle-même beaucoup plus répandue dans le public. Tout cela devrait, en principe, suffire à assurer la transparence souhaitable. Or il faut bien constater qu'il n'en est rien.

On en a vu déjà quelques-unes des raisons essentielles : limites objectives de la connaissance, difficulté de communiquer un savoir disciplinaire hyperspécialisé, surdétermination des discours scientifiques par des logiques institutionnelles ou économiques, monopolisation de fait de l'expertise par certaines entreprises ou institutions publiques... Mais le problème majeur que pose la réalisation de l'idéal de transparence se situe sans doute moins du côté de la production des connaissances que sur le versant - un peu moins exploré - de leur diffusion par les médias ou par le système éducatif, et de leur réception par le public. C'est aussi la question centrale de l'articulation entre l'expertise et la communication de masse.

Plus que jamais ce sont les médias qui en effet font, défont, sélectionnent et reconstruisent ce que nous pouvons savoir de l'environnement. Ce sont eux qui ont, de manière presque discrétionnaire, ce pouvoir de trier entre le banal et le spectaculaire ; de mas-

69. J.-P. Sartre, *Critique de la raison dialectique*, tome I : *Théorie des ensembles pratiques*, NRF-Gallimard, 1960.

quer des risques potentiellement graves ou de mettre en scène et d'amplifier les accidents les plus anodins ; de faire basculer d'un seul coup le non-événement dans la catastrophe : bref, de qualifier l'incertitude[70]. Ils ont aussi celui, il est vrai beaucoup plus limité qu'il ne paraît, de convoquer les experts et de faire pencher la balance en faveur de telle interprétation - optimiste ou pessimiste - de la réalité[71]. C'est de leur ubiquité et de leur engagement que dépend donc finalement de plus en plus la formation d'une opinion publique capable d'intervenir directement dans le débat démocratique. Or, on le sait très bien, la relation entre les médias et l'information est doublement paradoxale.

Premier paradoxe : plus les médias donnent la parole aux experts, plus ils risquent d'affaiblir les conditions mêmes de formation d'une vérité objective sur laquelle repose pourtant la crédibilité de ces derniers dans l'opinion.

Second paradoxe : la prolifération de l'information, au lieu de conduire à une transparence de la société vis-à-vis d'elle-même, produit un effet contraire de brouillage et d'obscurcissement. Dans un univers de plus en plus abstrait « où il ne reste au monde vécu que l'accessoire[72] », l'intensification des possibilités d'information sur la « réalité » dans ses aspects les plus divers et les plus contradictoires rend l'idée même d'une réalité objective de plus en plus inaccessible. « Le développement des médias de masse s'accompagnant d'une disparition de la pédagogie du champ de la communication, il ne faut pas s'étonner, en conclut D. Pignon, si la société, au lieu de s'éclairer, devient plus opaque et par là même

70. Le sociologue Allan Mazur a ainsi montré les raisons propres au fonctionnement des médias pour lesquelles des accidents comme Three Mile Island ou Love Canal avaient bénéficié d'une énorme couverture de presse ou télévisée, contrairement à des événements de même nature survenus plusieurs années auparavant. *Cette possibilité de sélection ne joue cependant évidemment pas pour les grandes catastrophes* - qui provoquent à l'opposé une véritable course à l'information dans laquelle la vérité devient secondaire et la liberté du journaliste se réduit.

71. S'il est probable, comme l'affirme Allan Mazur, que la présentation par les médias d'experts qui ne sont pas du même avis renforce le sentiment d'angoisse et favorise donc les opposants à la technologie, il faut aussi tenir compte du fait que 50 à 70 % des informations sont des reprises de communiqués de presse : les deux effets s'équilibrent.

72. Citation empruntée à Robert Musil : « On a toujours plus de chances d'apprendre un événement extraordinaire par le journal que de le vivre ; en d'autres termes, c'est dans l'abstrait que se passe de nos jours l'essentiel et il ne reste plus à la réalité que l'accessoire. »

plus exposée aux réactions irrationnelles et aux rumeurs[73]. » Même la brutalité des images mettant le spectateur, en temps réel, au cœur d'une catastrophe ne parvient que rarement à créer une culture adulte du risque. L'événement, diversement commenté, vite classé, oublié ou refoulé dans l'inconscient, déclenche généralement moins un processus d'apprentissage qu'il ne renforce les stéréotypes[74].

Faut-il en déduire que la transparence serait un espoir inaccessible ? C'est ce que fait, par exemple, Denis Duclos lorsqu'il défend l'idée selon laquelle, dans une situation d'opacité des institutions ou des systèmes d'information, l'éthique individuelle, ou ce qu'il appelle la « civilité », serait la seule voie efficace[75]. D'autres vont même beaucoup plus loin en faisant de la transparence un mythe inutile et à la limite dangereux : l'un des grands philosophes allemands contemporains, N. Luhmann, avance par exemple l'hypothèse d'une contradiction radicale entre démocratie ouverte et rationalité ; les citoyens étant selon lui dissuadés de participer à tout mécanisme de décision s'apparentant à un processus explicite de sélection des choix possibles[76]. La *volonté de ne pas savoir* serait ainsi, en définitive, le dernier moyen dont dispose le public pour résister passivement à l'intrusion d'une rationalité scientifique et technique qu'il refuse[77].

Ce qu'il y a pourtant d'irrecevable dans toutes ces argumentations est qu'elles conduisent finalement, au nom d'une démystification de la science, à cautionner implicitement la remise de soi

---

73. Dominique Pignon, « Les crises comme pathologies des systèmes technologiques hypercomplexes *in* Jacques Theys, *La société vulnérable*, Presses de l'École normale supérieure, 1988. Voir également, sur le même thème, le livre de Gianni Vattimo, *La société transparente*, Desclée de Brouwer, 1990.

74. Jacques Theys, *La société vulnérable, op. cit.*

75. Denis Duclos, *La civilité industrielle*. Recherche pour le Groupe de prospective du ministère de l'Environnement, 1990.

76. Niklos Luhmann, dans une polémique célèbre avec Habermas, articule son argumentation autour des points suivants : « Les processus de décision sont des processus d'élimination. Ils produisent davantage de non que de oui et plus ils sont expliqués rationnellement plus leur taux de négation est élevé. Demander que tous y participent de manière intense et engagée serait en faire un principe de frustration. » Cité par Manuel Villaverde Cabral, *in Encyclopaedia Universalis*, « L'État-providence et le citoyen ».

77. Voir Yves Chacas : « L'ignorance dans la vie quotidienne : la volonté de non-savoir » *in Cahiers internationaux de sociologie*, volume 89, juillet-décembre 1990.

à un « despote éclairé ». C'est pourquoi la seule position défendable est au contraire celle qui conçoit la transparence comme une nécessité sociale à construire de manière volontariste, c'est-à-dire comme une nouvelle forme du contrat social. Cette construction de la transparence suppose naturellement un certain nombre de conditions à mettre en œuvre par toutes les parties prenantes. Du côté des médias : un effort de pédagogie et de distanciation par rapport à l'événement. Du côté des scientifiques : une éthique de l'objectivation et de l'autonomie qui mette l'expertise à l'abri de toute forme d'expropriation par les groupes de pression ou les moyens de communication[78]. Du côté du public : une acculturation au doute et à l'idée que la connaissance ne se confond pas avec l'accumulation de certitudes toutes faites. Et enfin, du côté des institutions et de l'État, la mobilisation de moyens accrus au profit de la recherche ou de l'enseignement en écologie et surtout l'acceptation de la pluralité de l'expertise comme instrument majeur de la démocratie (ce qui implique la volonté tenace de réduire partout les obstacles qui s'opposent au développement de la contre-expertise[79]).

Mais il nous semble qu'au-delà de ces exigences éthiques ou institutionnelles, la condition réellement indispensable pour réduire le fossé croissant entre l'opinion et les experts est finalement de mettre en question le monopole de la science comme mode de représentation de la nature ou de l'environnement et de lui substituer une pluralité de cultures possibles - allant de la connaissance pratique tirée de l'expérience jusqu'aux représentations mythiques ou imaginaires en passant par l'héritage menacé des cultures populaires traditionnelles (sans oublier naturellement la connaissance savante). À partir du moment où la communauté scientifique acceptera comme *non absurde* l'idée que l'opinion puisse avoir des raisons qui ne sont pas nécessairement les siennes - comme par exemple le fait qu'en Suède les trois quarts de la population se soit montrés défavorables au nucléaire alors que les trois quarts des institutions scientifiques lui étaient favorables -, un dialogue entre les deux

78. Voir l'article de Philippe Roqueplo, « L'expertise scientifique, consensus ou conflit ? », *infra*, p. 157.
79. Voir l'article de Michèle Rivasi, « Expertise et contre-pouvoir », *infra*, p. 223.

cultures (celle du visible et celle de l'invisible) pourra s'établir, et servir de base véritable à une démocratie éclairée[80].

Max Weber remarquait ironiquement il y a déjà presque un siècle « qu'un ''sauvage'' en sait infiniment plus sur le monde pratique qui l'entoure qu'un contemporain sur le sien ». Il se pourrait que paradoxalement l'implication du public dans les enjeux scientifiques complexes qui sont ceux de la planète passe d'abord par un retour aux « leçons de choses » et par une réappropriation au plus profond de la sensibilité et de la culture de l'environnement, et du monde vécu le plus quotidien.

80. D'où l'importance de scientifiques vulgarisateurs comme H. Tazieff ou J.-Y Cousteau qui ont ce don de pouvoir rendre visible ce qui est invisible ou inaudible (Cf. « Le monde du silence »).

Jacques Theys et Bernard Kalaora

Partie 2

1. Les cartes de la connaissance

L'écologie : généalogie d'une discipline

Jean-Marc Drouin

L'étude scientifique de l'environnement n'est pas née de la dernière pluie acide. Depuis Linné, naturalistes et géographes n'ont cessé, à grand renfort de concepts et de théories, de scruter la nature, pour mieux la gérer et pour le plaisir de connaître ses détours. L'environnement dans l'histoire des sciences, de l'éparpillement des disciplines naturalistes à la science des écosystèmes.

Si l'on entendait par ce mot le monde qui nous environne, on pourrait dire alors que toutes les sciences qui produisent des connaissances sur ce monde traitent, en un sens, de l'*environnement*. Celui-ci serait alors omniprésent dans l'histoire des sciences mais il se réduirait à un horizon sans consistance, un socle sans contour.

Si on précise un peu le terme en rappelant qu'il n'est d'environnement ou de milieu qu'en relation avec un organisme vivant, on se trouve encore en présence d'un grand nombre de disciplines. Il y a tout d'abord un ensemble très diversifié de sciences sociales qui s'attachent aux rapports entre les hommes et leur milieu ; la géographie humaine et l'urbanisme en feraient partie au premier chef, mais aussi bien certaines branches de la psychologie ou encore les ethnosciences. On rencontre ensuite des sciences physiques ou biologiques qui étudient pour eux-mêmes les objets ou les phénomènes qui composent l'environnement : c'est le cas évidemment de la botanique et de la zoologie ; c'est le cas aussi des sciences de la Terre, de la climatologie, etc. Enfin, une science, l'écologie, est spécifiquement consacrée aux rapports entre les êtres vivants et leur milieu, et semble par là avoir fait de l'environnement son objet propre.

Pour situer l'environnement dans l'histoire des sciences, le plus simple est alors de retracer le développement de l'écologie comme discipline scientifique. À quoi on objectera peut-être que l'écologie est d'abord une attitude, un état d'esprit, un courant d'idées, voire une force politique, et que son existence comme discipline scientifique n'est qu'un phénomène dérivé. Pour beaucoup de nos contemporains, l'environnement apparaît comme une préoccupation récente née par contrecoup du progrès scientifique et technique. À cet égard pourtant l'évidence chronologique s'impose.

Des titres d'ancienneté

Le mot même d'*écologie* a été créé en 1866, avec la graphie « œcologie », par le biologiste allemand Ernst Haeckel pour désigner la « science de l'économie, des habitudes, des relations mutuelles des organismes ». Ce ne fut d'abord qu'un néologisme sans grand impact mais, dès la dernière décennie du XIXᵉ siècle et les premières années du XXᵉ siècle, le terme a été utilisé par certains naturalistes pour désigner la partie de la géographie botanique qui étudie les relations des plantes entre elles et avec leur milieu. Dès les années 1930, le terme était d'emploi courant chez les spécialistes dans les pays anglo-saxons, comme l'attestent les titres de plusieurs revues et de nombreux articles. En France il était moins usité mais il n'était pas inconnu des naturalistes et des géographes. Ainsi non seulement le terme « écologie » a été forgé, dans le cadre des sciences de la nature, bien avant qu'aucun mouvement social ne le revendique, mais de plus les scientifiques qui l'ont adopté l'ont utilisé pour désigner une discipline qu'ils pratiquaient déjà peu ou prou.

Ainsi, la cause est entendue : l'écologie n'est pas née avec le ministère de l'Environnement et elle a des titres d'ancienneté comparables à ceux des autres sciences ! On aurait tort toutefois de croire le problème si vite résolu. Car, à prendre les choses ainsi, on arriverait à confondre purement et simplement l'écologie avec ce qu'on appelait autrefois l'« histoire naturelle ». Et il est vrai que, d'une certaine façon, l'*écologue* - c'est-à-dire celui qui pratique l'écologie comme discipline scientifique - est l'héritier du *naturaliste* d'autrefois, en ceci qu'il travaille souvent en plein air ou, pour le dire dans sa langue, « sur le terrain », qu'il traite des animaux et des plantes, que ses recherches se rencontrent souvent avec les savoirs pratiques du cultivateur, de l'éleveur, du forestier, du pêcheur ou du chasseur. Il n'en reste pas moins que l'écologie se pose des problèmes que l'histoire naturelle ne se posait pas. Elle ne couvre d'ailleurs pas non plus tout le champ de l'histoire naturelle. En un mot elle s'est constituée avec son objet, ses méthodes et ses concepts propres, et cette constitution s'est faite en plusieurs étapes dont la première est attachée au nom de Linné.

L'économie de la nature

Pour qui s'intéresse un peu aux sciences de la nature, Linné apparaît souvent comme le symbole d'une histoire naturelle exclusivement occupée à dresser le catalogue des espèces végétales et animales, et l'on pourrait s'étonner de trouver ici son nom, associé à l'histoire de l'écologie. En réalité, décrire, nommer, identifier les espèces est une étape obligée dont on ne peut se dispenser, et à cet égard on ne peut craindre un excès de rigueur. En proposant la nomenclature qui reste attachée à son nom et que les biologistes du monde entier utilisent encore, Linné a créé un outil indispensable pour toute étude écologique sérieuse. Mais sa contribution ne s'arrête pas là. Par sa notion d'*économie de la nature*, il propose une première théorie globale de l'interdépendance entre les êtres vivants. Cette théorie est d'inspiration théologique : le Créateur a institué, dès le jardin d'Éden, une sage proportion entre toutes les espèces et cette proportion s'est conservée au fur et à mesure que la terre habitable augmentait d'étendue. Mais on aurait tort de n'y voir qu'une pure spéculation, c'est un cadre théorique dans lequel trouvent place de nombreuses observations.

Ainsi Linné remarque que la fécondité potentielle des différentes espèces est compensée par le fait qu'elles se combattent et s'entre-dévorent sans merci. Il note également comment les animaux sont utiles aux végétaux en leur fournissant de l'engrais et en disséminant leurs graines, comment les prédateurs empêchent la pullulation des parasites. Il s'émerveille sur les relations entre les insectes et leurs plantes hôtes, écrivant en 1760 une de ses « dissertations académiques » rééditées en 1972 par Camille Limoges sous le titre *L'Équilibre de la nature* : « Toute plante a reçu en propre un insecte qui la freine, afin qu'elle n'exclue pas les plantes voisines en se développant avec excès » ; il compare cette fonction à un « métier » et signale que ces insectes phytophages (comme les pucerons) voient à leur tour leur nombre limité par d'autres insectes prédateurs (comme les coccinelles). En définitive, affirme Linné, si « une seule fonction importante manquait dans le monde animal, on pourrait craindre le plus grand désastre dans l'univers ».

Certes, la connaissance que nous avons de la disparition de nombreuses espèces au cours des temps géologiques, l'insistance mise aujourd'hui sur les déséquilibres, les ruptures, le bricolage, le hasard nous ont éloignés de la contemplation de l'ordre naturel tel que le concevait Linné. Avons-nous pour autant complètement tourné le dos à l'idée de l'économie de la nature ? Ne resurgit-elle pas dans certains des discours sur la « défense de l'environnement » ? Faut-il pour autant considérer comme mythique toute référence à la notion d'équilibre naturel ? Ne peut-on pas concevoir une pluralité d'équilibres possibles dont certains peuvent être pour nous préférables à d'autres ? La lecture de Linné nous invite aujourd'hui à poser ces questions ; en même temps, par la place qu'y occupent les problèmes de répartition des espèces végétales, elle nous introduit au deuxième acte de notre histoire : la naissance de la biogéographie, sœur aînée de l'écologie.

De la géographie botanique à Darwin

Lorsque Linné note qu'on retrouve les mêmes plantes en Laponie et au sommet des Alpes, comme lorsque Buffon compare les faunes de l'Ancien et du Nouveau Monde, ils font œuvre à nos yeux de biogéographes. C'est évidemment un point de vue rétrospectif : la géographie des plantes et celle des animaux ne sont pas à l'époque réunies sous un même vocable mais il est indéniable que leur parenté est perçue, de sorte que, compte tenu du développement plus rapide de la géographie botanique, il est légitime de la considérer comme la science mère d'où est sortie la biogéographie actuelle. Mais le problème n'est que déplacé. Il reste à déterminer à quel moment la géographie botanique elle-même s'est définie comme une discipline distincte, consciente de sa spécificité par rapport au reste de l'histoire naturelle. Ce n'est ni chez Buffon, ni chez Linné, malgré l'importance de leurs remarques, mais plus probablement chez plusieurs auteurs des dernières années du XVIIIe siècle et des premières années du XIXe siècle. Parmi ces auteurs se détachent deux noms, Alexandre de Humboldt et Augustin-Pyramus de Candolle, qui incarnent chacun un style scientifique différent et auxquels on peut rattacher plusieurs des grandes problématiques de la géographie botanique.

Humboldt, géographe et physicien autant que naturaliste, ramène d'un grand périple en Amérique latine avec le botaniste français Aimé Bompland les matériaux de son *Essai sur la géographie des plantes* qu'il publie en 1805. Il s'y attache à définir l'influence des facteurs physiques, altitude, éclairement, latitude, qui, en agissant sur la végétation, donnent au paysage sa physionomie. Il s'attache au mode de groupement des plantes et s'intéresse à leurs rapports avec la géologie.

De Candolle, exclusivement botaniste mais botaniste complet, aborde la géographie botanique en cette même année 1805, par un commentaire de la carte qu'il joint au deuxième volume de sa *Flore française*. Quinze ans plus tard, en 1820, dans l'article « Géographie botanique » d'un grand ouvrage collectif, le *Dictionnaire des sciences naturelles*, il précise sa pensée. Il distingue en particulier les notions de *station*, le milieu où vit la plante, et d'*habitation*, la région du monde où elle pousse. Il compare les différents continents du point de vue de la répartition des familles de plantes et remarque l'originalité des flores insulaires.

Nombre des analyses de Darwin sur la distribution géographique des espèces s'inscrivent dans le droit fil de ce texte auquel il se réfère plusieurs fois. Au-delà de cette filiation explicite, la place à donner à Darwin dans une histoire de l'écologie a fait l'objet d'appréciations diverses. Nombre de textes darwiniens évoquent les considérations linnéennes sur l'économie de la nature. Ainsi, parmi les textes de l'*Origine des espèces* à résonance écologique, le plus souvent cité est sans doute celui où Darwin montre comment la fécondation du trèfle rouge dépend des visites des bourdons, comment l'effectif de ceux-ci est limité par les mulots qui s'attaquent à leurs nids, et comment les chats d'un village anglais en chassant les mulots peuvent favoriser indirectement l'abondance du trèfle rouge.

Beaucoup d'historiens anglo-saxons voient précisément dans l'*Origine des espèces* une des sources principales de l'écologie moderne, le tournant à partir duquel l'interdépendance entre les êtres vivants devient concevable autrement que dans les termes d'une économie de la nature, providentiellement établie.

Quoi qu'il en soit, l'idée même d'évolution marque l'ensemble des sciences naturelles dès la fin du XIXe siècle, et c'est dans ce contexte que furent créés trois termes que l'on retrouve souvent par la suite, ceux d'écologie, de biosphère et de biocénose.

Le cas du mot *écologie* a déjà été évoqué. Son emploi laisse ouverte la difficile question des rapports entre *écologie* et *biogéographie*, deux disciplines voisines qu'il est souvent difficile de distinguer mais dont il est certain qu'elles trouvent toutes deux leur origine dans la géographie des plantes. Quant au mot *biosphère*, c'est une création du géologue autrichien Édouard Suess, qui l'introduit en 1875 dans les dernières pages d'un livre sur la formation des Alpes pour désigner l'ensemble du monde vivant comme une enveloppe de la Terre, s'ajoutant à la lithosphère, à l'hydrosphère, à l'atmosphère.

Quelques années plus tard, dans une œuvre monumentale, traduite en français sous le titre *La face de la Terre*, il utilise la notion de biosphère pour exprimer la solidarité entre les différentes formes de vie, en se référant explicitement à ce sujet aux idées évolutionnistes. En 1929, un autre géologue, russe celui-ci, publie en français un ouvrage dont le titre est précisément *La biosphère*. Ce n'est cependant qu'à partir des années 1960, avec le succès des œuvres de Teilhard de Chardin, que ce terme se répandra un peu dans le public.

Enfin, le terme de *biocénose* qui, avec son équivalent anglais « community », va occuper le devant de la scène pendant toute la première moitié du XXe siècle, naît dans les années 1870 sous la plume d'un zoologiste allemand, Karl Möbius, à propos d'une étude sur l'épuisement des bancs d'huîtres en mer du Nord, pour désigner l'ensemble des espèces vivant dans le même milieu.

Communautés et systèmes

En principe la biocénose comprend aussi bien les végétaux que les animaux. En fait, pendant longtemps la plupart des travaux d'écologie concerneront soit la phytocénose (« plant community ») soit la zoocénose (« animal community »).

En matière de communauté végétale, l'étude qui va servir de modèle à toute une génération d'écologues est celle de Cowles, en 1899, sur les dunes du lac Michigan aux environs de Chicago. Son objectif est de décrire et d'analyser l'évolution par laquelle le rivage sableux du lac passe en quelques décennies de la plage à la dune mobile, puis à la dune fixée, puis à la forêt. En dépit de l'influence exercée par Cowles, c'est au nom d'un autre écologue américain de la même époque, Frederic Clements, que reste attachée la doctrine la plus complète, la plus cohérente, mais aussi la plus discutée. Dès ses premières publications au début du siècle, puis de manière synthétique en 1916 dans *Plant succession*, Clements propose un système global de description et d'interprétation, applicable à toutes les formations végétales. Il souligne la dynamique propre de la végétation qui, partant d'un substrat nu, aboutit par un processus de *succession* de stades à un stade ultime ou *climax*. Ce terme, relativement courant en anglais dans le sens de point culminant d'un phénomène évolutif - il peut s'appliquer à l'orgasme comme au paroxysme d'une crise dramatique -, avait déjà été employé par Cowles, mais c'est Clements qui en fait un concept central de la théorie écologique. Corrélativement, il fait de la communauté végétale un super-organisme qui naît, vit et se développe, et dont les différentes espèces ne sont que des composants en interrelations.

Beaucoup d'auteurs adoptent avec enthousiasme les idées de Clements. D'autres les rejettent plus ou moins violemment. Ainsi les géobotanistes européens de l'école de Zurich-Montpellier, dont le chef de file est Josias Braun-Blanquet, restent attachés à une classification méticuleuse des associations végétales définies par leurs espèces caractéristiques. Ils voient dans les formules de Clements, comme le dit l'un deux, Pavillards, en 1935, l'expression d'un « schématisme outrancier ». En Amérique, certains botanistes, comme Gleason, refusent même de donner aux groupements végétaux d'autre réalité que celle d'une rencontre fortuite de plantes arrivées là par hasard et présentant les mêmes exigences vis-à-vis du milieu.

C'est dans ce contexte de vive controverse qu'un botaniste anglais, George Arthur Tansley, propose en 1935 un nouveau terme, appelé à un grand succès, celui d'*écosystème*. Passionné de philosophie et de psychanalyse autant que d'écologie théorique - il écrivit la notice nécrologique sur Freud pour la Royal Society -, Tansley entreprend une clarification à la fois conceptuelle et terminologique. Les notions de communauté végétale, de climax et de succession lui paraissent utiles à condition d'éviter les excès dogmatiques de certains disciples de Clements. En revanche, la notion d'une communauté biotique (ou biocénose) incluant tous les êtres vivants d'un même milieu lui paraît artificielle mais, comme il admet le besoin d'une unité plus vaste que le seul groupement végétal, il propose de parler plutôt de système écologique, d'écosystème, qui inclurait non seulement les plantes et les animaux, mais aussi le sol et le climat. L'écosystème prend ainsi place dans une échelle de systèmes, qui va de l'atome à l'univers. La succession qui mène au climax devient un cas particulier des processus qui tendent à la création de systèmes en équilibre.

Le but de l'opération est clair : il s'agit de conserver les acquis de la théorie de Clements sur la dynamique de la végétation, mais en laissant tomber la philosophie organiciste sous-jacente, qui lui paraît scientifiquement superflue et idéologiquement (et donc politiquement) menaçante pour une pensée soucieuse de l'individu. Tansley fait plus que de forger un néologisme. Cependant, il se limite à une modélisation purement qualitative, et cela n'est sans doute pas sans rapport avec le fait qu'il se préoccupe essentiellement de la végétation. Tansley marque avant tout le point d'aboutissement de la tradition géobotanique de l'écologie ; ce n'est que par la rencontre de cette tradition avec deux autres courants de recherche, celui de l'étude des populations animales et celui de l'approche énergétique, que l'écologie va se constituer comme science des écosystèmes.

Le budget énergétique

La botanique n'a jamais été étrangère aux activités agricoles, horticoles, forestières, mais le développement au sein de ce savoir d'une approche géographique puis écologique a tenu, autant qu'à des nécessités économiques, au fonctionnement interne de la communauté des botanistes. Dans un premier temps l'approche géobotanique a renouvelé l'intérêt des observations de terrain dans des pays dont la flore ne réservait plus de surprises. Au XIXe siècle, et aujourd'hui encore, la carte de répartition des espèces se dessine en rassemblant d'innombrables observations ponctuelles sur la présence de telle plante dans telle localité. Les amateurs, souvent organisés en sociétés locales, constituent d'indispensables auxiliaires. Dans un deuxième temps, le développement de théories très structurées, visant à décrire finement la mosaïque des associations végétales ou à expliquer et à prévoir la dynamique d'une formation végétale, a marqué au contraire une volonté de professionnalisation. L'expert en écologie végétale cherche à se distinguer du botaniste herborisant, il revendique d'être consulté et écouté sur l'utilisation des sols et leurs potentialités, sur le maintien de la couverture végétale et les dangers qui la menacent...

Dans le cas de l'écologie animale, la professionnalisation et l'importance des recherches appliquées sont encore plus marquées. Les activités de pêche et de chasse, en particulier, mais aussi les nécessités de la lutte contre les ravageurs, les parasites ou les insectes vecteurs de maladie ont joué un grand rôle. L'article de Möbius en 1877, déjà cité à propos du terme « biocénose », porte sur les bancs d'huîtres de la mer du Nord et explique leur épuisement par la surpêche. Pour cela Möbius doit faire intervenir de multiples données à la fois écologiques et socio-économiques. L'article de S.A. Forbes, dix ans plus tard, « Le lac en tant que microcosme », s'appuie sur l'expérience de l'auteur, entomologiste officiel de l'État de l'Illinois et qui avait aussi travaillé sur les pêcheries.

Mais le travail le plus exemplaire à cet égard est sans doute celui sur la mathématisation de la dynamique des populations. Les équations, découvertes indépendamment dans les années vingt par l'Américain Lotka et par l'Italien Volterra, visent à rendre compte de la variation corrélative des effectifs de proies et de prédateurs[1]. Elles

1. Ce paradigme de l'écologie théorique dérive lui-même de recherches appliquées : les travaux de Volterra s'appuient sur des statistiques sur le volume des pêches dans l'Adriatique avant, pendant et après la guerre de 1914-1918. Sur ce dernier point on pourra lire le très bel ouvrage de Sharon E. Kingsland, *Modeling Nature*, chicago University Press, 1985.

duisant pour les mathématiciens, même
ue aux yeux de beaucoup d'écologues.
se révèlent d'une grande fécondité par
quelles elles donnent lieu.
entre-deux-guerres, très riche en contro-
logie, l'étude de la dynamique des popu-
pe de manière à peu près indépendante
végétaux. Seuls certains auteurs, comme
ne vision synthétique. Son manuel, *Ani-*
7, introduit les notions maintenant clas-
e et de pyramide des effectifs. Mais la
logie animale et écologie végétale se fera
une troisième approche, tournée, celle-
atière et d'énergie. C'est d'une certaine
remonte aux débuts conjoints de l'agro-
erne, et aux premiers travaux sur la nutri-
des concepts fondamentaux de l'écolo-
onté de quantifier et d'optimiser le fonc-
aturels gérés par l'homme et modifiés.
nent il s'agit de savoir ce qu'on récolte
fourni. Pour ces calculs, l'énergie four-
l analogue à l'argent dans le domaine

modèle global

ècle et le début du XXe siècle, ce type
s une perspective essentiellement prati-
es quarante, grâce au concept d'écosys-
pproche quantitative et énergétique des
rivilégié dans ce domaine est le lac de
le Wisconsin, ouvre la voie en 1940 par
étique » d'un lac. Un jeune biologiste,
ans plus tard, développe et théorise cette
cadre théorique proposé par Tansley, il
et quantifié du fonctionnement d'un
'énergie, fourni par le soleil, et diffé-
tion. Ce modèle simple et pratique per-

met d'expliquer l'évolution d'un milieu naturel - un étang comme une prairie - de sorte que l'ensemble des notions jusque-là dispersées dans les différentes branches de l'écologie se trouve rassemblé dans un même cadre théorique.

Discutée, approfondie et diffusée par des manuels comme les *Fundamentals of Ecology* des frères Odum, cette approche dynamique et énergétique représente aujourd'hui la vulgate, le savoir écologique de base, qui sous-tend les discours sur l'environnement, du moins lorsque ceux-ci sont soucieux d'une base scientifique. Le développement de l'écologie scientifique ne s'est pas pour autant arrêté à ce point. Après un regain d'intérêt pour la biogéographie et les points de rencontre avec les problèmes de biologie évolutive et de génétique des populations, les recherches actuelles semblent s'orienter autour du concept de paysage, conçu comme une unité écologique plus large que l'écosystème. Mais cela est une autre histoire...

Jean-Marc Drouin

Les raisons de la colère

Jean-Marc Drouin

Parmi les controverses suscitées par la théorie écologique, une des plus célèbres est celle sur la prairie nord-américaine dont plusieurs historiens ont retracé les étapes et analysé les enjeux.

À partir de 1934 et pendant plusieurs années consécutives, les États-Unis ont connu une sécheresse accompagnée, dans certaines régions, de véritables nuages de poussière apportés par le vent. Ce « dust-bowl » - dont les effets catastrophiques s'ajoutaient à ceux de la crise économique - affectait en particulier l'Oklahoma dont les habitants, partis par milliers sur les routes de l'Ouest, ont été immortalisés par le roman de Steinbeck, porté à l'écran par John Ford, *Les raisins de la colère*.

Pour Clements et ses disciples, cette catastrophe sanctionnait les méfaits de l'individualisme et le retard de la politique agricole sur la théorie écologique : pour augmenter la production de céréales, on avait labouré en tous sens la prairie, détruisant sa couverture végétale naturelle et dénudant ainsi un sol dont la sécheresse et le vent s'étaient emparés. Les auteurs qui refusaient cette explication récusaient en même temps la conception classique du climax et l'idée sous-jacente d'un équilibre entre la biocénose et le milieu physique. En 1956 encore, l'historien James Malin traitait de « mensonge éhonté » l'allégation selon laquelle les tempêtes de poussière des années trente étaient causées par la « charrue qui détruit les plaines », et dénonçait ce qu'il considérait comme le fondement philosophique de ses adversaires : la référence à un état de nature dans lequel « les forces naturelles, biologiques et physiques, sont supposées exister dans un état d'équilibre virtuel, non perturbé par l'homme ».

Jean-Marc Drouin

Pour une pensée écologisée

Edgar Morin

Comment rendre compte de la complexité de l'organisation vivante ? Comment concilier la conservation des écosystèmes et le développement technologique ? Comment faire de la planète Terre un véritable « chez-soi » ? De la science de l'écologie au mouvement écologique puis à la pensée écologique : pour une révolution de la pensée.

L*a science de l'écologie* est née à la fin du XIXe siècle et s'est développée tout au long du XXe, en particulier dans les années trente, autour de la notion d'écosystème : notion extrêmement importante, qui fait de l'écologie une discipline d'un type nouveau par rapport aux disciplines classiques. Son objet, en effet, n'est pas arbitrairement dispersé ici ou là, dans les divers domaines du réel, mais correspond à un ensemble cohérent et organisé : l'écosystème, composé de l'union d'un biotope (c'est-à-dire d'une base géophysique) et d'une biocénose (l'ensemble des interactions entre les vies animales et les vies végétales quelles qu'elles soient).

L'écologie est donc une « science nouvelle » parce qu'elle contient en son noyau même l'idée d'organisation, et qu'elle requiert une série de compétences variées : géologiques, climatologiques, microbiologiques, botaniques, zoologiques et autres... C'est donc une science qui dépasse les spécialisations rigides des disciplines biologiques et qui, dans une certaine mesure, les hybride et les combine.

Toutefois, la notion d'écosystème est sujette à deux types d'interprétations antagoniques : certains considèrent l'écosystème comme une sorte de supra ou super-organisme, et ne s'attachent qu'aux contraintes qu'il impose aux organismes qui le composent ; d'autres, au contraire, s'intéressent surtout aux interactions locales et de faible portée entre les diverses composantes de l'écosystème, refusant de voir en celui-ci une unité d'ordre supérieur, ce qui, en définitive, revient à dissoudre le tout dans les parties.

J'ai mis au point l'idée d'éco-organisation précisément pour échapper au caractère unilatéral de cette dichotomie et parler en des termes plus adéquats des divers modes d'organisation systémique qui existent dans la nature. Comme n'importe quel système, l'écosystème est une organisation qui possède des qualités et des propriétés qui n'existent pas au niveau des unités constitutives et qui, à son tour, inhibe et réprime les qualités et les propriétés caractéristiques de ses diverses composantes.

Au cours des années soixante, surtout dans les universités californiennes, la science écologique s'est trouvée confrontée aux problèmes posés par toutes les conséquences indésirables du développement des sociétés industrielles, avec ses dégâts et ses déchets. Déjà, on assistait à la mort de nombreux lacs et on pouvait même envisager dans un avenir peu lointain la « mort de l'océan » comme l'affirmait un célèbre article de 1969. Ces mêmes années virent la naissance - là encore, principalement en Californie - du mouvement de la contre-culture, porteur d'un fort sentiment néo-naturiste.

Les courants du naturisme

Le sentiment de la nature se manifesta pour la première fois avec un grand retentissement dans l'histoire de notre civilisation occidentale à la fin du XVIIIe siècle, principalement avec l'œuvre de Jean-Jacques Rousseau, et connut de grands développements avec le romantisme, dans un rapport que je qualifierais de corrélation antagonique avec l'essor d'une civilisation de plus en plus urbaine, artificielle.

Cependant le mouvement naturiste a continué à apparaître comme purement poétique, privé de tout contenu réaliste : « romantique ». Cela devait être laissé aux jeunes et aux femmes, tandis que la civilisation mâle suivait son cours, conformément à la conception classique de la science, de la nature, de l'histoire selon laquelle la nature se divise en objets, en choses à manipuler et à dominer. Une telle perspective anéantissait toute idée de nature comme réseau d'interconnexions, de nature matricielle.

Mais au cours de notre siècle, surtout dans l'après-guerre et à un rythme accéléré à partir des années soixante, le développement démesuré de la vie urbaine avec tous ses méandres et ses complications technico-bureaucratiques a provoqué une réaction - non seulement parmi les jeunes mais dans toutes les couches de la société, et surtout chez les plus aisées -, poussant beaucoup de gens à quitter les villes.

Ce mouvement des métropoles vers la nature a incontestablement ranimé, bien qu'inconsciemment, le culte de la nature. La conscience du retour à la nature s'est principalement diffusée parmi les jeunes, à travers le refus de la civilisation héritée de leur famille, le refus des contraintes de la vie bourgeoise et technico-bureaucratique, de la vie artificielle et anonyme.

Cette tendance s'est à l'origine manifestée en Amérique, où le courant naturiste est assez profondément enraciné pour des raisons évidentes : l'Amérique est un continent sauvage, constitué d'étendues sans limites et de déserts ; tous les grands poètes américains du siècle dernier ont chanté la nature et, aujourd'hui encore, il est très facile de sortir des métropoles américaines et de se retrouver brusquement dans un monde où la nature est presque vierge...

Cette force et cet enracinement du néo-naturisme de la jeunesse américaine ont favorisé sa rencontre avec le message de la science et de l'écologie, et c'est là un moment déterminant pour notre histoire : dès lors, la nostalgie, l'amour, le culte de la nature ne sont plus des choses simplement irrationnelles, infantiles, féminines. Au contraire, le souci de sauvegarde de la nature devient une attitude prudemment rationnelle. La science de l'écologie montre en effet que, au-delà d'un certain seuil, la dégradation de la vie humaine et l'anéantissement de la nature conduisent à l'(auto-) anéantissement de l'humanité.

Le mouvement écologique

Le mouvement écologique est né de cette convergence entre la science écologique et le mouvement néo-naturiste (principalement américain). Le premier stade de développement du mouvement a pris la forme d'un prophétisme apocalyptique, en une série de variations sur le thème : « Nous détruisons la nature. » J'ai fait plus haut allusion à l'un de ces thèmes : la « mort de l'océan ». Mais peu de temps après ce fameux article - au début des années soixante-dix - le premier rapport du Club de Rome avertissait le monde entier que la poursuite de la croissance économique et industrielle au même rythme et selon les mêmes modalités que par le passé entraînerait l'ensemble de la biosphère, et par conséquent toute l'humanité, vers la catastrophe. Le mouvement écologique se rassembla et se cristallisa alors autour d'un mythe à mon sens assez simpliste, celui de la croissance zéro. L'idée qu'il fallait arrêter la croissance prévalut alors et une foi absolue en l'équilibre se répandit. C'était une illusion intellectuelle : il y a quelque ironie à croire en l'équilibre de la nature alors que ce n'est là qu'un concept physique, tout au plus plaqué arbitrairement sur la nature.

Il n'existe pas d'équilibre dans la nature : il y a seulement des régulations, des homéostasies et, au mieux, des états de relative stabilité. Le véritable problème n'était pas celui de l'arrêt de la croissance économique mais celui de son contrôle et de sa régulation.

Ce premier rapport du Club de Rome marque cependant une étape importante dans le développement d'une pensée planétaire : on réalise dès lors que le problème écologique ne se limite pas à différents écosystèmes séparés, mais implique, comme on l'a noté plus haut, toute la biosphère et l'ensemble de l'humanité.

Il est paradoxal que les prophéties catastrophistes aient commencé à se réaliser seulement dix ans après leur formulation, lorsque se sont succédé Seveso, Bhopal, la mort du Rhin, les pluies acides, Three Mile Island, Tchernobyl, etc. C'est seulement quinze ans plus tard que s'est imposée une prise de conscience généralisée des importantes menaces qui pèsent directement sur la biosphère.

Entre-temps, les scientifiques ont élaboré l'hypothèse Gaïa, et ont pris au sérieux l'idée de l'existence de régulations spontanées et intrinsèques à la biosphère. Ils ont remarqué que la biosphère possède une relative capacité à corriger certains effets destructeurs provoqués par la course au progrès technique dans le domaine des activités humaines...

Cette capacité de régulation de la biosphère reste toutefois incertaine. Même si elle devait être confirmée, ce ne serait pas une raison suffisante pour nous laisser ignorer que tout système bien régulé peut perdre par la suite, à un moment donné de son histoire, son actuelle faculté de régulation qui prendrait alors d'autres formes.

Dans certaines situations de déséquilibre, la biosphère peut régresser vers des modes de régulation plus primitifs, ou alors réaliser ses propres autorégulations au préjudice de l'existence d'une espèce humaine. D'où l'actualité du mouvement écologique et son importance...

La pensée écologique

La pensée écologique est encore différente. Elle s'appuie sur certains résultats de la science écologique *et* examine le mouvement écologique de l'intérieur *et* de l'extérieur : elle tente de l'objectiver et d'en exprimer la validité. Par sa nature même, elle est une pensée multidimensionnelle qui ne saurait se résumer en une seule formule. C'est avant tout une pensée de nature systémique, qui s'occupe de l'organisation des écosystèmes, organisation spontanée, autorégulée, composée des cycles récursifs que sont les cycles de la vie, mais aussi ceux de la mort. Un écosystème fonctionne comme une sorte de computer naturel et sauvage : si tous les êtres vivants sont des êtres computants, de la même manière l'ensemble des interactions entre tous les êtres d'un écosystème, ou plus précisément entre tous les êtres de la biosphère, constitue une sorte d'être computant à la puissance deux.

Nous savons que toutes les communautés d'êtres computants (bactéries, végétaux, animaux) sont fondées sur la communication. Ces êtres ne communiquent pas seulement entre semblables, mais aussi avec des êtres différents d'eux et même avec des êtres antagonistes. Quand se produit un conflit entre deux êtres, chacun a de l'autre une connaissance assez détaillée : dans la lutte entre la mangouste et le serpent, chaque animal connaît parfaitement le point faible de l'ennemi et tente de le tuer en attaquant précisément ce point faible. Des phénomènes de communication du même ordre se produisent entre papillons et abeilles, insectes et plantes...

L'écosystème est un phénomène organisateur, non seulement au sens matériel, mais aussi en terme de processus : c'est un phénomène computationnel multiforme et global. Une telle idée, qui n'a été ni proposée ni développée par les écologistes professionnels, peut cependant se déduire sans trop de difficultés de leur science. Ce qui fait donc la spécificité de l'écologie en tant que science est le fait qu'elle soit fondée non sur l'isolement arbitraire de son objet, mais sur sa complexité organisationnelle.

Aujourd'hui, la pensée écologique peut et doit s'enrichir de deux apports convergents. Le premier est celui de l'hypothèse Gaïa qui attribue à l'ensemble de la biosphère des potentialités autorégulatrices et dans une certaine mesure autoréparatrices. Le second apport est celui des sciences de la Terre : à partir de 1960, elles ont commencé à s'articuler l'une avec l'autre et à dépasser la parcellisation du passé (ici la vulcanologie, là la sismologie ou la géologie...). Nous savons aujourd'hui que la Terre est un système vivant *et* au sens biologique *et* en tant qu'entité dotée, même sur le plan purement géophysique, d'une histoire, d'une auto-organisation, d'une autorégulation qui lui sont propres.

Si nous rassemblons les trois mouvements de pensée en question (celui qui dérive de l'étude des divers écosystèmes, celui qui s'est développé à partir de l'hypothèse Gaïa et celui que représentent les sciences de la Terre), nous pouvons alors concevoir notre planète comme un système auto-organisé et non clos.

Les résultats de cette confluence entre les différents mouvements de la recherche scientifique ont aussi une importance fondamentale pour l'histoire des hommes. Nous sommes entrés depuis plusieurs siècles dans l'ère planétaire ; le XXe siècle est l'âge de la grande agonie planétaire. C'est un moment historique où s'impose l'exigence fondamentale d'une unité de l'espèce humaine qui respecte toutes les différences culturelles et prenne la forme d'une confédération planétaire. Si l'humanité ne parvient pas à réaliser cette unité, elle courra certainement le risque de s'autodétruire sur tous les plans.

Notre époque découvre aussi à travers la cosmologie que les mondes habités, s'ils existent, sont fort rares et très éloignés les uns des autres. Jusqu'à présent, nous n'en connaissons aucun en dehors de notre planète. Au-delà de celle-ci nous voyons le froid glacial de l'espace et, dans ce froid glacial, des îlots sporadiques de flambées thermonucléaires, ces soleils qui se nourrissent de la même énergie que celle qui risque d'anéantir l'homme. Nous découvrons donc que nous avons un habitat qui nous est consubstantiel : notre matrice, la Terre. À nos yeux, les concepts de « Terre » et de « Nature » forment un tout : au sens biologique, la nature n'existe que sur la Terre et n'est que la Terre (tout au moins en ce qui concerne notre système solaire). Nous devons adhérer profondément à notre matrice, d'autant plus que l'univers extérieur, si extraordinaire soit-il, nous apparaît épouvantable et invivable.

Cela est un des aspects les plus importants de la pensée écologique qui réunit et traite ensemble deux problématiques fondamentales de notre siècle : politique - celle d'une confédération de l'humanité - et scientifique - celle du développement d'une science de l'organisation capable de dépasser une conception de la science qui séparait arbitrairement ses différents objets.

De nouveaux principes au nouveau paradigme

Sur le plan anthroposociologique, une évolution très importante est en train de se dessiner. Notre tradition scientifique occidentale était jusqu'alors dominée par une disjonction fondamentale entre l'homme et le monde physique ou naturel : l'homme avait dans la nature un statut de complète insularité. Nous savions tous fort bien que l'homme descend d'une ligne d'évolution dont le singe fait aussi partie. Nous savions également que nous sommes composés de corps biologiques et que notre cerveau est un organe biologique et même biophysique et chimique. Mais nous nous en tenions là.

Aujourd'hui nous découvrons, au contraire, que la science écologique (et naturellement aussi la pensée écologique) peut se fonder uniquement sur la désinsularisation de la place de l'homme dans la nature. Ainsi, dans la nature, la réalité anthroposociologique n'apparaît plus comme insulaire, mais péninsulaire, et la nouvelle place qu'y occupe la condition humaine ouvre une dialectique irréductible et incontournable entre la réalité anthroposociale et la réalité naturelle. Ce type de solidarité est d'une importance capitale car il nous permet de formuler de nouveaux principes. Nous pouvons affirmer que désormais seule une nature à double pilotage est concevable : la nature doit être pilotée par l'homme, mais celui-ci doit à son tour être piloté par la nature. Les deux copilotes, bien qu'hétérogènes, sont de toute façon inséparables.

Or la nature est aujourd'hui menacée par les multiples développements technico-industriels dont la logique est celle d'une machine simple, très semblable aux différentes machines artificielles que nous produisons, tandis que la logique de la machine vivante est bien plus riche. L'organisation de la plus petite bactérie est plus riche et plus complexe que la plus complexe des organisations sidérurgiques de la Ruhr, car la bactérie est un système doté de capacités d'autoréparation, d'autoreproduction, d'auto-organisation. Nous devons dépasser la logique de la machine artificielle : la pensée écologique est une forme de pensée qui reflète la logique de la réalité naturelle et la complexité de l'organisation vivante.

La conjonction de ces deux idées : le double pilotage de la nature et la recherche d'une pensée qui respecte la complexité de l'organisation vivante transforme profondément le rôle de l'être humain.

Nous serons amenés à formuler en termes explicites une éthique nouvelle, profondément différente de l'ancienne, fondée sur la domination de la nature par la science et la technique. Cependant, le caractère indissociable de la relation Homme-Nature n'est intelligible que si l'on s'appuie sur un nouveau paradigme. L'usage que je fais de cette notion, introduite par Kuhn (qui en a donné une définition quelque peu incertaine et floue), est assez semblable à celui qui en a été fait par la linguistique structuraliste. Roman Jakobson a opposé paradigme et syntagme. Dans cette opposition, le paradigme est ce qui règle le choix des mots qui constitueront la chaîne du discours, c'est le contrôle du discours. Pour ma part, je dirais que le paradigme est l'ensemble des relations logiques fondamentales qui interfèrent entre les concepts de base, lesquels à leur tour contrôlent une culture et donc contrôlent aussi une pensée et un discours.

J'ai pu ainsi qualifier de « paradigme cartésien » le grand principe qui a régi la tradition occidentale des siècles durant. Plus que tout autre, René Descartes a formulé la disjonction - une notion logique, donc - entre d'une part ce qu'on peut appeler sujet, moi pensant, esprit, domaine de la philosophie, et d'autre part ce qu'on peut appeler objet, chose, matière, domaine de la science.

À partir de son époque, les développements de la philosophie et ceux de la science empruntent des routes de plus en plus divergentes : les communications entre les deux cultures se raréfient, et pourtant l'une et l'autre continuent à être régies par le même paradigme, à respecter la disjonction que Descartes leur avait imposée. Ce nouveau paradigme ne tend pas seulement à faire coïncider à nouveau ces deux ordres de notions : plus fortement, il fait entrer un ordre dans un autre ordre et ainsi de suite, de façon réciproque et récursive. C'est un paradigme qui effectue aussi l'inclusion réciproque et récursive des idées d'homme et de nature.

Tel est le sens profond de l'idée d'auto-éco-organisation ; ceux qui ont parlé uniquement d'auto-organisation ont en fait mutilé le message dont ils étaient porteurs. Dès le début, lors de la publication de son célèbre article sur les *Self-organizing systems*, von Foerster a fait remarquer que l'idée même de « self-organizing-system » était un paradoxe, parce qu'un système qui s'organise lui-même consomme de l'énergie et a donc besoin d'un environnement extérieur d'où tirer cette énergie nécessaire au maintien de son autonomie. En d'autres termes, la notion d'autonomie est liée à l'idée de dépendance. Mais le paradigme d'auto-éco-organisation va encore plus loin : il consiste à dire que toute entité auto-organisatrice a non seulement besoin d'une *énergie* extérieure à elle-même, mais aussi et surtout d'une *organisation* qui lui soit extérieure.

Une révolution de la pensée

Il nous faut maintenant énoncer un autre principe de la pensée complexe, de nature paradigmatique lui aussi : le principe hologrammatique. L'organisation de l'extérieur se trouve également à l'intérieur. L'organisation du macrocosme se trouve aussi dans le microcosme. La partie est dans le tout et le tout dans la partie. Si nous comprenons ce principe, nous comprenons la vérité profonde du paradigme d'auto-éco-organisation. Nous faisons partie des écosystèmes, de la biosphère, du cosmos, mais la biosphère aussi est en nous, tout comme le cosmos, à travers précisément la biosphère.

Le paradigme hologrammatique n'indique pas seulement la conjonction, mais aussi l'inclusion réciproque : nous sommes dans le cosmos et le cosmos est en nous, même si nous sommes autonomes par rapport à lui. C'est une conception complètement différente de celle du paradigme d'intégration réductionniste qui, afin d'intégrer l'homme dans la nature, dissout tous ses aspects spécifiquement humains. Nous nous éloignons donc des paradigmes simplificateurs du passé, du paradigme de disjonction homme-nature. À ceux-ci, le paradigme complexe répond par la conjonction et aussi par l'inclusion réciproque.

Cela est un des aspects d'une révolution de la pensée. Sans cette révolution, l'importance de la pensée écologique ne pourra être pleinement comprise, parce que *la pensée écologique est en même temps une pensée écologisée*. Tous les phénomènes qui apparaissaient simplement comme indépendants et sans connexions doivent désormais être considérés soit comme indépendants et autonomes, soit comme dépendants et connexes à tous les autres phénomènes qui les entourent.

Ainsi l'écologie de la société est facilement visible : nous comprenons que la société n'est pas seulement une organisation composée d'un État, de communes, de préfectures, d'un système administratif centralisé ; c'est aussi un milieu où se produisent de très nombreuses interactions spontanées. Par exemple, la circulation automobile et piétonnière d'une grande ville n'est pas une circulation programmée, mais elle se régule d'elle-même en fonction d'un certain nombre de véhicules et de grands flux prédéterminés.

Tous les phénomènes sociaux se produisent à la confluence de trois pôles : le pôle auto-organisateur de la société qui met l'accent sur le rôle noyauteur des organisations centralisées (à commencer par l'État), le pôle écologique de l'environnement social, ponctué d'interactions spontanées, et le pôle des individus ou des groupes qui possèdent une relative autonomie : qui se frayent un chemin à travers ces deux types de réalités et qui se mélangent entre eux, entre l'éco-organisation et l'auto-organisation de la société.

Un principe fondamental de la pensée écologique est l'écologie de l'action. Lorsque nous agissons, bien vite nos actes échappent à nos intentions, entrent dans le système d'interactions et de rétroactions du milieu, et parfois s'éloignent totalement de la route que nous avions prévue. Au lieu d'atteindre l'objectif fixé, celui qu'ils atteindront sera complètement différent ou, même, ils se retourneront contre nous pour nous frapper comme un boomerang australien lancé par un maladroit.

Sur le plan politique, beaucoup de problèmes peuvent être éclaircis ou posés d'une manière nouvelle à partir de ces prémisses. Avant tout, nous avons de fortes raisons pour être favorables à toutes les formes possibles de réalités métanationales, non seulement au niveau de ces provinces de la planète que sont les continents (l'Europe), mais aussi au niveau planétaire.

Nous découvrons ainsi que les sociétés européennes et américaines, hyper-développées sur le plan technique, sont en même temps des sociétés sous-développées moralement, mentalement et affectivement, viciées dans leur noyau par d'énormes carences affectives et humaines. Cela nous impose non seulement d'enrichir et de complexifier notre idée du développement, mais de créer l'idée même de métadéveloppement, d'élaborer un concept qui échappe à l'obsession qu'il faut faire plus, encore plus, toujours plus.

Entre l'idée postmoderne selon laquelle l'histoire a épuisé toutes ses ressources, l'idée de fin de l'histoire qui affirme que rien de significatif ne peut plus arriver, et la vieille illusion du progrès continu, selon laquelle le développement était quasi automatique et automatisé, s'ouvre donc un espace immense. C'est un espace qui exige que se crée continuellement du nouveau, quantitativement mais aussi qualitativement. C'est dans cet espace que prend place l'idée de métadéveloppement, qui associe indissolublement technologie et écologie.

Aujourd'hui, notre tâche consiste à civiliser la civilisation des machines, à concevoir et à introduire dans les processus de cette civilisation les facteurs de la complexité du vivant et de la complexité humaine. Là vont pouvoir se rencontrer deux aspects qui sont encore juxtaposés et antagonistes : d'une part, l'objectif vital de la conservation de l'écologie naturelle et de l'écologie humaine, de l'autre la nécessité de poursuivre le développement technologique, même si cela doit se faire avec des moyens nouveaux et plus complexes.

Nous assistons aux premières amorces de certains processus. Jusqu'à ce jour, nous n'avions trouvé que le massacre pour limiter les pathologies qui se déclaraient dans tous les domaines (et pas seulement celui de l'organisme humain) : on coupait, on tuait, on anéantissait. Désormais, nous ne sommes plus prisonniers de cette logique d'anéantissement et nous sommes entrés dans celle de la régulation. L'introduction de cette logique de la régulation est d'une importance capitale parce qu'elle nous permet de comprendre qu'il n'existe jamais de choses en soi (qu'il s'agisse de machines ou de récoltes) : l'ensemble dont ces choses font partie doit être régulé selon un mode de régulation supérieur.

Ce lien entre technologie et écologie créera un nouveau lien entre conservation et innovation. Pour innover, nous avons besoin de conserver, particulièrement les diversités naturelles et culturelles qui deviennent un matériau indispensable pour nos nouvelles créations. La nécessité de changer de direction, d'abandonner la route tracée par la logique de la machine artificielle nous ouvre la voie de la stratégie, de l'invention, de la création. Si notre recherche s'oriente du côté de cette logique complexe et cesse de faire du sur-place du côté de la logique étroitement mécanique et programmatrice, notre créativité y gagnera certainement de meilleurs stimulants.

La pensée écologisée est une pensée multidimensionnelle et radicale parce qu'elle est fondée sur un principe radical, celui de l'auto-éco-organisation ou auto-éco-production, cette réalité qui est une et double en même temps.

Elle est radicale parce qu'elle a d'énormes conséquences non seulement sur la pensée du monde humain, qui est réintroduit dans sa réalité naturelle, mais aussi sur le monde humain lui-même dans lequel est réintroduite la dimension écologique, qui n'est plus simplement naturelle mais devient également sociale, et concerne les actions et les créations des êtres humains.

Elle est radicale parce que son importance politique est fondamentale : elle converge avec les exigences de la pensée planétaire et offre une possibilité extraordinaire de concrétisation aux idées de « home », de « Heimat », de chez-soi qu'est pour nous la planète Terre.

Edgar Morin

L'écologie en temps réel

Francesco Di Castri

Bouleversements climatiques ou économiques, ozone, dioxines et géopolitique... aujourd'hui l'écologie fonctionne dans l'urgence. Encore mal assurée sur ses fondements, il lui faut tout à la fois comprendre et expliquer, modéliser, prévoir, communiquer, établir ses protocoles et ses critères, chercher et se trouver. F. Di Castri, expert international, dresse ici le portrait d'une jeune science pressée.

Je me souviens d'une des premières conférences internationales sur l'environnement. C'était en 1972 à Stockholm. Les plus grands scientifiques y participaient. Nous avons eu des débats d'une richesse exceptionnelle. De nombreuses décisions y ont été prises. C'est à la suite de cet événement que sont nés, un peu partout dans le monde, les ministères, secrétariats à l'Environnement, ainsi que des organismes internationaux comme le Programme des Nations unies pour l'Environnement.

Vingt ans ont passé depuis ce séminaire et la situation planétaire s'est dégradée dans des proportions telles que même les plus pessimistes n'auraient pu l'envisager. Les raisons de cette impuissance sont à chercher autant dans la communication avec les décideurs (politiques et industriels) que dans le développement de la recherche écologique.

Les péchés de l'écologue

Nous disposons d'une masse importante de connaissances. On

étudie l'écologie animale, l'écologie végétale, génétique, etc. Mais très rares sont les centres de recherche qui pratiquent l'« écologie finalisée », c'est-à-dire qui étudient des questions telles que la contamination, la gestion de l'espace, la diversité biologique. D'autre part, l'écologie souffre d'un problème de méthode pour aborder ces phénomènes. Pendant longtemps, on a pensé, surtout en Europe, que pour maîtriser les questions d'environnement il fallait collecter le plus grand nombre de données possible. Ce mode de recherche n'est valable que pour les systèmes simples et isolés. L'accumulation d'observations, de mesures peut donner l'idée d'une hypothèse de fonctionnement qu'il faudra vérifier ensuite. Quand il s'agit d'un système complexe, la connaissance des éléments du système, si détaillée soit-elle, ne permet pas de saisir son fonctionnement.

Pour comprendre la manière dont les océans agissent sur l'atmosphère, c'est la zone d'interaction entre ces deux éléments qu'il faut décrypter. Ce n'est pas en accumulant indéfiniment des données sur l'océan ou l'atmosphère que l'on y parviendra. Les données doivent être recueillies de manière sélective à partir d'une hypothèse de travail. La connaissance de ces zones d'interactions est un des objectifs les plus urgents de l'écologie actuelle. Dans ce domaine, les protocoles d'expérimentation demandent la construction préalable d'un modèle, dont on mettra ensuite la validité à l'épreuve. Le modèle simule la façon dont on suppose que se comporte l'écosystème étudié. Ce système hypothétique ne peut se concevoir en l'absence de bases théoriques solides. Or l'écologie manque d'un corps théorique suffisamment structuré. C'est ce qui explique que nous soyons relativement peu avancés dans la compréhension des écosystèmes.

Les efforts pour constituer les fondements de l'écologie s'appuient en grande partie sur la théorie mathématique de la « non-linéarité ». Elle nous fournit des outils pour représenter des systèmes oscillant entre stabilité et instabilité. On parvient ainsi à mathématiser les seuils de déséquilibre en intégrant l'aspect aléatoire de ces phénomènes. Pour l'écologie, ce nouvel apport théorique est un bouleversement considérable. Cette science qui avait une image d'équilibre, d'immuable, devient l'étude du chaos et de l'incertain. Nous n'en sommes qu'au tout début de la démarche, même si déjà ce mode de pensée a permis des avancées importantes : les écosystèmes des milieux fermés (par exemple les îles) nous sont très bien connus. Les écosystèmes les moins complexes, les toundras, les prairies, sont assez bien compris. On connaît très bien les relations du couple prédateur/proie dont les interactions sont mathématiquement formalisées. Cette modélisation s'applique aussi bien aux poissons qu'aux oiseaux, etc. Dans ce domaine, la percée écologique a été très grande. C'est presque devenu de la routine. Mais nous sommes très loin des connaissances nécessaires pour aborder les problèmes de dimensions planétaires.

Notre laboratoire, c'est la planète

Aujourd'hui la communauté scientifique s'accorde pour fixer à l'écologie trois axes de recherches prioritaires.

La première question concerne tous les changements planétaires globaux, qu'ils soient climatiques ou macro-économiques.

La seconde priorité sera d'augmenter et d'élargir nos connaissances sur la diversité biologique. Il nous faut comprendre les facteurs qui interviennent dans la disparition des espèces et la baisse de la variabilité génétique. Il s'agit aussi d'étudier la façon dont on peut utiliser cette diversité dans le développement des biotechnologies.

Et enfin, le troisième problème concerne les conditions de viabilité des écosystèmes. À partir de quel niveau l'extraction d'espèces ou l'ingérence de polluants menacent-elles leur survie ? Nous avons bâti un programme expérimental pour trouver les seuils au-delà desquels les écosystèmes ne sont plus viables.

Ces trois problèmes, encore très peu explorés, impliquent des incidences économiques et géopolitiques extrêmement importantes. Ils se situent au carrefour de plusieurs disciplines : physique, biologie bien sûr, mais aussi sociologie et économie. Malheureusement, de nombreux collègues conservent l'illusion qu'il est possible de résoudre ces questions sans l'apport des sciences humaines. On ne peut évidemment demander aux écologues d'être en plus économistes, sociologues, politologues, mais ils doivent se confronter à des spécialistes de ces disciplines. Ce rapprochement nécessaire commence à se mettre en place. Dans l'approche des systèmes complexes, nombre de nos outils de modélisation (théorie de la non-linéarité) sont ceux qu'utilisent les physiciens, les économistes, les biologistes, etc. Par rapport à nos trois problèmes prioritaires, la communauté scientifique internationale commence à se rendre compte de l'intérêt d'élaborer des programmes de recherche allant dans ce sens.

Cependant, de nombreuses difficultés demeurent. Nous sommes assez avancés dans la connaissance de sites spécifiques, mais il nous est très difficile de savoir comment transférer ces résultats d'un site à l'autre et d'une période à une autre. Dans quelle mesure des données prises sur quelques mètres carrés ou quelques kilomètres carrés peuvent-elles permettre d'interpréter ce qui se passe sur une région ou un continent ? Cette capacité d'extrapolation, spatiale (dans des lieux différents et à différentes échelles) et temporelle, est une des questions cruciales posées à l'écologie. Elle nécessite de grandes précautions. Bien souvent, quand un écologue a étudié un écosystème, il pense pouvoir généraliser sa connaissance à d'autres parties du monde. Un péché d'orgueil qui engendre presque toujours l'échec et nuit à la crédibilité de l'écologie. Pourtant, nous ne pouvons pas ignorer la question de l'extrapolation, même si nous ne devons jamais la résoudre totalement. Si nos modèles n'ont d'autre ambition que de figurer ce qui s'est passé à un endroit à un moment précis, ils n'ont plus qu'une fonction descriptive.

Or, pour produire des résultats utilisables par les « décideurs », pour apporter des solutions aux problèmes de la planète, il faut pouvoir faire des prévisions à partir de résultats d'expériences que l'on généralise. L'écologie a vocation à devenir une science expérimentale et ne doit pas se cantonner dans la description de formes végétales avec un niveau d'extrapolation nul. Là encore, il est nécessaire de s'appuyer sur des bases théoriques. Pour organiser les méthodes d'extrapolation, la tendance actuelle est de se servir de la théorie hiérarchique qu'on appelle aussi « théorie des échelles emboîtées ». La percée de l'écologie s'appuie sur la combinaison de la théorie hiérarchique et de la non-linéarité (oscillation permanente des systèmes entre l'ordre et le chaos). Sur ces bases, une vraie démarche expérimentale devient possible : formulation d'hypothèses de travail qui sont ensuite confrontées aux données du réel. Bien sûr, la démarche expérimentale appliquée à l'écologie doit définir ses propres exigences qui ne peuvent être celles de sciences telles que la physique.

Les hypothèses se rapportant aux systèmes complexes planétaires, par exemple l'équilibre général de la biosphère, ne pourront jamais être vérifiées. Il faudrait disposer de cinq ou six planètes pour refaire les expériences ! Mais, depuis peu, nous analysons des écosystèmes en grandeur réelle. Nous lançons des travaux sur le terrain qui vont « de la feuille à la région ». On arrive ainsi à lier des recherches qui vont de l'étude de la transpiration des feuilles jusqu'aux observations macroscopiques du sol utilisant des ballons, des avions ou la télédétection. Très récemment, nous avons même commencé des « recherches expérimentales sur les écosystèmes ». On choisit des sites assez semblables et on y fait varier un des facteurs, toutes choses égales par ailleurs.

Par ces travaux, nous abordons la très délicate question de la reproduction des expériences. En effet, si on répète la même expérience dans le même site à deux ans d'intervalle, les résultats peuvent varier considérablement. Les systèmes complexes oscillent entre stabilité et désordre. Or, une série d'expérimentations n'est probante que si les données de départ sont identiques. C'est pourquoi, pour réitérer une expérience dans les mêmes conditions sur le même système, il faudrait suivre son évolution complète pour vérifier qu'il se trouve au même niveau de stabilité à chaque fois. On ne pourra sans doute jamais remplir toute cette exigence à 100 %, mais il est possible de parvenir à un niveau de répétition acceptable. Et, de toute façon, les conclusions seront toujours situées dans des intervalles d'incertitude plus ou moins étendus.

Urgence et incertitude

Cette permanence du « plus ou moins probable » est certainement une des raisons pour lesquelles les décideurs ont tant tardé à prendre en compte nos connaissances. L'écologie est par essence la science des discontinuités, des seuils, des surprises. Elle se déroule dans un environnement baigné d'incertitude. Cela pose un problème de crédibilité vis-à-vis des preneurs de décisions. Ils voudraient avoir des chiffres, des prévisions, des solutions précises, et nous leur répondons en termes de « tendances » et de « fourchette de probabilités ». L'incertitude est inhérente aux systèmes complexes et ce sont ces systèmes que l'écologie étudie. On sait que nous aurons des changements climatiques sur lesquels nous ne pouvons établir qu'une certaine fourchette d'amplitude. On sait que ces évolutions perturberont les réactions des écosystèmes. Mais tant d'éléments interviennent qu'on ne peut chiffrer précisément l'augmentation de CO_2 qui s'ensuivra. Nous avons beaucoup de certitudes très partiellement quantifiables. Nous parviendrons à réduire la fourchette d'incertitudes mais jamais à la supprimer totalement.

Avant d'engager des actions coûteuses et parfois difficiles à faire accepter, les responsables politiques voudraient une connaissance complète et définitive. C'est évidemment impossible. Il faut se figurer le savoir comme une sphère. En augmentant son volume, la surface de contact avec l'inconnu s'agrandit. Pour qu'une recherche soit belle, il faut qu'elle ouvre sur cinq ou six nouvelles questions non résolues et que l'on ne pouvait pas prévoir. C'est le thème des discussions préparatoires de la conférence de 1992 sur le développement et l'environnement : dans quelle mesure peut-on agir en l'absence d'une connaissance complète ? Certains pays veulent engager des actions pour réduire les émissions de CO_2 tandis que d'autres, comme les États-Unis, s'y refusent tant qu'on n'en prévoit pas précisément l'évolution. Les hommes politiques qui gèrent tous les jours l'incertitude économique doivent comprendre qu'il existe aussi une incertitude scientifique. Sur les grandes tendances qui se dessinent, il y a déjà une place pour l'action. Il faut tout de même dire que la prise de conscience des politiques sur ces problèmes d'incertitude a rapidement progressé ces derniers temps.

De la connaissance à l'action

Mais pour que le savoir de l'écologie puisse s'appliquer, encore faut-il qu'il soit communiqué aux non-écologues. Trop souvent les scientifiques considèrent leur mission accomplie dès qu'ils ont publié leurs résultats dans une revue, de préférence la moins accessible possible. Ce dont les décideurs ont besoin, c'est d'une écologie qu'ils comprennent. Dans ce but, nous développons tout un travail afin que notre science puisse être comprise par les autres disciplines et présentée aux décideurs.

Le programme de la deuxième conférence sur le climat qui vient d'avoir lieu à Genève a donné un excellent exemple de cette nouvelle tendance des sciences de l'environnement. Elle s'est déroulée en deux étapes. D'abord une réunion de sept cents scientifiques pour déterminer les tendances et les fourchettes quantitatives des changements climatiques (évolution des températures, des précipitations, rôle de l'ozone, du CO_2, du méthane, etc.). Immédiatement après, une conférence interministérielle se tenait. Il s'agissait de fournir les données aux responsables, et de réfléchir avec eux à la manière de les utiliser pour réduire les émissions des gaz à effet de serre, ceci en essayant d'analyser les implications économiques de ces mesures pour tous les pays.

C'est la direction qu'il faut prendre : passer le plus rapidement possible de la création du savoir à sa prise en compte et à son application en réalisant une synthèse des connaissances écologiques, politiques et géopolitiques. De plus en plus, les conférences internationales font participer les industriels et les syndicats à leurs travaux et, quand on sait à quel point le chantage au chômage a été utilisé comme prétexte pour ne rien faire, on réalise l'importance du chemin parcouru.

Aujourd'hui, on assiste à une accélération des changements globaux. Les évolutions climatiques se situent à l'échelle d'une dizaine d'années. Cela bouleverse la signification des données. Les scientifiques se rendent compte qu'ils doivent fonctionner dans une logique de crise : affiner moins et fournir les connaissances dès qu'elles sont disponibles afin de tenir le pas des échéances décisionnelles.

Toutefois, s'il est nécessaire que les scientifiques se préoccupent des besoins des décideurs, ils doivent aussi veiller à préserver leur démarche scientifique. La science ne doit pas devenir un bureau d'étude recevant toutes les demandes dans toutes les directions. Elle y perdrait sa fonction. Mais il y a une obligation pour l'écologue d'agir en sorte que son savoir parvienne jusqu'aux organismes décisionnels.

Ces nouvelles préoccupations impliquent aussi l'existence d'un certain consensus dans la communauté scientifique, sans lequel on ne pourra pas traduire les connaissances en mesures concrètes. C'est une question très difficile à gérer : à la fois nécessaire et dangereuse. Sur quels critères établir ce consensus ? Du point de vue scientifique, il est très possible que la minorité ait raison. D'autre part, c'est la controverse qui fait avancer la science. Nous gardons tous à l'esprit les ravages du concept de science officielle en Union soviétique. Nous devons à tout prix éviter son émergence, sous peine de paralyser la recherche. En ce moment, nous essayons de bâtir un consensus sur l'évolution du climat. Nous réunissons des scientifiques qui divergent dans leurs prévisions et, progressivement, nous leur demandons de se mettre d'accord sur une fourchette de probabilités acceptables.

La procédure n'est pas parfaite car elle exclut le chercheur isolé qui pense de manière totalement atypique. Il est possible qu'il soit le seul à voir juste ; mais on ne peut pas raisonner en termes décisionnels sur la base de *la* personne qui a peut-être raison. Nous sommes obligés de nous fonder sur des consensus majoritaires. Encore faut-il veiller à ce que les principales tendances de la pensée scientifique soient représentées dans ces réunions.

Même si elle a mis du temps à s'établir, la liaison scientifiques-décideurs progresse et s'étoffe. Mais il faut aussi prendre en compte l'énorme importance de nos relations avec l'opinion publique par l'intermédiaire de la presse. Sur cet aspect, la communication est très insuffisante, en qualité et en quantité. La plupart des informations qu'on peut lire dans les journaux sont assez biaisées. Les journalistes véhiculent une idée romantique de l'écologie, très éloignée de sa réalité : ils accentuent les controverses ou bien exagèrent la gravité d'un problème et prédisent l'imminence de catastrophes dantesques. Au bout de trois fausses alertes, l'écologie perd toute crédibilité auprès du public. Et quand la catastrophe se produira... l'opinion n'y croira pas.

Les médias ont naturellement tendance à mettre en valeur l'exceptionnel par rapport à la norme. Comment les amener à faire la démarche contraire ? Dans le même temps, ils passent sous silence les questions les plus essentielles mais trop peu spectaculaires. Je pense notamment à l'interdépendance mondiale et à la nécessité d'établir une solidarité Nord-Sud. Les problèmes écologiques locaux posés aux pays du Sud et du Nord sont de nature très différente. Pourtant, si un de ces problèmes n'est pas réglé, il perturbera l'ensemble de la planète à plus ou moins long terme. Il serait vain qu'un pays décide de veiller à son environnement si le même travail n'est pas entrepris ailleurs. Nous vivons dans un monde d'interactions. Que l'on parle de biologie ou d'économie, tout se répercute partout. Il est à présent impossible de faire l'impasse sur la solidarité avec les pays du Sud. L'idée que les communautés nationales ne peuvent plus se penser indépendantes est très difficile à faire accepter, particulièrement dans les pays industrialisés. Ce concept d'interdépendance qui doit susciter une solidarité n'est pas du tout relayé par les journalistes. Et, comme on l'a vu, ne pas poser les problèmes dans leur complexité, c'est s'interdire de les résoudre.

D'autre part, il règne une très grande inégalité devant l'information. Les journaux du tiers monde se contentent de retranscrire les communiqués des agences de presse occidentales. Le public de ces pays est parfaitement renseigné sur la pollution de New York mais ignore tout du déboisement qui a lieu dans sa région. Il y a vraiment un problème de démocratie de l'information. Nous manquons de cadres locaux qui puissent collecter et transmettre ce qui se passe dans leur propre pays en matière d'environnement. Comme la recherche, le système informatif ne peut se contenter d'accumuler les données, il lui faut aussi les hiérarchiser en passant des échelles planétaires aux dimensions régionales.

De la région à la planète, de la molécule à la biosphère. « Penser globalement et agir localement », disait René Dumont. Une devise qui résume parfaitement la problématique de l'écologie actuelle.

Propos recueillis par B. Kalaora et J. Theys. Synthèse de J.-C. Behar.

Francesco Di Castri

Connaissance utile, ignorance utile ?

Jérôme Ravetz

Au commencement était l'illusion de la connaissance... Quand les chiffres sont contestés, les enjeux importants et les décisions urgentes, comment agir sur la base d'un savoir incomplet ? Un nouveau type de science, préoccupée par la protection de l'environnement et la survie de l'espèce, peut-il féconder l'ignorance et lui restituer ses vertus ?

L'expression « connaissance utile, ignorance inutile »[1] a un caractère paradoxal : comment l'ignorance peut-elle être utilisable ? Cela semble contradictoire. L'ignorance est l'absence de connaissance ; elle ne peut être présentée positivement ; comment pourrait-on donc s'en servir ? L'ignorance correspondrait aux espaces vides dans notre carte de la connaissance : dans ces vides, il n'y a pas un détail, pas une information utilisable.

Sur les cartes du monde datant de la Renaissance, les espaces vides n'étaient peuplés que de sirènes et de monstres, témoignant ainsi de fantasmes et de terreurs devant l'inconnu. Néanmoins, sur ces premières cartes, le vide des espaces lui-même était utile. Il était une convention systématique et explicite pour situer et délimiter l'ignorance. Les cartographes comprenaient que pire que l'ignorance des faits était l'ignorance de l'ignorance. Déguiser l'ignorance par de vagues détails suggestifs serait induire l'utilisateur en erreur ; l'illusion de la connaissance pourrait le mener, tout confiant, droit à la catastrophe.

---

1. Cf. Jérôme Ravetz, « Usable knowledge, usable ignorance : incomplete science with policy implication », *in Sustainable development of the biosphere*, Londres, Cambridge University Press, éditeurs William C. Clark and R.E. Munn, 1986.

Malheureusement, notre culture scientifique n'a pas su apprécier jusqu'à présent cette conscience de l'ignorance. En commençant par Descartes et Galilée, l'accent a été mis exclusivement sur le côté positif de la science, la promesse d'une méthode qui permettrait de découvrir toutes les vérités possibles. Cette méthode devait entraîner la future conquête de la Nature, suivant l'exemple des conquêtes coloniales ; ainsi devait-elle engendrer le triomphe complet de la civilisation rationnelle européenne. Jusqu'à récemment, il aurait semblé paradoxal, voire choquant, de qualifier de « malheureuse » une telle vision de la science. Mais à présent nous devenons conscients que cette tradition intellectuelle est subjective et qu'elle est en partie responsable de la situation dangereuse dans laquelle se trouve actuellement notre civilisation. Cette situation dangereuse, voire contradictoire, découle de l'impact destructeur de notre système technologique, tel qu'il fonctionne normalement, même sans accidents, sur l'environnement global.

Les problèmes théoriques et pratiques que soulève cette contradiction sont complètement différents de ceux qu'avaient envisagés les prophètes du progrès triomphant de la civilisation européenne fondée sur la science. Dans leur forme actuelle, ces problèmes apparaissent presque comme des caricatures. L'ancien point de vue privilégiait les faits scientifiques « durs », dont on déduisait de puissantes applications technologiques ainsi que des décisions correctes en matière de politique à suivre. L'autre approche intellectuelle, qui englobe les notions de valeur, d'intérêts et de sentiments, était considérée comme « molle », peu concluante et somme toute inférieure.

Mais de nos jours, étant donné les incertitudes auxquelles nous nous heurtons à chaque fois que nous essayons d'appliquer la science aux problèmes touchant la politique publique, nous assistons à une modification radicale des relations entre ces deux approches. Cette inversion du « dur » et du « mou », bien que caricaturale, est une des façons de décrire notre nouvelle contradiction, telle qu'elle apparaît dans l'utilisation de la connaissance. La « science », du moins appliquée aux décisions publiques, ne sera jamais plus la même. Elle ne peut plus être catégorique dans ses affirmations ; la présence de l'incertitude devra toujours être reconnue. Même l'ignorance, qui est l'incertitude la plus grande, devra être appréciée pour son interaction dialectique avec la connaissance.

Un nouveau type de science

Tout cela peut être perçu comme l'apparition d'un nouveau type de science, complémentaire de l'ancienne. Nous comprenons à présent que la science traditionnelle (y compris ses applications en technologie et en médecine) a été le moyen par lequel notre civilisation a réalisé ses aspirations d'abondance matérielle et de progrès moral. Une conséquence imprévue du succès de cette science a été l'émergence de nouveaux problèmes engendrés par notre influence destructrice sur l'environnement naturel, ainsi que l'apparition de flagrants et permanents déséquilibres et inégalités parmi les peuples. Puisque ces nouveaux problèmes menacent la survie de l'humanité, encore plus gravement que ne le faisaient les armes nucléaires, nous les considérons comme la contradiction majeure de notre époque.

Trouver la réponse à cette menace constitue un défi ainsi qu'une occasion de transformer, sous de multiples aspects, notre culture matérielle, sociale et culturelle. Une partie intégrante de cet effort sera l'élaboration d'un nouveau type de science. Celle-ci ne sera pas nouvelle simplement par ses domaines d'expertise, mais aussi par une nouvelle conception des fins, des méthodes et des fonctions sociales de la connaissance du monde matériel, ainsi que de l'interaction de cette connaissance avec les structures du pouvoir et de l'autorité. Il s'agit de la science à finalité politique dont les préoccupations sont la protection de l'environnement et la survie de l'espèce.

L'analyse du nouveau rôle des experts permet une meilleure compréhension de cette nouvelle sorte de science. D'après nous, la tâche des experts est de transformer l'évaluation d'incertitudes scientifiques en des estimations fonctionnelles de la qualité des données utiles à la mise en œuvre de politiques.

Auparavant ce rôle d'expertise avait été masqué, y compris aux experts eux-mêmes, par la foi universelle dans la primauté, voire l'infaillibilité, de la science. Ils avaient été protégés de l'irruption de la politique dans les choix à opérer par l'idéologie de la parfaite objectivité et de la neutralité de la science. Grâce à elle, les experts ainsi que ceux qu'ils conseillaient étaient assurés qu'ils ne pouvaient dire que le vrai et, par la même occasion, que le bien. Il est donc peu surprenant que ces experts se soient exprimés de façon catégorique jusqu'à présent. Dans leurs déclarations, il n'y a pas eu de place pour le doute, pas besoin de réserves ; l'incertitude avait apparemment été vaincue.

Une vision aussi grandiose (dont la force était en grande partie le résultat du combat de la science contre la théologie) a atteint son apogée idéologique il y a près d'un siècle. Car, avec le début du XXe siècle, les fondements mathématiques sont entrés en crise ; la physique d'Einstein a mis en doute toutes les certitudes scientifiques de l'époque. Du fait des perversions de la science dans la Grande Guerre, le Bien connut vite le même sort que le Vrai. Depuis lors, l'idéologie triomphaliste de la science a régulièrement perdu de sa force.

Ce qu'on en a gardé tient en partie aux réels succès de la science, mais aussi à l'inertie culturelle et à l'absence d'une idéologie alternative viable. Toutes les initiatives récentes en épistémologie, de Kuhn à Feyerabend et au-delà, ont été étroitement relativistes. Elles ne pouvaient expliquer ni les succès réels de la science, ni le mélange de connaissance et d'ignorance mis en évidence par nos problèmes actuels d'environnement. Parallèlement à ces approches, on a vu émerger celle de la science comme production sociale qui a pu être qualifiée de « radicale-réductionniste » ; à la limite, elle peut être résumée par le principe : « La pollution est dans le nez de l'observateur. » Selon ce point de vue, tout dialogue entre positions opposées quant aux politiques à suivre est une perte de temps : ceux qui s'opposent au progrès industriel (comme dans le cas de l'amiante) ne sont que des sectaires.

Les experts de la nouvelle génération

Toutes ces positions ne peuvent servir de base à une expertise scientifique qui soit appropriée à notre époque. Ce nouveau nihilisme philosophique et social peut en réalité servir pour attaquer l'objectivité et l'intégrité qui devraient être au cœur de la science ; car l'expertise n'y est aucunement protégée contre les incursions du politique dans la science. Ces théories engendrent en effet une contradiction destructrice pour l'expertise scientifique. Les experts vieux jeu qui s'expriment encore de façon catégorique sont tournés en dérision. Cependant les experts de la nouvelle génération, se fondant sur les philosophies relativistes, ne peuvent que jouer le rôle de « mercenaires » : tels les avocats ou psychiatres de tribunal, ils prêtent leur nom et leurs qualifications aux clients du jour. Car désormais l'incertitude est évidente et inévitablement politisée. Elle peut être manipulée dans un débat, même si les conventions scientifiques implicites sont respectées, pour servir n'importe quel intérêt. Ainsi l'« insuffisance de preuves » peut engendrer aussi bien l'action que l'inaction, selon les engagements précédemment pris ou les stratégies envisagées et encore tacites.

Cette manipulation et débauche de l'expertise par l'emploi de l'incertitude est l'expression la plus nette de la contradiction majeure de notre époque. La tâche urgente consiste à transformer les oppositions stériles entre déclarations formelles et incertitudes manipulées, entre le « dur » et le « mou » - c'est-à-dire entre la connaissance et l'ignorance - en polarités d'une synthèse fructueuse.

Pour ce faire, notre point de départ peut être la pratique des experts scientifiques en tant qu'elle débouche sur des décisions de politiques. Ces experts se situent entre ceux qui fournissent des résultats scientifiques et ceux qui les utilisent pour un programme d'action dans lequel les conditions peuvent être très différentes de celles de la recherche initiale. Ces différences sont d'une importance vitale pour comprendre l'art spécifique de l'expertise.

Tout d'abord, les propriétés des environnements naturels et sociaux ne sont pas une réplique des conditions d'expérimentation en laboratoire. De plus, les décisions prises sur ces bases concernent l'utilisation de ressources rares et aussi la réalisation ou la non-réalisation des desseins de l'homme. Généralement, dans la recherche appliquée aux décisions publiques, les faits sont incertains, les chiffres contestés, les enjeux importants et les décisions urgentes. C'est un fantasme que de s'imaginer que dans ces cas-là des résultats scientifiques empiriques puissent ou doivent être concluants pour adopter une décision. Croire que les résultats invérifiables obtenus à partir de simulations par ordinateur doivent déterminer des politiques serait se complaire dans les plus pures illusions rationalistes (ce qui fait penser à Leibniz ou mieux à Ramon Lull).

La véritable compétence technique des experts ne consiste donc pas à affirmer de manière catégorique des faits dont se déduiraient nécessairement des conséquences en matière de politiques. Elle n'est pas non plus l'introduction sophistiquée de l'incertitude dans les manipulations politiques. Elle réside plutôt dans les réserves que les experts émettent, fondées sur leurs jugements compétents, de sorte que leur conseil soit opportun et utile. Ils servent de médiateurs entre les différentes priorités et problèmes qui se présentent à la science et aux politiques publiques.

Leur qualification particulière consiste à avoir conscience aussi bien des incertitudes cognitives sur le plan scientifique que des exigences de qualité fonctionnelle sur le plan pragmatique. La clé de la réussite dans cette tâche réside dans le transfert efficace entre les deux domaines. Ils communiquent leurs évaluations de la qualité des résultats scientifiques en des termes qui soient compréhensibles et appropriés aux utilisateurs profanes de cette information. L'assurance qualité est ainsi au cœur de la tâche de l'expert. Nous pouvons l'utiliser pour formuler une nouvelle épistémologie appropriée à notre époque de recherche appliquée aux politiques publiques et d'incertitude politisée.

L'assurance qualité comme principe directeur

Les estimations de qualité, ainsi que leur utilisation pour l'assurance qualité, sont depuis peu considérées comme essentielles dans la production industrielle ; l'exemple japonais est connu de tous. Réciproquement, nous savons à présent que les grandes catastrophes industrielles ne sont pas le fait du hasard ou d'une intervention divine, mais qu'elles résultent d'un manque de contrôle de qualité. Nous sommes moins familiers de l'idée d'assurance qualité lorsqu'il s'agit d'information scientifique ; elle est cependant tout aussi fondamentale.

Dans l'optique philosophique traditionnelle, la science est vue comme un ensemble de connaissances théoriques excluant les connaissances pratiques. On pense qu'elle concerne l'établissement définitif de la vérité. Les catégories de qualité et d'incertitude contrôlée, appropriées aux connaissances pratiques, n'ont pas leur place parmi les philosophies traditionnelles de la science. Celles-ci se sont préoccupées de reconstructions normatives et idéalisées de la science plutôt que de la pratique elle-même qui a fait de la science un modèle de réussite pour la connaissance humaine.

Bien qu'ignorée des philosophes, l'assurance qualité est un aspect constitutif et omniprésent de l'activité sociale de la science. Alors qu'aucun philosophe n'a abordé la question du contrôle par les pairs ou de l'intervention des rapporteurs scientifiques (les laissant à des ordres aussi « inférieurs » que ceux des sociologues), ils sont au cœur du gouvernement de la science. C'est dans ces activités de contrôle interne que les jugements de qualité deviennent explicites. Ce sont généralement des connaissances communes aux professionnels, informelles, tacites, quelquefois même inconscientes, par lesquelles sont transmises et maintenues les compétences scientifiques de la recherche.

Lorsque nous pensons à la connaissance scientifique telle qu'elle est produite par les compétences professionnelles qui sont distribuées et présupposées dans une communauté d'experts, les affirmations catégoriques « vrai/faux » et « confirmation/infirmation » révèlent les graves limites de leur pouvoir explicatif. Il est vrai qu'un bon travail scientifique doit donner naissance à un produit, censé correspondre le plus possible à la Nature, et être accessible au public. Mais les jugements qui concernent l'utilisation de ce produit portent sur sa qualité et non sur sa vérité logique. Les critères de qualité peuvent être très spécifiques au domaine étudié, et se réfèrent généralement au procédé de production plutôt qu'aux essais sur le produit final.

Il existe, bien entendu, des analogies évidentes avec la production industrielle ; il y a toutefois une différence importante : elle tient à la complexité et la spécificité des opérations et des compétences à l'intérieur de chaque domaine de recherche, voire de chaque projet de recherche. L'analogie serait plus juste avec des productions de prototypes et avec des installations pilotes, ou bien avec des systèmes technologiques innovateurs dont il n'existerait pratiquement qu'un exemplaire.

Une gestion habile de l'incertitude

Dans le travail scientifique, l'incertitude ne peut jamais être bannie, ni même contrôlée par une procédure constante et formelle. Le travail de haute qualité dépend d'une gestion habile de l'incertitude. Ce principe ne devrait pas paraître étrange aux scientifiques, car chaque fois qu'une procédure, un test statistiques sont mis en œuvre, l'incertitude y est gérée par des moyens techniques. Toutes ces techniques tiennent compte de jugements de valeur, comme dans les calculs de coût de l'erreur dans les hypothèses faux-positif et faux-négatif. La prise de conscience de ces aspects apparemment formels des manipulations statistiques distingue le véritable professionnel de l'opérateur scientifique inexpérimenté.

Si nous devions faire une simple opposition entre connaissance pratique et connaissance théorique, et préconiser le remplacement de l'une par l'autre, nous commettrions la même erreur philosophique que celle qu'ont traditionnellement faite les philosophies que nous critiquons. Lorsque nous soulignons l'importance de la connaissance pratique et du métier, élément informel et en partie tacite de la science, nous corrigeons un déséquilibre dans l'appréciation de deux aspects de cette pratique qui sont complémentaires et se pénètrent l'un l'autre. Valoriser la connaissance pratique en excluant la connaissance théorique conduirait rapidement à la superficialité et à la banalité dans la pratique comme dans les résultats. Notre philosophie, sur cette question comme sur d'autres, encourage à la synthèse dialectique.

Une nouvelle épistémologie qui intègre la connaissance pratique à travers le concept de qualité devrait nous permettre de réinterpréter les conceptions traditionnelles. Tous les philosophes de la science ont fait des recommandations pour une bonne pratique, c'est-à-dire pour un travail de haute qualité. C'est ainsi que Popper conseilla aux gens de science d'avancer les hypothèses les plus hardies et générales pour les mettre à l'épreuve de l'infirmation. Ceux qui le firent (à l'exemple d'Einstein) étaient à la fois des hommes bons et de bons hommes de science (et, soit dit en passant, ils avaient aussi toujours raison). Il est clair qu'il s'agit toujours ici de la qualité. Chez Kuhn, les termes de « mûr » et de « normal » pour qualifier la science, non sans paradoxe peut-être, vont dans le même sens. Feyerabend a essayé de montrer que les qualités scientifiques et morales étaient l'une comme l'autre sans aucun rapport avec le succès des grands maîtres, notamment de Galilée.

Après Feyerabend sont venus les anthropologues de la science dont le programme consiste à n'observer que le comportement social et rituel des hommes de science, et à en déduire qu'il n'existe rien d'autre. En se concentrant sur la discussion et la négociation, ils ignorent la connaissance pratique du métier ; ainsi trouvent-ils le moyen de ne pas comprendre que la bonne recherche diffère du grand battage des médias. Ce qui est vraiment dommage, c'est que leurs instruments analytiques, pourtant utiles, n'aient jamais été utilisés dans l'étude de ces domaines importants qui ont trait aux politiques publiques. Peut-être leur philosophie sous-jacente consiste-t-elle à dire que, de toute façon, il n'y a aucune différence ; tel était le message explicite de Feyerabend, même si ce n'était pas celui de sa pratique d'érudit.

En utilisant ces éléments de métier et de qualité, en relation avec le caractère de connaissance pratique de la science, nous pouvons reformuler la démarcation classique entre la science et ses fausses imitations. Ce problème était au cœur du programme de la philosophie traditionnelle de la science, pendant tout le XXe siècle et auparavant.

Nous pouvons en effet tout simplement nous demander s'il existe une procédure d'expertise qui permette d'appuyer la démarche en terme d'assurance qualité. Dans l'affirmative, il s'agit alors d'une expertise véritable ; sinon, ce n'est pas le cas. Il n'est évidemment pas simple de répondre à une telle question, étant donné que toute fausse science aura de fausses institutions pour un semblant d'assurance qualité. Et cette démarcation, dans la pratique, n'est pas non plus une simple distinction entre le noir et le blanc. En fait, nous pouvons reformuler ce principe de démarcation pour en faire un critère de qualité utilisable dans les domaines d'expertise scientifique. Nous examinons les systèmes d'assurance qualité existants, et faisons notre estimation sur cette base.

Cet examen ne requiert pas la connaissance technique ésotérique nécessaire dans l'évaluation des résultats de la recherche ; il peut être effectué en observant le comportement du groupe, spécialement du point de vue de son ouverture à la critique. (On rend justice ici au Popper de *La société ouverte*, par opposition au Popper épistémologue.)

Contre-expertise et nouveau type de science

Grâce à cette compréhension de la science en tant qu'elle englobe la pratique de la connaissance, obtenue par l'analyse de l'assurance qualité, nous pouvons désormais fournir une base philosophique à l'émergence d'une contre-expertise dans le nouveau type de science : celle qui concerne la recherche liée à la prise de décisions. Pour le moment, l'expertise officielle est contestée ou compromise. Dans les grands débats concernant les politiques à suivre, elle se heurte à la critique techniquement compétente de personnes extérieures, critique qu'elle n'a pas toujours été en mesure de réfuter. Nous montrerons comment cette contre-expertise est une composante nécessaire du nouveau type de science ; nous explorerons ensuite ses implications dans les rapports entre la science et la société.

Pour cette analyse, il nous faut rappeler l'une des nombreuses ambiguïtés fructueuses du concept de « paradigme » de Kuhn, c'est-à-dire de ses aspects cognitifs et sociaux. Pour la science traditionnelle, il n'existe pas de distinction nette entre ces différents aspects ; ainsi son modèle de « science normale » les utilise-t-il de façon interchangeable. En revanche, dans la recherche finalisée, la distinction devient cruciale. Tout d'abord, les sciences concernées manquent d'un paradigme directeur et unificateur qui définisse une pratique capable de résoudre des problèmes en excluant toute autre considération.

Cela peut à première vue surprendre, étant donné que les pratiques de sciences ou de technologies développées soulèvent fréquemment des problèmes d'orientations, qu'il s'agisse d'énergie nucléaire, de recherche sur les manipulations génétiques, ou d'ingénierie de transport. Deuxièmement (et c'est ici que se trouve notre distinction cruciale), les sciences qui sont appelées à *résoudre* les problèmes sont systématiquement différentes de celles qui ont *engendré* le problème au départ. Ainsi, dans le cas de l'énergie nucléaire par exemple, l'oncologie, l'épidémiologie et même la radioprotection sont radicalement différentes de la physique nucléaire et de l'ingénierie thermique. C'est ainsi que les sciences de la protection de l'environnement et tout simplement de la « survie » sont moins « développées » sur le plan cognitif, puisqu'elles traitent de problèmes plus complexes situés en dehors des laboratoires, et qu'elles souffrent par ailleurs d'un manque historique de prestige et de ressources.

Un style différent

En raison de cette faiblesse cognitive, associée au fait qu'elles ont trait à la vie et à la survie de façon plus directe, ces nouvelles sciences ont un style différent sur les plans social et intellectuel. Tout d'abord, leurs résultats ne sont pas « ésotériques », et ne nécessitent pas d'être vulgarisés pour un public profane qui ne comprend pas mais sait apprécier. Elles répondent directement aux préoccupations des gens, en tant que résidents, parents et êtres humains. Les problèmes et les sciences elles-mêmes ne sont pas limités à la sphère de la « connaissance publique officielle », contrôlée par une élite intellectuelle, détentrice du pouvoir.

Au contraire, ces sciences pénètrent les domaines du privé et du sacré. Il en résulte qu'elles sont notablement affectées par une quantité de pressions et d'influences émanant des valeurs et des modes de vie.

Ce phénomène provoque la consternation et le mépris chez les hommes de science traditionnels que leur travail amène dans ces zones dangereuses et inexplorées. Mais ces nouvelles sciences, pour autant qu'elles puissent se développer techniquement, ne pourront jamais devenir « normales » au sens où l'entendait Kuhn, consistant à bénéficier d'un consensus dogmatique qui fait respecter un ensemble fini de règles pour résoudre des problèmes. Car les scientifiques eux-mêmes sont aussi des êtres humains, avec un foyer et une famille. Il se peut même que leur vie professionnelle soit en contradiction directe avec leur vie privée : au travail, ils créent le problème ; le soir, chez eux, ils cherchent le moyen de le résoudre.

Dans la pratique sociale de ce nouveau type de science, l'expert, interprétant les résultats de la recherche pour le public profane (y compris ceux qui prennent les décisions), fait partie intégrante de l'activité au même titre que les chercheurs eux-mêmes. De plus, les contre-scientifiques et contre-experts (dont les rôles peuvent parfois se confondre), qui représentent des groupes en dehors des institutions établies, sont également nécessaires.

Ces nouveaux participants, enrichissant la communauté traditionnelle des rapporteurs scientifiques et des pairs, permettent une transmission plus large de la doctrine telle que Kuhn l'a étudiée. Dans le nouveau type de science, ils deviennent nécessaires pour la transmission de compétences et pour l'assurance qualité des résultats. Car, dans ce nouveau type de science, qui sont les « pairs » ? Dans la « science normale » de Kuhn, il s'agissait de collègues de travail engagés dans cet effort « tendu et dévoué visant à forcer la Nature pour qu'elle rentre dans des cadres conceptuels fournis par l'enseignement universitaire ». Ces contrôleurs existent toujours, comme hommes de science et experts officiels ; ils exercent le contrôle de qualité dans le cadre du paradigme technique de leur expertise.

Mais les problèmes de ce nouveau type de science ne sont pas des problèmes purement théoriques au sein de paradigmes disciplinaires stables. Ils sont aussi d'ordre technique et pratique, et ils incluent les problèmes vastes et complexes touchant à l'environnement, la société et l'éthique. Il est par conséquent nécessaire et opportun que l'assurance qualité soit dans ce cas enrichie par la contribution d'autres hommes de science et experts en dehors du paradigme social de l'expertise officielle.

Étant donné que les sciences concernées sont, comme nous l'avons vu, moins développées, et donc moins ésotériques techniquement, on peut parvenir à une compétence technique adéquate en faisant l'économie de l'initiation et de l'endoctrinement du système décrit par Kuhn. La contre-expertise est donc un premier pas vers une démocratisation de la science : non pas une vulgarisation venant d'en haut, mais une diffusion à travers le vaste débat qui, dans d'autres sphères, définit une société démocratique.

Une redistribution des compétences

L'introduction de la contre-expertise dans les débats de politique publique ne s'effectue pas sans difficultés ; son succès n'est pas garanti non plus. Les tâches de l'assurance qualité sont à la fois plus stimulantes et moins contrôlées. Les jugements portant sur l'incertitude cognitive seront inévitablement influencés par les objectifs particuliers des experts ; et la qualité fonctionnelle le sera d'autant plus. Par conséquent, l'obtention d'un certain consensus entre les différentes parties, y compris sur les questions strictement techniques, peut devenir assez problématique.

Quand il s'agit de politiques publiques, où les prises de décisions peuvent être urgentes, et où des intérêts puissants peuvent être motivés par des facteurs totalement non cognitifs, l'absence de conclusion des débats scientifiques entre experts et contre-experts risque de compromettre tout le processus d'une plus large participation dans la définition de ces politiques.

La légitimité de la contre-expertise, encore loin d'être solidement établie, peut être menacée par l'échec des programmes visant à l'inclure dans le processus de décision. L'expertise officielle ne bénéficierait pas forcément d'un retour à une vie plus tranquille. Devant ces nouveaux types de problèmes, nous ne pouvons pas nous réfugier auprès d'experts hautement qualifiés tels que les neurochirurgiens ou les pilotes d'avion. Dans ce domaine, ils peuvent tout simplement ne pas exister. Par conséquent, si l'introduction de la contre-expertise dans les dialogues d'orientation politique échoue, on peut s'attendre à ce que toute expertise et science perde éventuellement sa légitimité, laissant les décisions publiques une fois de plus aux seuls pouvoirs politiques.

Le problème central est l'assurance qualité. C'est au cœur de ce problème que se trouvent les estimations individuelles de la qualité des résultats scientifiques. Ces estimations étaient traditionnellement faites presque tout naturellement par les hommes de science, sans bénéficier de l'attention ou de l'analyse des philosophes. Une telle négligence n'est plus de mise. Nous nous trouvons justement à présent à un de ces rares moments critiques du développement de la science où la pratique « normale » a perdu sa rigidité et où la réflexion philosophique est en mesure de contribuer directement à l'amélioration de la pratique. Nous attirons ici l'attention sur les connaissances pratiques et sur la compétence technique, nécessaires non seulement dans la pratique technique de la recherche, mais aussi dans les activités de niveau plus élevé d'assurance qualité.

Grâce à cette perspective philosophique, nous pouvons proposer de concentrer l'attention sur les compétences techniques nécessaires à l'évaluation, au contrôle et à l'assurance qualité.

Toutes les compétences techniques sont des synthèses de connaissances pratiques et théoriques. Elles sont en partie personnelles et incommunicables ; toutefois elles mourraient d'elles-mêmes si elles n'étaient pas transmissibles, notamment par la formation. Il en va de même pour les nouvelles compétences techniques de l'assurance qualité. Dans le domaine industriel, la plupart des phases de l'assurance qualité peuvent être réalisées par un système de procédures formelles sophistiquées. Pour la science, cela est moins probable ; mais il est toujours possible de fournir des rubriques, des directives et des procédures pour exprimer l'incertitude, évaluer la qualité, et aussi pour assurer la formation à ces deux types de compétences.

Débats et dialogues

Nous pouvons grâce à ces moyens surmonter la contradiction exprimée dans ce paradoxe : des décisions « dures » concernant les politiques à suivre dépendent de données scientifiques « molles ». Nous envisageons un processus de débat et de dialogue qui suive toutes les phases du processus de décision politique et dans lequel l'incertitude, la qualité et la décision restent inséparablement liées entre elles. Que les données scientifiques ainsi que les considérations de valeurs soient contestées ne devrait donner lieu ni à l'angoisse ni à la consternation. Ainsi en est-il dans ce nouveau monde de la recherche liée à la définition de politiques publiques. À condition que le débat soit discipliné et compétent, la seule perte serait celle de nos illusions rationalistes. Après l'introduction de la contre-expertise, nous pouvons imaginer la diffusion de ces compétences scientifiques à un public plus large.

Cette proposition peut sembler audacieuse et dangereuse ; mais on a dit la même chose autrefois du suffrage universel. Car le succès de toute politique touchant au sort de la société dépend du consensus : et cela suppose qu'un large public la comprenne et en saisisse les enjeux. Il ne peut y avoir de « plan de survie » établi par des experts officiels ou même des contre-experts. La seule façon de progresser consiste à élargir la compétence dans les débats sur ces questions, compétence qui portera autant sur l'évaluation de la qualité que sur les techniques elles-mêmes.

Au fur et à mesure que le problème mûrit, les éléments de sa solution apparaissent. Notre système de haute technologie offre non seulement des chances à des couches de population de plus en plus étendues de se cultiver dans ces domaines ; il demande aussi, pour fonctionner de façon efficace, un niveau élevé et largement répandu d'instruction.

La politique change donc de forme : les vieilles oppositions entre une élite sophistiquée et rationnelle, et une majorité ignorante et opprimée sont en train de se transformer. L'idéal d'une qualité de la vie qui transcenderait les éternelles accumulations de biens matériels joue à présent un rôle dans les décisions politiques. La nouvelle politique de « participation » requiert une large distribution de la connaissance, et donc des compétences et du pouvoir.

Cette discussion se fonde sur une perspective philosophique, celle d'une complémentarité de la connaissance théorique et de la connaissance pratique, dans laquelle l'incertitude et la qualité sont des attributs essentiels du savoir, et finalement où il existe une interaction dialectique de la connaissance et de l'ignorance. C'est de cette façon que l'ignorance est utilisable, même utile et indispensable, pour notre connaissance de nous-mêmes et de nos rapports avec notre environnement. La conscience de l'ignorance peut être le début de la sagesse quant à notre place dans le monde contemporain. Il dépend de nous de laisser ces termes complémentaires s'opposer dans une relation stagnante et destructive, ou de les synthétiser dans des contradictions fécondes conduisant à un autre niveau de connaissance pour l'humanité.

Jérôme Ravetz

2. Incertitudes et controverses

Le débat se réchauffe

Robert Kandel

Changement climatique ? L'augmentation du gaz carbonique, résultant de notre consommation croissante d'énergie fossile, contribue à l'effet de serre et ouvre des perspectives périlleuses. Si les incertitudes demeurent chez les experts, aujourd'hui s'impose à l'échelle mondiale une action politique, économique et technologique.

Le climat est devenu sujet de débat politique. Avec l'appétit toujours croissant des pays pour l'énergie que l'on obtient à partir des carburants fossiles, la quantité du gaz carbonique dans l'atmosphère augmente. Ce CO_2 contribue à ce que l'on appelle l'*effet de serre*, réchauffant les basses couches atmosphériques et la surface de la Terre. Des militants « écologistes », et aussi des scientifiques, évoquant le spectre d'une déstabilisation catastrophique du climat, appellent à une réduction immédiate radicale (20 %, 60 % ?) de la consommation des carburants fossiles. Une telle réduction bouleverserait tout le système économique mondial, y compris bien sûr les rapports entre les pays exportateurs de pétrole et les pays exportateurs d'armement.

Il n'est pas surprenant que le débat se réchauffe. Les indices d'un réchauffement du climat restent encore ambigus et fragmentaires, les prévisions des « modèles » incertaines et contestables. Il faudrait être naïf pour penser que l'on puisse arriver facilement à un accord pour limiter l'utilisation des carburants fossiles, similaire au Protocole de Montréal sur l'arrêt de la production des chlorofluorocarbures (CFC). En 1986, le monde consommait environ *six mille fois* plus de carburants fossiles que de CFC. Les pays riches qui produisent la quasi-totalité des CFC ont pu décider seuls d'en arrêter la production, quitte à subventionner la mise en place de la technologie de remplacement dans le tiers monde. En revanche, les pays riches, *même s'ils le voulaient*, ne sauraient imposer partout une réduction de la consommation de carburants fossiles.

Aux États-Unis (et dans l'ancienne Allemagne de l'Est) on consomme actuellement plus de 5 tonnes d'équivalent carbone par personne par année, en France environ 1,7 tonne. La Chine d'*aujourd'hui*, avec d'immenses réserves de charbon, ne consomme que 500 kilogrammes par tête. La moyenne globale : 1,2 tonne. Qu'en sera-t-il dans l'avenir, même avec une stabilisation nécessaire mais bien hypothétique de la population ? Si le tiers monde se développe économiquement sur la base des carburants fossiles, on verra une forte accélération de l'enrichissement de l'atmosphère en CO_2. Le CO_2 produit dans tel ou tel pays ne reste pas sur place, mais se répartit à peu près uniformément du fait de la circulation générale de l'atmosphère.

Des prévisions inquiétantes

Cependant l'importance primordiale des conditions climatiques pour l'agriculture, et plus généralement pour la vie sur Terre, fait que l'on prend au sérieux la perspective d'un changement causé par l'homme. Augmenter de trois degrés la température moyenne à la surface du globe d'ici l'an 2100 peut paraître mineur.

Pourtant : une telle augmentation impliquerait des changements importants dans tous les paramètres climatiques - évaporation et précipitation aussi bien que température - qui déterminent les zones biogéographiques, agissant de manière différente selon les régions, s'installant à une vitesse dépassant souvent la capacité d'adaptation de la biosphère naturelle. À plus long terme, un ou plusieurs siècles, on peut craindre une montée du niveau des mers qui, même limitée à 1 mètre, menacerait d'inondation des plaines côtières aujourd'hui très peuplées. Un délai bien lointain si on le compare à la durée d'un mandat électoral, mais les responsabilités des gouvernements ne vont-elles pas au-delà de la maximisation du bien-être présent, incluant aussi la préservation du patrimoine, de l'environnement, pour les générations à venir ?

Les résistances à une limitation de la consommation des carburants fossiles viennent aussi bien des pays du tiers monde, qui craignent un frein à leur développement, que de l'administration Bush aux États-Unis, où la boulimie semble être sans limite.

Les partisans de cette limitation insistent sur le consensus scientifique qui se fait autour de prédictions inquiétantes. Mais le consensus d'un moment n'est pas nécessairement la vérité, et le rôle du doute dans la recherche est fondamental. Le scientifique doit pouvoir soulever les incertitudes grevant les prévisions sans pour autant être taxé de complicité avec ceux qui cherchent des prétextes pour justifier l'*in*action. Sur quels points les experts peuvent-ils honnêtement être formels ?

On sait que le climat peut changer, puisqu'il *a* changé, et de nombreuses fois. Il y a dix-huit mille ans, au Canada, en Grande-Bretagne, en Scandinavie, les glaces recouvraient tout. Une sorte de « catastrophe » climatique a mis fin, en quelques milliers d'années, à l'énorme calotte glaciaire ; la forêt « primitive » de nos zones tempérées s'est installée progressivement à sa suite, il y a peu de temps : une douzaine de milliers d'années seulement.

Cela n'a été que le dernier épisode d'une succession d'avancées et de reculs des glaces au rythme plurimillénaire. On les croit commandés par les variations semi-régulières de l'orbite et de la rotation de la Terre qui modulent la répartition du rayonnement solaire sur notre planète. Il semble en plus, d'après l'analyse par l'équipe grenobloise de la calotte de glace de Vostok (station soviétique en Antarctique), que ces vastes changements climatiques sont accompagnés et peut-être entretenus par des variations notables de la quantité de CO_2 et de méthane dans l'atmosphère. L'abondance de ces gaz diminue avec un refroidissement, augmente avec un réchauffement. Ainsi l'*effet* du changement climatique devient à son tour la *cause* d'un changement climatique plus fort, ce qui est la définition même d'une *rétroaction positive* : elle amplifie ici la variation du climat. Ces résultats conduisent à prendre encore plus au sérieux la menace constituée par l'augmentation en cours du CO_2 et du méthane.

On ne peut douter du rôle de l'activité humaine dans presque tout le changement *récent* dans la composition de l'atmosphère globale. L'abondance du gaz carbonique est montée de 193 ppm (parties par million), il y a vingt mille ans, à plus de 250 ppm il y a dix mille ans, pour des raisons certes *indépendantes* de l'homme ; passée à 280 ppm en 1790, mais restant inférieure à 300 ppm en 1890. Puis elle est passée à 315 ppm en 1957, 330 en 1975 ; 355 ppm aujourd'hui. Le changement depuis 1890 correspond à peu près à la moitié du CO_2 produit par la combustion de carburants fossiles (charbon, pétrole, gaz naturel), le rôle de la déforestation étant secondaire mais non négligeable. On comprend moins bien l'augmentation récente du méthane atmosphérique (volume *doublé* depuis 1790), mais elle semble liée à l'extension de l'agriculture (riziculture surtout) et de l'élevage des ruminants.

On ne peut douter non plus de la réalité de l'effet de serre. Il s'agit du fait que, bien que fortement minoritaires à côté de l'azote et l'oxygène, les gaz à molécules composées de trois atomes ou plus, comme la vapeur d'eau et le CO_2 (et aussi l'ozone, le méthane, les CFC...), rendent l'atmosphère partiellement opaque au rayonnement infrarouge thermique. On voit d'ailleurs très bien leurs « signatures spectrales » en observant la Terre depuis l'espace.

Or le rayonnement infrarouge évacue vers l'espace l'énergie solaire (en moyenne 240 watts par mètre carré) absorbée à la surface de la Terre ou dans l'atmosphère. L'opacité partielle de l'atmosphère au rayonnement infrarouge fait que la température moyenne à la surface de la Terre prend la valeur de + 15 °C alors que, sans cette entrave au rayonnement vers l'espace, la valeur d'équilibre serait de − 18 °C. La montée anthropogène de la concentration atmosphérique du CO_2, comme d'ailleurs celle du méthane et des CFC, doit donc intensifier l'effet de serre. Le débat se réchauffe lorsqu'il s'agit d'estimer l'amplitude et le calendrier du réchauffement climatique lié à cette intensification.

La production future par l'homme des gaz à effet de serre dépend évidemment de ce qui se passera dans le monde politique et économique. L'avenir dépend aussi du progrès technologique. On ne voit pas comment profiter de l'énergie fossile sans dégagement de CO_2, mais on peut rendre son emploi plus efficace, réduire le gaspillage. On peut réduire la pollution industrielle et automobile qui conduit à *augmenter* la quantité d'ozone dans la basse atmosphère, cet ozone menaçant la santé des plantes et des animaux, et intensifiant aussi l'effet de serre.

L'abondance des gaz à effet de serre dans l'atmosphère ne dépend pas seulement des taux de production. Les océans absorbent environ la moitié du CO_2 ajouté à l'atmosphère, notamment par la « pompe biologique » de la photosynthèse des algues marines. La biosphère continentale en zone tempérée peut aussi « manger » du CO_2, en particulier si on l'aide en plantant des arbres. Si le climat commence à changer, tous ces processus, pour le méthane comme pour le CO_2, vont se modifier. On craint une rétroaction positive, davantage de méthane et de CO_2 étant renvoyé vers l'atmosphère avec le réchauffement.

Si les tendances actuelles se maintiennent, on atteindra l'équivalent d'un *doublement* du CO_2 au cours du siècle à venir, peut-être dès 2040. Avec quelles conséquences ? Le CO_2 n'a rien de nocif en lui-même, son augmentation pouvant même avoir des effets bénéfiques pour la végétation, car elle « nourrit » la photosynthèse. C'est la perspective du réchauffement global qui inquiète. Les prévisions des « modèles » : un doublement du CO_2 conduirait à terme à une augmentation de quelques degrés (entre un et cinq) de la température moyenne à la surface du globe.

Cette marge d'incertitude est énorme. Un réchauffement de un degré seulement, fluctuation comparable à d'autres du dernier millénaire, entraînerait quelques difficultés mais ne justifierait pas des mesures draconiennes ; ce qui ne nous dispenserait pas de réfléchir à la politique énergétique qui permettrait de limiter l'augmentation du CO_2 à un doublement. Mais si le doublement entraîne un réchauffement de cinq degrés, c'est une mutation tout à fait comparable à la différence entre le dernier maximum glaciaire et maintenant ; s'effectuant en moins de deux siècles, ce réchauffement serait une véritable catastrophe pour la biosphère.

Les raisons de cette incertitude ? Pour estimer le réchauffement qui suivrait le piégeage supplémentaire de quelques watts par mètre carré dans la basse atmosphère, il faut évaluer les changements dans les transports d'énergie et d'eau dans l'atmosphère et à la surface, entre les différentes latitudes, entre les océans et les continents. Les équations qui représentent ces processus dans les « modèles » ne peuvent le faire que de façon très simplifiée, grossière.

Un exemple : un début de réchauffement intensifie l'évaporation, humidifiant l'atmosphère, augmentant la forte contribution de la vapeur d'eau à l'effet de serre. Même si elle donne lieu à un large consensus chez les spécialistes, l'importance de cette rétroaction positive ne fait pourtant pas l'unanimité. Modifier l'humidité atmosphérique, c'est aussi modifier les *nuages*. Or les nuages agissent à la fois en réfléchissant du rayonnement solaire, limitant le réchauffement de la Terre, et en piégeant du rayonnement infrarouge, limitant le refroidissement vers l'espace. En cas de changement, quel rôle sera privilégié ? La rétroaction sera-t-elle négative (donc facteur de stabilisation) ou positive (facteur d'amplification) ? Ce problème capital, source de l'incertitude entre un et cinq degrés, est encore loin d'être résolu.

Des incertitudes encore plus grandes concernent les changements d'importance pratique à l'échelle régionale. Un réchauffement global de trois degrés impliquerait-il pour la France un climat proche de celui que connaissent à présent l'Espagne ou l'Afrique du Nord ? Ou paradoxalement, par le jeu des échanges de chaleur dans l'Atlantique nord, assisterions-nous à une *baisse* de la température en Europe occidentale ? Quelles seraient les conséquences des modifications du cycle de l'eau pour la mousson indienne ? Et sur les grandes plaines céréalières de l'Amérique du Nord, l'accroissement des pluies compenserait-il le déssèchement dû à une évaporation plus forte ?

L'incertitude règne aussi sur le calendrier des changements. Le brassage en profondeur des océans demande quelques siècles, et retarde le réchauffement : de trente ans, ou d'un siècle ? Mais des fluctuations dans les échanges air-mer peuvent aussi provoquer des variations climatiques rapides, encore mal comprises. Quel rôle attribuer aux fluctuations des aérosols d'origine volcanique ou anthropogène qui, en bloquant une partie du rayonnement solaire, refroidissent la Terre ? Ces facteurs expliquent-ils que le réchauffement faible observé depuis 1890 n'ait pas suivi la courbe du CO_2, même si les toutes dernières années ont effectivement été des années chaudes ? Cela n'exclut pas la possibilité de changements rapides dans le futur.

Piloter toute la planète ?

Devant de telles incertitudes, comment espérer convaincre les responsables politiques des pays de réduire l'utilisation des carburants fossiles, surtout du charbon qui reste encore abondant, alors que le nucléaire fait peur et n'est pas à mettre dans toutes les mains ? Quel rôle doivent tenir les scientifiques dans ce débat ? D'abord, bien sur, chercher à réduire les incertitudes dans nos connaissances sur le fonctionnement du « système Terre », et insister pour en avoir les moyens ; mais il faut aussi, dès maintenant, informer nos concitoyens de cette planète et guider les « décideurs », sans cacher les incertitudes, sans accepter de donner des avis formels à l'emporte-pièce. Ce qui n'exclut pas un rôle de Cassandre.

On ne peut *savoir* de quoi sera fait l'avenir. Cependant, il y a au moins une forte présomption que la poursuite des tendances actuelles, modifiant la composition de l'atmosphère, modifie aussi les échanges d'énergie et d'eau qui déterminent les climats, et, par là, les conditions de la vie. Le réchauffement global ne sera pas la fin du monde, pas la fin de la vie. Mais si l'homme n'arrive pas rapidement à maîtriser ses propres activités qui de locales et régionales sont devenues des forces planétaires, c'est à terme *toute* la planète qu'il sera obligé de « piloter ». Je veux dire par là qu'il faudra non seulement adapter l'agriculture aux nouveaux climats, éventuellement évacuer les îles et les plaines qui pourraient être inondées d'ici quelques siècles, mais aussi transplanter les forêts « naturelles ». Si nous n'apprenons pas à piloter l'entreprise humaine, comment prétendre piloter toute la planète ?

Il me semble que nous serons obligés de faire un peu les deux : mieux maîtriser nos activités et leurs effets à l'échelle mondiale, mais aussi, parce que nous n'aurons pas agi assez tôt, parce qu'un réchauffement global est probablement déjà engagé, nous adapter, et aménager notre planète en conséquence. La doctrine simpliste d'un retour aux équilibres naturels n'est qu'un faux-fuyant. Alors essayons de prendre notre devenir en main, si Dieu le veut, et Gaïa (la Terre) le permet.

Robert Kandel

Un dangereux relâchement[1] ?

Florian Charvolin et Cécile Schwartz

Comment s'est nouée la controverse européenne qui débute le 7 juillet 1987, sur des expériences de relâchement en champs d'organismes modifiés génétiquement ? Des bactéries, des choix politiques, des outils scientifiques ou des financements vont être localement reliés et vont, en bout de course, décider provisoirement de la nature des micro-organismes et de leur enjeu social.

Le 7 juillet 1987, le parlementaire européen Benedikt Haerlin, l'un des huit écologistes du groupe Arc-en-ciel, intervient au Parlement européen et donne peu après une conférence de presse. Il dénonce une expérience de relâchement de bactéries rendues génétiquement résistantes à un antibiotique dans le champ d'un laboratoire de l'INRA à Dijon. Cette prise de position constitue le point de départ d'une controverse européenne sur les organismes modifiés génétiquement (Genetically Modified Organisms, ou tout simplement GMO). Ces micro-organismes vont se trouver associés à des problèmes d'ordre éthique, politique ou juridique : bientôt, ils vont concerner la société globale.

Écologistes et scientifiques

Tout comme pour les microbes de Pasteur (Latour, 1984), l'enjeu

1. Cet article s'inspire d'un rapport détaillé, réalisé dans le cadre d'une action de recherche concertée du PIREN. Cf. L. Bibard, B. Latour, C. Schwartz, *Crises des environnements : défis aux sciences sociales*, Paris, CSI, 1989, 87 p.

des GMO, l'intérêt qu'ils suscitent, passent d'une dimension microsociale à une importance macroscopique. Pour comprendre comment s'opère l'attribution conjointe d'une taille et d'un contenu aux GMO, il faut rentrer à la fois dans les laboratoires de microbiologie et dans l'enceinte du Parlement européen. La controverse qui débute en 1987 met en présence ces deux lieux de définition des micro-organismes ; elle se résume tout entière dans un conflit pour fixer durablement l'échelle et la nature de ces bactéries.

En témoignent les deux types d'argumentaires qui s'opposent dès le début. D'un côté, le discours écologiste de Benedikt Haerlin mêle des critiques politiques, scientifiques, éthiques et juridiques. Il souligne que les GMO risquent de transmettre leur résistance aux antibiotiques à des bactéries dangereuses pour l'homme. Ce risque est d'autant plus élevé que ces bactéries ne sont pas maîtrisables et qu'une fois relâchées, elles ont leur propre autonomie et capacité de survie. En insistant sur le danger, l'écologiste allemand attribue une importance macrosociale à quelques GMO, au laboratoire de Dijon, et en fin de compte à la Commission des Communautés européennes qui a financé l'expérimentation. D'après lui, l'affaire devient préoccupante au niveau européen et elle engage des responsabilités politiques.

À l'opposé de cette montée écologiste vers des enjeux globaux, l'argumentaire des scientifiques s'attache à resituer l'histoire dans le cadre des expérimentations locales de laboratoire. Les GMO n'ont d'importance que scientifique :

> « La souche introduite est une souche de rhizobium leguminosarum [...]. Le plasmide symbiotique a été marqué par le transposon INS contenant un gène de résistance à la kanamycine [...]. Le terrain traite de 288 m², a reçu par 3. 10^9 rhizobium leguminosarum marqués [...] ; ce terrain a été divisé en deux parcelles de 144 m², l'une plantée en pois, l'autre en blé. »
>
> *Note concernant l'essai de Dijon sur l'évaluation des risques résultant de la mise en incubation de micro-organismes génétiquement modifiés*. Dijon, 10 juillet 1987, 2 p.

Alain Deshayes, adjoint au directeur des Productions scientifiques de l'INRA, est très circonspect sur les risques encourus lors de l'expérience de Dijon. Il détaille les caractéristiques de la bactérie choisie, celles du sol en question et les conditions de l'expérimentation. Il divise les choses, les problèmes et, finalement, le risque en autant d'éléments locaux. Selon le discours scientifique, les GMO n'ont pas l'importance sociale qu'on leur prête. Ils n'ont de consistance que localement, dans le laboratoire de Dijon et à l'intérieur de la discipline scientifique de microbiologie.

Alors, qui a raison ? Les GMO sont-ils insignifiants ou sont-ils prêts à envahir l'Europe entière ? Ne doivent-ils intéresser que les scientifiques ou au contraire être portés sur la scène publique ? Il n'y a pas à décider entre ces deux pôles. Il faut simplement constater que les GMO reçoivent une définition à la fois dans l'enceinte parlementaire strasbourgeoise, dans les textes de microbiologie et dans le laboratoire de Dijon. Entre ceux du Parlement européen, ceux des laboratoires scientifiques, voire ceux des journaux parisiens, il n'y a pas à trancher, en mettant les vrais GMO, les cellules qui sont dans les éprouvettes, d'un côté et les factices, les représentations écrites ou orales de GMO, de l'autre côté. Une visite dans les laboratoires nous apprend en effet que, même dans ces lieux hautement scientifiques, on ne trouve que des traces de GMO, des graphes, des listes d'épreuves, des photographies... (Latour, 1989). L'intérêt est alors de suivre les GMO à la trace, ou plutôt à leurs multiples traces.

Dans cette optique, on doit d'abord mentionner l'influence du précédent américain. Aux États-Unis, les organismes manipulés génétiquement ont déjà fait l'objet d'expérimentations, de publications scientifiques, de débats de société et même d'une réglementation juridique stricte. Lorsque le débat éclate en Europe, ils sont déjà munis de nombreuses caractéristiques.

L'histoire américaine

En juin 1973, deux Américains réussissent le premier transfert de gène sur une bactérie commune des intestins humains. Aussitôt, la communauté scientifique demande l'arrêt des expériences de biologie moléculaire et organise une conférence pour débattre des risques qui y sont liés. Cette conférence a lieu en Californie en février 1975 ; c'est la conférence d'Asilomar.

Si l'inquiétude des scientifiques est si générale et si forte, c'est qu'ils sont sensibilisés à la question de leur responsabilité sociale par des groupes et des comités d'éthique qui se mettent en place depuis quelques années dans la société américaine. On craint que l'ADN manié avec précision conduise à des manipulations eugéniques. En outre, les expériences sur les bactéries, préalables aux travaux sur des organismes plus complexes, pourraient produire des micro-organismes cancérogènes et provoquer des épidémies. On ne sait en fait pas du tout quel type d'organisme résultera des recombinaisons génétiques.

La conférence d'Asilomar a lieu à huis clos entre scientifiques. Il est décidé la reprise des expériences de manipulation génétique mais uniquement selon certaines règles que le RAC[2] doit mettre en place rapidement. Plusieurs niveaux de sécurité sont alors définis, un ensemble de barrières de protection et des procédures d'autorisation longues et sévères. Pour une poignée de bactéries fragiles qu'on a mis des années à produire, on élabore une suite impressionnante de règles et de contraintes.

Singulière inversion de topologie ! Les GMO vivants, vulnérables, invisibles et autonomes auraient soudain la faculté d'envahir la planète. Comme leur ADN est mal connu, leurs effets sur l'homme le seraient également. Dans cet argumentaire scientifique, les GMO jouent le rôle de véritables extra-terrestres non maîtrisables, prêts à l'invasion, et contre lesquels l'homme doit se prémunir en se « confinant ». La solution finalement retenue par les scientifiques et par les institutions politiques sera un confinement à l'envers : celui des bactéries et non des hommes (cf. schéma ci-après).

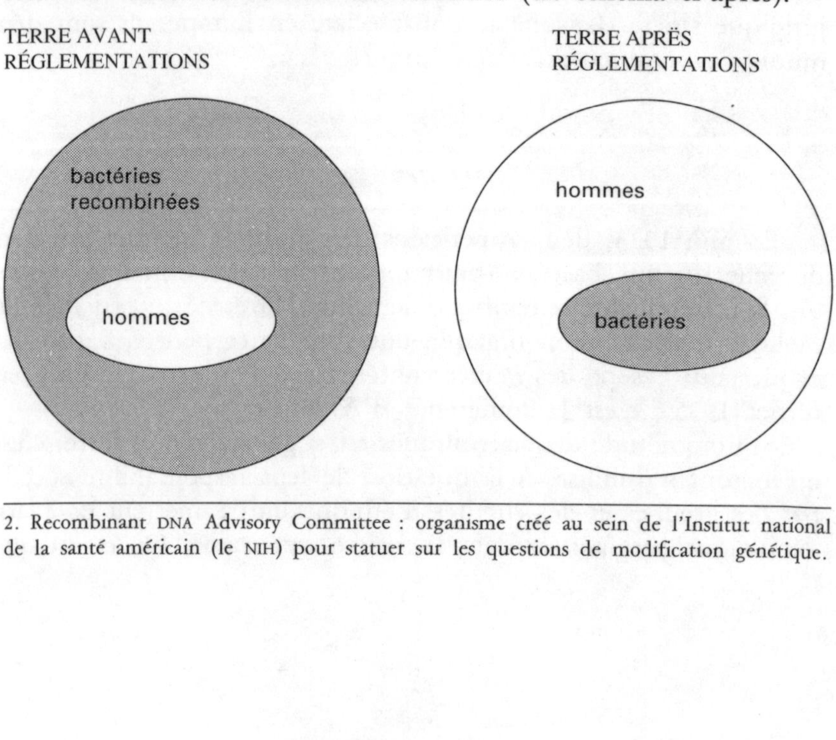

2. Recombinant DNA Advisory Committee : organisme créé au sein de l'Institut national de la santé américain (le NIH) pour statuer sur les questions de modification génétique.

Ainsi, quoique matériellement inconnues aussi bien dans leur forme que dans leurs effets, les bactéries manipulées génétiquement sont définies hors de l'espace-laboratoire dès 1975. Ce sont les réglementations qui les y confinent, les craintes et les espoirs qu'elles provoquent qui les caractérisent.

Puis le débat change. Les scientifiques, jusque-là soudés par leurs craintes communes, se divisent. Certains soutiennent les mouvements sociaux et écologistes qui cherchent à renforcer les réglementations. Les autres, au contraire, essaient de les assouplir pour faciliter l'utilisation des bactéries recombinées à des fins industrielles. Ces derniers multiplient les expériences prouvant leur innocuité. Progressivement démantelées, les réglementations feront référence dès 1982 au « relâchement dans l'environnement ».

C'est la fin de la phase de confinement et le début de celle du relâchement (Limoges, Cambrosio, Anderson, 1989). Les multinationales de l'agrochimie rachètent les nouvelles entreprises de biotechnologies et sont prêtes pour les essais en champ expérimental (c'est-à-dire dans un véritable champ de terre). Monsanto, la première, demande en 1982 l'autorisation de relâcher sa bactérie antigel. Après une controverse de cinq ans où s'affrontent juges, industriels et écologistes, l'autorisation est donnée. Le scientifique qui se charge de l'épandage de la bactérie antigel, le 24 avril 1987, est revêtu d'une combinaison analogue à celle des cosmonautes.

L'histoire européenne

Les GMO qui sont invoqués dans la controverse européenne en 1987 sont protéiformes comme leurs homologues américains. Ils sont déjà un foyer de définitions scientifiques, juridiques et sociales. Par exemple, le précédent américain a suscité la création, dès septembre 1986, d'un groupe de travail au sein de l'INRA sur la dissémination d'organismes modifiés génétiquement. Cette réunion deviendra en juin 1987 la commission « Génie génétique et environnement ». Dès le départ elle reprend la vision américaine multiforme de la question du relâchement des GMO : elle traitera à la fois de problèmes juridiques, scientifiques et éthiques.

C'est également la situation américaine qui fournit la base de l'élaboration d'un thème de recherche nouveau par la Commission des Communautés européennes. En 1985 est lancé un appel d'offres reprenant à la fois la qualification scientifique qui a émergé aux États-Unis - les organismes génétiquement modifiés - et la problématique qui s'est développée outre-Atlantique, à savoir le risque du relâchement des GMO.

Le thème est assez inédit pour la discipline de microbiologie des sols. Il lui faut faire appel à des outils génétiques pour la fabrication d'une bactérie modifiée. L'appel d'offres de la CEE contribue ainsi à créer des relations génétique/microbiologie qui n'existaient pas auparavant. Pour relâcher et suivre les GMO dans des champs, il faut relier le laboratoire de génétique où est synthétisée la bactérie et le champ expérimental des écologues microbiens. Le laboratoire de Dijon qui répond à l'appel d'offres de la CEE contacte deux autres organismes de recherche, spécialisés soit en génétique, soit en écologie. L'alliance de pratiques et d'outils différents se fait autour de l'expérience de relâchement de GMO. Elle donnera lieu à un nouveau découpage disciplinaire, « une sorte d'aire » inédite et encore floue, selon les termes mêmes d'un scientifique impliqué dans l'expérience.

L'action de recherche concertée initiée par la Commission des Communautés européennes permet en outre à des laboratoires de pays différents de travailler ensemble. Le centre de Dijon se lie à la « Lehrstuhl für Genetik » de Bayreuth en RFA et à la « Rothamsted Experimental Station » de Harpenden au Royaume-Uni. Désormais, si des écologistes ou des journalistes remettent en cause une expérience à Dijon, ils attaquent en même temps les deux autres centres de recherche. L'importance des GMO prend une dimension européenne.

Elle revêt également un caractère politique dans la mesure où c'est la CEE qui finance l'action de recherche sur les GMO. Les micro-organismes sont alors associés à des crédits de recherche, de l'argent européen, lui-même prélevé par les États membres sur leurs ressortissants, ce qui rend l'expérience de relâchement assez préoccupante pour chaque Européen. En outre, les GMO sont reliés à des décisions politiques d'attribution de subventions, à des décideurs qui sont comptables de ce qu'ils font auprès de leurs confrères hauts fonctionnaires ou hommes politiques.

Lorsque Benedikt Haerlin intervient au Parlement européen le 7 juillet 1987, il porte sur la scène publique des enjeux, des problèmes, des définitions qui sont apparus auparavant pour partie aux États-Unis, pour partie à la CEE et dans quelques laboratoires européens. Il n'invente rien. Les implications politiques, juridiques, les risques scientifiques des GMO, tous ces points ont été constitués précédemment, comme on vient de le décrire. Son action consiste simplement à agencer ces données d'une certaine façon. Alain Deshayes - membre de l'INRA dont on a parlé précédemment - ne fait pas autrement lorsqu'il énonce sa position. Mais il traduit ces éléments d'une autre manière, en pondérant différemment l'importance du champ d'expérimentation, de la résistance aux antibiotiques des bactéries, du financement de la CEE, ou de la réglementation européenne.

Ces deux acteurs de la controverse ne se situent pas en bout de course, lorsque la « vraie nature » des GMO se serait détachée des exagérations ou des minimisations inexactes. Ils se battent justement pour définir cette « vraie nature », à la fois le contenu et l'importance des GMO. L'apparition de ces micro-organismes dans le débat public ne constitue qu'une étape de cette bataille. On ne passe pas soudainement de la science à la politique. Le récit précédent a montré combien dès le départ les acteurs empruntaient indifféremment à la science, à la politique ou au juridique les éléments qui les intéressent. Toutefois, l'entrée des GMO dans l'enceinte parlementaire strasbourgeoise les fait passer à l'état de figures du discours politique européen. On va désormais les retrouver dans de nombreux exposés oraux d'hommes politiques et surtout dans la presse d'actualité. *Le Monde* et *Libération* du 9 juillet 1987 signent le début d'une longue série d'articles qui manifestent l'accession provisoire des GMO au niveau de l'espace public.

Tchernobyl : la montée de l'expertise

Marie-Hélène Mandrillon

D'« accident national », l'explosion d'un réacteur de Tchernobyl s'est muée en « catastrophe internationale ». Aux dissonances dans les discours officiels, aux expertises publiques avortées, a succédé la reconnaissance de l'échec d'une gestion. Sur fond de « glasnost » s'affrontent des stratégies institutionnelles, nationales et politiques orchestrées par les experts.

La presse soviétique n'en finit pas de tirer ce qu'elle appelle les « leçons de Tchernobyl ». Signe que l'heure des bilans définitifs n'a décidément pas sonné et aussi que l'explosion du réacteur a constitué un formidable révélateur : elle a mis à nu aux yeux d'une société qui a pourtant connu d'autres traumatismes la faillite d'une gestion et elle a accéléré l'effondrement d'un système politique jusqu'alors réputé irréversible.

Quels sont, vus d'URSS, les cheminements et la portée de ces « leçons » ?

Dans ce processus où s'affrontent des stratégies politiques, institutionnelles, nationales, ce sont des scientifiques en situation d'experts et d'intercesseurs qui jouent un rôle moteur. On peut en suivre l'évolution à travers la controverse qui porte sur l'évaluation de l'ampleur de l'« accident ».

L'analyse de la controverse fait apparaître deux périodes. La première va de l'explosion du 26 avril 1986 jusqu'au printemps 1989. Elle se caractérise par des dissonances dans les discours officiels, des mesures de gestion de la crise contradictoires, l'apparition de contre-expertises publiques mais dont les conclusions ne sont pas prises en compte. Au printemps 1988, l'un des premiers experts présents sur le site, Valéri Legassov, se suicide et met en cause dans son testament l'attitude des autorités comme de certains scientifiques.

Le constat d'une aggravation de la situation locale et de l'exaspération de tensions multiples amène les autorités soviétiques à dresser un tableau plus crédible et à définir des orientations plus cohérentes au printemps 1989.

Mais dès lors, c'est la deuxième période ; la reconnaissance de l'échec de la gestion, loin de conduire à un apaisement, cristallise la polarisation des experts et suscite de nouveaux clivages qui pèseront directement sur le processus des réformes politiques.

Les élections du printemps 1989 puis celles du printemps 1990 verront s'affronter deux évaluations de l'accident. Les « contre-experts » font une entrée en force dans les nouveaux parlements. Ils ont à concevoir et à mettre en œuvre, dans un cadre politique et scientifique incertain, les moyens de faire face aux conséquences de ce que l'on considère désormais à Moscou, à Kiev et à Minsk comme une « catastrophe nationale ».

Une rupture ?

La « glasnost » est née à Tchernobyl, dit-on, pour marquer les premiers signes de la politique instaurée par M. Gorbatchev afin d'ouvrir son régime à la fois sur la société et sur le monde. Et quelques faits sans précédent marquent une rupture : accès de la presse sur le site dès le 6 mai, présence le 9 mai de Hans Blix, directeur de l'Agence internationale pour l'énergie atomique, intervention télévisée de M. Gorbatchev le 14. Mais on souligne aussi que trois années de silence ont jeté les « brumes du mensonge sur le nuage ». L'accident de Kychtym en 1957 n'a-t-il pas été occulté avec succès pendant plus de trente ans ? On peut penser que, sans la dispersion du nuage radioactif au-delà des frontières, Tchernobyl aurait subi le même sort. Ce serait néanmoins faire abstraction des mutations sociales qui ont affecté le fonctionnement même du système politique depuis les années soixante. En matière d'environnement notamment, des scientifiques, des représentants des sciences sociales, des écrivains, des journalistes ou encore des médecins ont conquis une autorité morale en s'érigeant en contre-experts. Leurs demandes d'information, de prééminence de la compétence sur la docilité, d'alignement sur les normes mondiales, d'accès aux sphères de la prise de décision, bien que rejetées, ont été entendues tant auprès d'un public cultivé que parmi certains responsables politiques.

Ainsi, la communauté du nucléaire civil est traversée depuis les années soixante-dix par trois controverses sur le risque qui sont apparues publiquement. Elles portent tant sur la conception du réacteur RBMK, jugé instable par certains experts, que sur la localisation des centrales avec des mises en garde contre la sismicité ou la proximité de zones fortement peuplées et industrialisées, et enfin sur la vulnérabilité des sites nucléaires dans le cadre d'une guerre conventionnelle ou face à une attaque terroriste.

Au demeurant, on sait que la revue littéraire d'Ukraine avait publié un mois avant l'explosion un article où Liouba Kovalevskaïa, qui venait de quitter la rédaction du journal de la centrale, dressait une évaluation sévère de divers paramètres de sécurité.

Aussi, dans la confusion qui suit le 26 avril, on voit se préciser les termes d'une controverse tous azimuts.

Experts et contre-experts

Elle portera dans un premier temps sur la détermination de l'ampleur de l'accident. Une discordance est sensible dans les jours qui suivent avec les déclarations de E. Velikhov, directeur d'un institut de physique de l'Académie des sciences, membre de la commission gouvernementale dépêchée sur place et proche, dit-on, de M. Gorbatchev. Au cours d'une conférence de presse, il se démarque des conclusions de ses collègues quant à l'espoir d'un rapide retour à la normale. C'est donc au sein même de l'expertise officielle que s'instaure un clivage explicite entre « optimistes » et « pessimistes ».

Dans les semaines et les mois qui suivent, la presse présente des analyses contradictoires sur le danger que représente le réacteur, sur la décontamination du site, sur la détermination de l'importance des rejets - les hypothèses varient de 50 millions de curies à 1 milliard ou 6,4 milliards selon les sources - et de l'étendue de la contamination, sur les modalités de la protection des populations, et notamment sur les délais et les critères d'évaluation, la nature des mesures sanitaires immédiates et l'évaluation des risques à long terme.

Avec le temps, l'évaluation ne peut se circonscrire aux seuls petits groupes de spécialistes *ad hoc*. Le champ de l'expertise s'élargit et se diversifie : chercheurs et universitaires appartenant à des institutions et à des disciplines périphériques s'y trouvent associés. Ils disposent d'un degré d'autonomie variable vis-à-vis du « vedomstvo », ce réseau d'intrications entre ministères en charge d'une branche industrielle, administrations centrales et appareil politique. La contre-expertise peut être le fait d'individus isolés, à la compétence et l'autorité notoires, d'anonymes, ou d'institutions entières telle l'Académie des sciences de Biélorussie.

Des techniciens ou des gestionnaires du nucléaire donnent des avis, sollicités ou non, où affleurent les rancœurs accumulées dans le contentieux des controverses antérieures et où pèse le « secret » sur les accidents de Kychtym ou de Leningrad.

L'évaluation sanitaire mobilise des médecins qui ne sont pas nécessairement radiobiologistes et qui ne relèvent pas de la « médecine fermée » que symbolise l'expert officiel L. Ilyine, directeur de l'Institut de biophysique de Moscou et vice-président de l'Académie des sciences médicales.

Les enjeux ne se réduisent pas à une volonté de part et d'autre de minimiser ou de surestimer le risque. Deux questions se dégagent peu à peu : Que faire de la centrale ? Le risque d'accident et l'échec de la décontamination n'imposent-ils pas de la fermer ? Et, plus largement, quels sont le coût et le sens de la survie sur les zones contaminées, combien de personnes faut-il évacuer, quel destin pour la terre abandonnée, quel sort pour les « réfugiés de Tchernobyl » ?

Sur le site même de la centrale, la logique institutionnelle qui vise à poursuivre le programme électronucléaire continue à prévaloir. Les tranches restées indemnes après l'accident seront remises en fonctionnement. Les critiques des contre-experts ne parviendront qu'à obtenir le gel de deux réacteurs supplémentaires dont la construction était commencée en 1986. Une ville nouvelle de 20 000 habitants a été construite à Slavoutich dès 1988 pour accueillir le personnel d'exploitation et de décontamination de Tchernobyl. Ce n'est qu'après coup et de manière fragmentaire que la presse a fait état du coût humain de cette entreprise de « liquidation des conséquences de l'accident ». L'on sait aujourd'hui que la ville de Slavoutich est construite sur une tache de césium, qu'un pourcentage notable de techniciens a refusé de s'y installer, mais on ignore encore l'ampleur du bilan sanitaire des travaux de décontamination.

Les zones d'ombre qui subsistent, autant que les révélations sur l'étendue des régions contaminées, ont convaincu la population de l'incapacité des autorités quelles qu'elles soient à faire face à l'après-Tchernobyl.

C'est ce que l'on peut mesurer dans la première campagne électorale que connaît l'URSS au printemps 1989. Le 20 mars, quelques jours avant le scrutin, la *Pravda* publie pour la première fois les cartes de la contamination : son étendue passe de 3 500 kilomètres carrés à près de 10 000, avec 1 000 kilomètres carrés en République de Russie, 1 500 en Ukraine et 7 000 en Biélorussie. Ces données corroborent les évaluations des « pessimistes » qui sont massivement élus députés au parlement de l'URSS où ils mettent en cause la responsabilité des autorités scientifiques et politiques.

Dès lors, dans la presse, à la télévision, dans la rue, au parlement, devant les commissions du Soviet suprême, la controverse se focalise autour de la limite au-delà de laquelle « on ne peut plus vivre » dans les zones contaminées.

La querelle des 35 rem

La querelle des 35 rem voit s'affronter d'un côté la « science officielle », avec notamment Iou. Izrael, président du Comité d'État à l'hydrométéorologie, L. Ilyine et L. Bouldakov, de l'Académie des sciences médicales, et, de l'autre, les « savants de Biélorussie » qui cristallisent l'opposition. La configuration classique du centre contre la périphérie est exacerbée par les récentes révélations qui tendent à confirmer la thèse selon laquelle, dans cette république, plus de deux millions de personnes, soit un cinquième de sa population, vivent sur une terre contaminée à plus de 1 curie au kilomètre carré.

La « conception moscovite » est la suivante : la dose admissible d'irradiation externe et interne fixée par le ministère de la Santé de l'URSS conformément aux recommandations internationales est de 35 rem par personne sur soixante-dix ans. La population peut vivre sans danger dans toutes les régions contaminées où la radioactivité du sol n'excède pas 40 curies au kilomètre carré, à condition que son alimentation soit composée exclusivement de denrées « propres », que les produits de l'agriculture soient strictement interdits à la consommation et qu'elle observe rigoureusement les règles d'hygiène (notons que ce régime concernerait en Biélorussie plus de mille localités où résident plus de trois cent mille personnes). Néanmoins, dans un certain nombre de régions qui répondent à ces critères, les gens sont inquiets, mécontents, ils souffrent de radiophobie. Leur état de santé ne peut donc pas être considéré comme satisfaisant, et dans ces conditions leur évacuation s'impose. Il faut les aider à partir mais ils doivent savoir que leur évacuation n'est pas liée aux effets des radiations.

À ce modèle, les « Biélorusses » opposent trois ordres d'objections. Ils mettent en cause les concepts scientifiques qui le fondent, les moyens démesurés à mettre en œuvre pour y parvenir et la conception de l'existence et du cadre de vie qu'il induit.

Sur le premier point, ils font état de l'incertitude à laquelle est confrontée la science dans l'évaluation du risque : les effets à long terme de toutes les composantes du rejet de la centrale ne sont pas connus ou sont controversés, et notamment les effets de doses de rayonnement faibles mais chroniques qui n'ont jamais été étudiés. Or, en fonction des modèles mis en œuvre, l'estimation des morts par cancers radio-induits sur les cinquante ans à venir varie de quatre cent mille à un million. Ainsi, les pathologies multiples apparues depuis l'accident ne sont pas dues à un syndrome de « radiophobie » mais constituent l'un des effets insoupçonnés de l'accident.

La dose de 35 rem leur semble donc « antiscientifique ». En outre, l'établissement d'une telle dose exigerait des moyens de contrôle sanitaire qui n'ont pas été mis en œuvre ; or, estiment-ils, les médecins ne disposent toujours pas des dosimètres nécessaires. Dans le même ordre d'idée, le contrôle des produits agricoles ayant fait la preuve de son caractère déficient et aléatoire, il serait irréaliste ou dangereux d'en faire le pivot d'une politique de protection. Comme s'est révélée dangereuse la poursuite des activités agricoles sur les terres contaminées à plus de 15 curies par kilomètre carré dans la mesure où elle est un facteur d'extension de la contamination interne (production « sale ») et de l'irradiation externe (poussière, fumier).

Dès lors, concluent-ils, comment admettre que la dose limite de radiation puisse constituer le critère de la définition d'un cadre de vie : comment vivre à la campagne sans allumer de feu, sans faire de jardin, en interdisant aux enfants de courir et de croquer une pomme ?

L'on voit ici comment l'évaluation et le programme « biélorusse » présentent une articulation du scientifique et de l'éthique.

Les effets de Tchernobyl

Plusieurs ordres d'incertitude se dégagent aujourd'hui de cette évaluation controversée.

Les effets des radiations sur la santé publique : aux facteurs de mortalité et d'altération génétique à long terme sont venues s'ajouter les pathologies à moyen terme.

L'impact sur l'environnement : la contamination continue de s'étendre au-delà du territoire estimé en 1989 à 10 000 kilomètres carrés ; en effet, le vent et l'eau emportent l'irradiation vers des régions jusqu'alors réputées « propres ». Ainsi le bassin du Dniepr et la région de la mer Noire présentent des risques à terme.

Les conséquences économiques et sociales : le programme énergétique de l'URSS est remis en cause, l'avenir de l'agriculture en Biélorussie suscite des interrogations, la vulnérabilité des victimes directes ou indirectes de la contamination ainsi que l'apparition de la catégorie des réfugiés écologiques entraînent une déstabilisation sociale durable (six cent cinquante mille personnes sont l'objet d'un suivi sanitaire, cent trente-cinq mille ont été évacuées en 1986, cent vingt-cinq mille étaient concernées en 1989 par les plans d'évacuation ou de réévacuation).

Les effets de Tchernobyl ne sauraient se mesurer à l'aune des multiples plans d'urgence restés lettre morte, ni à celle de la fermeture de centrales nucléaires sous la pression de la population. En effet, ce que montre l'évolution de la controverse, c'est en premier lieu le déplacement de son foyer et la transfiguration de la fonction de l'expertise. Si l'impulsion initiale vient des politiques, relayés par les scientifiques, ces derniers s'érigent en leaders d'opinion pour parvenir à susciter une mobilisation des victimes qui s'étend en tache d'huile à toute la société. Dans l'espace politique qu'ils ont ainsi créé, experts et autorités morales deviennent, après les premières élections semi-libres, les acteurs de la vie politique naissante.

L'autonomie acquise par la société a trouvé à l'été 1990 ses premiers aboutissements prévisibles. Ainsi le découplage entre science et politique que révélait la controverse est entériné par la levée de la tutelle du parti sur l'Académie des sciences. Ou encore, l'incapacité réitérée du pouvoir central à faire face aux conséquences locales de Tchernobyl a accéléré la proclamation de leur souveraineté par l'Ukraine et la Biélorussie. Enfin, la polémique s'élargit en n'épargnant plus l'attitude de l'Agence internationale pour l'énergie atomique ou les normes fixées par l'OMS.

L'irruption des différentes composantes de la société dans les sphères de décision qui étaient jusqu'alors l'apanage du parti-État a aussi des corollaires moins attendus. Des clivages nouveaux apparaissent. Ainsi le partage des subventions suscite-t-il des litiges entre l'Ukraine et la Biélorussie. Mais surtout, la paralysie de l'ensemble des structures exécutives s'en voit accrue. On peut en effet constater que le programme élaboré par les contre-experts biélorusses et adopté par le parlement de la République n'est toujours pas mis en œuvre, faute de relais exécutifs : on a moissonné en juillet 1990 dans des zones où la contamination est supérieure à 40 curies au kilomètre carré et nul ne semble plus en mesure de contrôler le destin de ces moissons.

Le spectre du chaos donne corps aux aspirations diffuses à un pouvoir fort dans de nombreuses couches de la société. Dans ce cadre, la démocratie balbutiante est condamnée à trouver rapidement les moyens de son efficacité.

Tchernobyl a libéré des énergies qui, pour avoir suivi des cheminements spécifiques au contexte soviétique, n'en constituent pas moins un défi pour l'ensemble des sciences sociales. Saurions-nous, ici, rester spectateurs ?

Marie-Hélène Mandrillon

Le lynx a-t-il le mauvais œil ?

Anne Vourc'h et Valentin Pelosse

La réintroduction du lynx dans les montagnes françaises a violemment opposé les milieux écologiques aux communautés agricoles et forestières. Derrière la controverse géographiquement circonscrite se profile une autre dimension qu'il faudra désormais prendre en compte : celle des représentations symboliques.

Tout se déroula au mieux au printemps 1987 : l'« heureux événement » fut couvert par les médias régionaux et nationaux, photos d'« Elisa et de ses trois bébés » à l'appui. Le drame éclatait à l'automne : « Ils ont tué Elisa. Elisa est morte. Tuée par balle dans la forêt vosgienne [...où] elle vivait avec ses enfants. » Peu après on apprenait que « Sixty, le compagnon d'Elisa, est mort lui aussi. » On titra « le tueur d'Elisa traqué » car, appuyant la brigade d'intervention de l'ONC (Office national de la chasse), « les gendarmes mènent toujours l'enquête » dans la vallée de Sainte-Marie-les-Mines. Et le « Groupe lynx international » proclama : « L'honneur de l'Alsace ne sera restauré que lorsque le responsable de l'assassinat de la famille lynx aura été sanctionné et la perte réparée. »

Comme le montrent ces citations des *Dernières Nouvelles d'Alsace*, de *Télé 7 jours* ou de l'AFP, la réintroduction du lynx dans les Vosges a donné lieu à une extraordinaire anthropomorphisation d'un animal réputé sauvage ainsi qu'à une individualisation non moins remarquable des sujets réintroduits : Diana, Oska, Pavel, Eddy, Boric, chaque bête lâchée avait un nom, la consonance slave référant au pays d'origine, la Tchécoslovaquie. Par une contradiction inhérente aux opérations de réintroduction ou de renforcement d'espèces animales sauvages, chaque sujet lâché a connu la captivité, qu'il y soit né ou qu'on l'ait capturé en liberté, et s'en trouve peu ou prou apprivoisé, « imprégné » au niveau comportemental par la présence humaine.

L'idée de la réintroduction est née dans les milieux associatifs écologiques qui, influencés par les précédents suisses et allemands, créent en 1976 le « Groupe lynx Alsace » (le « Groupe lynx Europe » a vu le jour en 1975). Un colloque à Strasbourg réunit alors scientifiques et représentants de l'État. Le choix des Vosges alsaciennes comme site de réintroduction d'un félin disparu depuis le XVIIe ou le XVIIIe siècle y est justifié par un biotope convenable, l'existence de personnes motivées pour mener l'opération et d'un bon contexte sociologique (pratiques cynégétiques de type germanique avec adjudication, importance du domanial, opinion publique régionale favorable). La presse s'intéresse au projet. Une étude de faisabilité est réalisée. Le ministère de l'Environnement donne son accord.

Mais en 1983 l'inconséquente précipitation d'un promoteur associatif qui effectue deux lâchers à la veille d'une ultime réunion de concertation organisée par le préfet du Haut-Rhin avec l'ensemble des parties concernées - forestiers, chasseurs, milieux agricoles - réduit à néant un travail préparatoire de plusieurs années. Trop de gens se sentent floués, l'acceptation du lynx par les locaux en sera durablement compromise. Une ou deux bêtes survivent tant bien que mal. En 1985, les associations passent le relais aux administrations et le suivi scientifique de l'opération (radiopistage grâce aux colliers émetteurs des animaux, études comportementales, etc.) est officiellement pris en main par l'ONC. Une équipe dirigée par Véronique Herrenschmidt, ingénieur agronome, devient responsable du programme lynx, le caractère associatif militant de la réintroduction s'estompe, des relations plus institutionnelles avec les administrations départementales concernées se développent, on mène un travail d'information à l'échelle locale. Un lâcher officiel est effectué dans le Bas-Rhin où la Fédération départementale des chasseurs est favorable, à la différence du Haut-Rhin, lieu des premiers lâchers. À l'automne suivant c'est le braconnage des animaux évoqué au début de l'article : tout est à reprendre...

Des prédateurs venus d'ailleurs

À la fin de la décennie quatre-vingt dans le Haut-Bugey (Ain), dans le sud du massif jurassien, des éleveurs trouvent des moutons tués d'une façon qui n'est pas celle des habituels chiens errants. Les auteurs des méfaits sont identifiés comme des lynx venus de la Suisse voisine où la réintroduction réalisée au début des années soixante-dix a si bien réussi que la population de félidés est en expansion naturelle vers la France (le cas de lâchers clandestins restant hypothétique). L'émotion locale est intense, des félins sont aperçus, parfois abattus. Après ceux des Vosges le « lynx de l'Ain » fait la une des médias.

Mais depuis la loi de protection de la nature de 1976 et ses décrets d'application successifs, la notion de « nuisibles » à détruire par principe n'a plus cours. Quels que soient ses dégâts, le lynx a un statut d'animal strictement protégé. Ici, s'agissant d'une « extension » et non d'une réintroduction hexagonale, les dommages ne sont pas indemnisés par l'État mais par le WWF, organisation internationale non gouvernementale, relayée sur place par des associations, la FRAPNA (Fédération Rhône-Alpes de protection de la nature) et la FDEJ (Fédération de défense de l'environnement du Jura). Comme l'a montré l'enquête d'Héléna Lachau (1990), les écologistes locaux sont dans une inconfortable position, coincés entre les éleveurs lésés et le ministère de l'Environnement auquel ils reprochent de mener une politique de protection sans s'en donner les moyens.

Territoire et bestiaire

L'une des contradictions qui traversent les opérations de lâchers, en général réalisées en zone montagneuse désertifiée, a trait à la différence de perception de l'espace et de son statut par les divers groupes sociaux en présence. Les naturalistes scientifiques ou militants auront tendance à voir l'espace en termes d'écosystème à rétablir, de biotopes favorables à telle ou telle espèce. De même qu'ils voient la faune sauvage comme un élément du patrimoine de l'humanité, ils perçoivent l'espace rural comme une sorte de bien national collectif, à protéger ou valoriser au nom du bien commun.

Ils se heurtent à des agriculteurs, des chasseurs, des élus locaux qui leur rappellent qu'ils ne se déplacent pas dans un espace « libre », mais dans un territoire approprié (par des propriétaires, des ayants droits, des usagers), administré (droit et devoir de police des municipalités), géré et travaillé enfin (agriculteurs, forestiers).

Pour les éleveurs, lâcher un prédateur protégé, c'est nier leur présence, disqualifier leurs pratiques agropastorales d'agriculteurs marginalisés, substituer au terroir façonné par eux l'idée d'un territoire « naturel » vide, bon à prendre, où l'on peut réinstaller des animaux sauvages il y a peu classés « nuisibles »... Ils ont l'impression que, après les cages du Jardin des Plantes, puis les enclos élargis des parcs de vision, serait venue l'ère des parcs animaliers sans clôture dont l'enceinte est constituée par l'espace rural en son entier, leur espace ! Et dont le contrôle est effectué par le suivi scientifique. Sous prétexte d'espaces et d'espèces protégés, il s'agirait de la création d'une nouvelle génération de zoo, des « zoos du troisième type ».

Dans le complexe rapport de l'homme à l'animal, la dimension symbolique est prégnante, comme le montrent rumeurs et représentations fantasmatiques à propos des lâchers d'animaux.

Nos relations au monde animal se structurent au travers d'un bestiaire, c'est-à-dire qu'un animal n'est jamais perçu isolément mais en corrélation avec d'autres. Il est ainsi classé, et les relations qu'on entretiendra avec lui seront fonction de ce classement. En un lieu et un temps donnés, le bestiaire s'inscrit dans des registres d'ordres différents, folklorique (rituels, légendes), langagier (proverbes, phraséologie), juridico-coutumier (évolution de la législation cynégétique et de protection de la nature), zootechnique (élevage). Bien qu'ils s'en défendent, il faudrait parler aussi d'un bestiaire des scientifiques. Une expression de ces divers bestaires passe par la représentation graphique, plastique, à prétention artistique ou non. Introduire une bête disparue ou exotique, c'est « la lâcher dans le bestiaire », ce système de représentations qui organisent notre relation au monde animal et où il lui faudra se faire une place.

Anne Vourc'h et Valentin Pelosse

Normandie, 1768-1771 : une controverse sur la soude

Gilles Denis

En 1768, la Société d'Agriculture de Rouen et douze verreries normandes engagent un débat sur les effets pernicieux de la production de la soude. La question sera tranchée par un « expert scientifique » dépêché par l'Académie des Sciences de Paris. Les arguments avancés de part et d'autre, de diverses natures, sont dûment marqués par le contexte historique et géographique.

À la mi-avril 1771, Tillet quitte Paris pour se rendre à Rouen. Il est membre de l'Académie Royale des Sciences de Paris depuis 1758. Il est aussi l'auteur de deux mémoires, *Dissertation sur la ductilité des métaux et les moyens de l'augmenter*[1] et *Dissertation sur la cause qui corrompt et noircit les grains de bled*[2] qui ont obtenu, tous deux, le prix de l'Académie de Bordeaux en 1750 et 1754.

Tillet se rend en Normandie à la demande de l'Académie des Sciences, consulté par le contrôleur général au sujet des effets « pernicieux » de la fumée de varech, lorsqu'on brûle cette plante pour la réduire en soude, sur les végétaux, les hommes, les animaux. Deux autres savants sont aussi dépêchés, Fougeroux en Normandie et Guettard dans le Sud-Ouest et sur la côte méditerranéenne[3].

Lorsque le jeudi 5 mai 1768 est lu le mémoire de M. le Comte

1. Mathieu Tillet, *Dissertation sur la ductilité des métaux et les moyens de l'augmenter*, Bordeaux, Pierre Brun, 1750.
2. Mathieu Tillet, *Dissertation sur la cause qui corrompt et noircit les grains de bled dans les épis et sur les moyens de prévenir ces accidens*, Bordeaux, Pierre Brun, 1755.
3. « Sur le Varech », *in Histoire de l'Académie royale des sciences*, p. 25-27, Paris, Imprimerie royale, 1774.

d'Avremesnil devant la Société d'Agriculture de Rouen « sur le Préjudice que cause à l'Engrais des terres, à la salubrité de l'air, et à la Santé des Riverains de la mer, l'usage de brûler le Varech et d'en faire la Soude, quoique diverses ordonnances assurent l'usage de ce précieux engrais aux Cultivateurs », la question y est déjà discutée depuis quelque temps, à l'initiative de M. Dangerval[4]. Ce même mois, la Société a décidé de « tirer de Dieppe une balle de Varech désséché et juger de l'atrocité de l'odeur qu'il répand en brûlant[5] » et le 5 mai la Société demande à M. d'Avremesnil « qu'il fasse dresser et signer par le plus grand nombre de Riverains une requête adressée à M. le Procureur Général du parlement[4] ».

Le mot varech est encore au XVIIIe siècle un terme général pour tout ce que la mer rejette sur le rivage. Ainsi on peut lire dans les *Commentaires sur la Coutume de Normandie* : « Sous ce mot de varech et choses gayves sont comprises toutes choses que l'eau jette à terre par tourmente et fortune de mer. » La coutume précise à qui reviennent les différents varechs. Plus précisément, « pour la coupe et la liberté de couper l'herbe appelée varech, vraicq sur ou gouesmon » en Normandie, il faut se référer à deux textes : *l'Ordonnance de la Marine* du mois d'août 1681 et une *Déclaration du Roy* du 30 mai 1731[6].

Ces textes ont l'ambition de réglementer la récolte de l'herbe-varech comme « engrais de terre » ou pour être « convertie en soude », tout en permettant au « fray du poisson » par la « conservation de ces herbes » de trouver « un asile et une pâture assurée ». Ainsi sont précisées les méthodes (couper sans arracher), les périodes de récolte (il est interdit de faire la coupe « dans le tems que le fray du poisson et le poisson du premier âge séjourne à la Côte ») et les destinations des récoltes (engrais de terre partout, soude seulement dans l'amirauté de Cherbourg). Il est défendu « sous peine de trois cents livres d'amendes » de brûler le varech à d'autres moments que lorsque le vent emporte la fumée « sur la mer ». La

4. *Registres pour les délibérations de la Société Royale d'Agriculture de Rouen*, séance du jeudi 05 mai 1768, Archives départementales de Seine-Maritime, manuscrit n° 28J1.
5. *Les frais de bureau de la société d'agriculture*, mai 1768, Archives départementales de Seine-Maritime, manuscrit n° C913.
6. Berault et Godefroy, *Commentaires sur la Coutume de Normandie*, tome II, Louis Le Boucher, Rouen, 1776.

priorité faite à l'agriculture et à la pêche sur le commerce de la soude y est affirmée. La « fabrique de la soude » est « un commerce utile, mais qui ne doit jamais l'emporter sur celuy du poisson nécessaire à la vie de l'homme et encore moins sur ce qui peut étendre l'agriculture, doubler les moissons, enrichir les campagnes, donner une valleur réelle aux terres, seconder le cultivateur dans le payement des droits dus au Roy, pour le soutien de sa Couronne et la deffense de l'état[7] ».

La soude sert à la confection du verre et du savon. Avec le développement des verreries et des savonneries à la fin de la première moitié du XVIIIe siècle, la demande en soude croît. La permission de brûler le varech est donc sollicitée par des riverains du pays de Caux et accordée par le roi en 1739[8].

Une trentaine d'années plus tard, la production de la soude est florissante. Elle est bien établie dans les amirautés de Cherbourg, de Harfleur, en particulier à La Hague, et dans le pays de Caux où le varech n'est plus utilisé pour l'agriculture. Selon Tillet « la soude, en augmentant en quantité comme de prix, trouvait toujours un débouché certain[8] ».

Mémoire en forme de requête

C'est à ce moment-là que se développe une opposition venant des milieux proches de la Société d'Agriculture de Rouen qui demande, le 16 juin 1768, que l'usage du varech, engrais des terres, soit rendu aux cultivateurs riverains de la mer, ainsi que les ordonnances de Louis XIV et de Louis XV le leur accordent, tandis qu'en « éludant les loix bienfaisantes les brusleurs dévastent tout pour en faire de la Soude[9] ».

La Société d'Agriculture mobilise l'opinion et le 22 décembre

7. *Ordonnance du 10 mars 1769*, Archives départementales de Seine-Maritime, manuscrit n° 1B5534.

8. Tillet et Fougeroux, « Observations faites par ordre du Roi sur les côtes de Normandie au sujet des effets pernicieux qui sont attribués, dans le pays de Caux, à la Fumée du Varech lorsqu'on a brûlé cette plante pour la réduire en soude », *in Mémoires de l'Académie royale des sciences*, p. 307-334, Paris, Imprimerie royale, 1774.

9. *Registres pour les Délibérations de la Société Royale d'Agriculture de Rouen*, séance du 16 juin 1768, Archives départementales de Seine-Maritime, manuscrit n°28J1.

est présenté « un mémoire en forme de Requête signé d'un très grand nombre d'habitans », que l'on projette d'adresser au ministre[10]. Tillet parle de gentilhommes, de seigneurs riverains et d'un grand nombre de personnes, « de tout état[8] ».

Les sociétaires ont-ils eu crainte de ne pas être entendus par le ministre ? Toujours est-il que le 12 janvier 1769, ils décident de « réclamer à cet égard le Ministère de M. le Procureur général » du Parlement de Rouen[11]. Celui-ci, dans son réquisitoire, présente la fumée de varech comme « pestilentielle », comme une vapeur « qui désolait depuis quelques années les bords maritimes de la province[8] » et, le 10 mars 1769, le parlement prend un arrêt qui n'autorise de couper le varech pour le réduire en soude que dans la seule amirauté de Cherbourg[7].

Le premier argument, développé par le réquisitoire et repris par l'Arrêt, est l'impossibilité, à cause de la quantité insuffisante de varech, de concilier les avantages de l'agriculture et du commerce de la soude, sous-entendant qu'il va de soi de choisir l'agriculture. Le deuxième est de montrer la nécessité de l'engrais de terre pour l'agriculture du pays de Caux dont les terres sont « naturellement refroidies et désséchées par les vents impétueux du nord et de l'ouest[7] ».

Ainsi la nature est bien faite : le varech rend les sels, ceux qu'il tient de la mer et les siens propres, que « l'air vif et picquant de cet élément lui en lève ». Les autres arguments concernent les effets de cette « fumée corrosive » sur les plantes, les hommes et les poissons. Elle « attaque les fleurs des arbres, des plantes et même celle des bleds lorsqu'elle vient à s'étendre sur les moissons[7] ».

Elle est la cause de « maladies épidémiques » fréquentes qui « désolent des paroisses entières ». « On a vu des moissonneurs au milieu de leurs travaux obligés de les abandonner vomir jusqu'au sang. » Un dernier argument, peu développé, est le rôle du varech comme abri au frai et aux jeunes poissons. L'arrêt reprend les textes de 1681 et 1731 mais oublie celui de 1739[7].

Selon Tillet, la réaction à l'arrêt fut vive de la part des douze verreries normandes. De nouveaux mémoires furent rédigés, « chargés de signatures et capables de balancer les premiers ; on les appuya de faits notoires, de certificats de Curés, de pièces légales[8] ».

10. *Ibid*, séance du jeudi 22 décembre 1768.
11. *Ibid*, séance du 12 janvier 1769.

Finalement le Contrôleur Général fit appel à l'Académie des sciences de Paris, qu'il autorisa, « de la part du Roi », à nommer quelques-uns de ses membres à se rendre sur place. Mais l'Académie semble, avant le voyage, s'être déjà fait une opinion. Comme le précise Tillet, « elle sentit bien dès-lors que la fumée du varech n'était pas de nature à occasionner les accidens qu'on lui attribuoit, et que la diminution sur les pêches pouvait avoir toute autre cause que celle de la consommation de cette plante pour la manufacture des soudes ; mais il était de la sagesse d'appuyer son avis par des observations qui écartassent les raisonneurs vagues, qui détruisissent les préjugés et fissent sortir peut-être de nouvelles lumières, dans l'ordre physique, d'une discussion à laquelle l'économie politique paroît seule devoir s'intéresser[8] ».

Un rapport d'expertise

Le 13 novembre 1771, Tillet rapporte, après son voyage sur la côte normande, ses observations et ses conclusions devant l'Académie. Tillet est surtout connu pour ses explications « chimiques » des maladies des plantes. Pour lui, par exemple, la *rouille* appelée communément *mièlat, rosée farineuse, mielleuse* est due à une substance *âcre* et *corrosive*, à des *particules nitreuses et mordicantes* situées dans certains brouillards et qui sont responsables de leur *âcreté* et de leur *action corrosive* sur l'épiderme des blés. L'épiderme, affirme-t-il, déchiré par ces substances, laisse échapper la sève qui sèche et qui donne cette *poussière orange*[12] confondue avec une rosée. Tillet est ce que nous appellerions aujourd'hui un « expert » des effets « mordicans » ou « pernicieux » de certaines substances chimiques supposées contenues dans l'air.

En préambule du mémoire de Tillet, un texte commence par affirmer la prééminence de l'opinion de l'Académie. « À l'exception d'un petit nombre d'hommes accoutumés à ne regarder comme vrai que le résultat de leurs observations et de leurs calculs, les autres ne jugent que sur l'autorité d'autrui, et, dociles à l'opinion populaire, ils n'échappent aux préjugés que lorsque le jugement des socié-

12. Termes en usage à l'époque, soulignés par nous.

tés savantes leur dicte ce qu'ils doivent penser. C'est là peut-être le plus grand avantage des Académies[3]. »

Tillet cite le texte de 1739, oubliant ceux de 1681 et de 1731. Son premier argument est l'abondance du varech ; celui qui est arraché par la mer étant suffisant, pense-t-il, pour l'engrais. Son deuxième argument est qu'il est difficile pour les laboureurs du pays de Caux de recueillir et enlever le varech à cause de la hauteur des falaises ; le travail relatif à la soude pouvant, lui, se faire sur le bord de mer[8].

Il mentionne différents témoignages de « plusieurs Seigneurs riverains », de « Curés », de « Fermiers », des observations, des expériences qui démontrent l'absence de nuisibilité de la « fumée de varech » sur les hommes, les plantes, les animaux. Ainsi, raconte-t-il, s'est-il lui-même exposé, plusieurs fois, quatre ou cinq heures à la fumée près de l'embouchure des fourneaux « sans en avoir jamais ressenti la plus légère incommodité, ni la moindre nausée, soit que nous respirassions à jeun cette fumée, ou après le repas : elle ne produit pas même sur les yeux le picotement que celle du bois occasionne quelquefois ». Il s'appuie sur le niveau de mortalité treize ans avant et treize ans après le début de la production de soude sans y voir de différence. Une observation résume toutes les autres : « La pointe de la Hague seroit plus exposée qu'aucun autre endroit aux mauvais effets de la fumée du varech, s'ils étoient réels ; la côte y est plate, le pays découvert, et un grand nombre de fourneaux bordent cette pointe : cependant le peuple y est vigoureux ; les récoltes y sont bonnes suivant les saisons ; le produit des prairies y est avantageux..., enfin, il ne s'y élève aucune plainte contre le travail de la soude[8]. »

Quant aux conséquences des effets de la récolte du varech sur les poissons, il affirme n'avoir jamais vu de frai dans le varech ; qu'il n'est pas possible que le poisson du premier âge y trouve refuge à cause des secousses violentes de la mer contre les rochers ; cela irait contre « l'instinct qui le guide pour sa conservation ». Il pense plutôt que « si la diminution du poisson dans les mers qui bordent les côtes de France est aussi réelle qu'on l'annonce », il faut la chercher dans les abus multipliés qu'il y a dans les pêches (il cite Guettard qui parle de « certains filets destructeurs, tels que la Traîne »), dans des règlements dissuasifs et dans les ravages que font les poissons voraces, tels que les « marsouins[8] ».

Un autre type d'argument est développé par Tillet, l'influence sociale positive de la production de la soude : « ... L'influence avantage qu'une simple manufacture et les liaisons inséparables du commerce ont eu sur les mœurs, dans un pays où aucun motif dominant ne servoit à rapprocher les hommes entr'eux avant qu'un établissement utile les eût appelés à un travail en société, à des vues communes d'intérêt et à des bénéfices légitimes. » Il rappelle que soixante ou quatre-vingts ans plus tôt les habitants de l'amirauté de Cherbourg, portés à des excès par la misère, vivaient de brigandage et des naufrages. Aujourd'hui « ils se sont accoutumés insensiblement à ne connaître d'autres profits que ceux de leur travail ». Pour étayer son argument, il cite plusieurs récits d'actions courageuses et généreuses d'ouvriers, producteurs de soude[8].

Dernier argument : « Il faut maintenir une des branches importantes du commerce », et même plus, « la porter, peut-être, utilement, au-delà des bornes qu'elle a aujourd'hui, à la perfectionner dans son principe, et à conserver à une multitude de familles indigentes un moyen certain de subsister »[8].

Dans cette controverse, deux groupes sociaux plus ou moins délimités se sont opposés. Les membres de la Société d'Agriculture, grandes familles nobles normandes, membres du parlement, intéressés par les nouvelles méthodes de culture, l'utilisation de la « Science » pour améliorer et développer l'agriculture d'une part ; les bourgeois-entrepreneurs des verreries, les ouvriers-producteurs intéressés par l'industrie et le commerce de la soude d'autre part. La Société d'Agriculture de Rouen a été créée à l'initiative de membres du parlement. Traditionnellement d'ailleurs, depuis le Moyen Âge, on constate que ceux qui s'intéressent à l'agriculture ont généralement en Europe une formation en droit (Pierre de Crescens, La Quintinye, Duhamel du Monceau...). Les liens entre le parlement et la Société d'agriculture sont, à Rouen comme ailleurs, très étroits.

Le premier groupe considère le varech comme un « engrais de terre » prévu par la nature pour son équilibre et que seule l'« avidité » peut perturber la destinée agricole naturelle de cette ressource. Le second réunit des industriels et les descendants de ceux qui vivaient du « varech » au sens large, c'est-à-dire tout ce qui est rejeté par la mer.

Les deux groupes mobilisent l'opinion grâce à des mémoires

qu'ils font signer. Le premier groupe a le soutien du Parlement de Rouen. Le second celui de l'Académie des Sciences de Paris. Ils font appel, tous deux, à des arguments bien choisis : « scientifiques » (observations, témoignages, expériences...) mais aussi économiques, sociaux, législatifs. Le soutien de l'Académie Royale des Sciences de Paris, institution officielle, centrale, proche du gouvernement, qui envoie ses experts les plus renommés, et la richesse que représente le commerce de la soude sont déterminants au milieu du XVIIIe siècle. D'autant qu'à cette époque les théories physiocratiques qui affirment que toutes productions de richesses viennent de la terre, que donc l'agriculture doit être privilégiée, sont remises en cause. Au contraire, de nouvelles théories économiques se développent qui reconnaissent aux « manufactures » industrielles et à leur « commerce » un rôle primordial dans la création des richesses du royaume.

À la suite du mémoire de Tillet, l'ordonnance du 10 mars 1769 est annulée et la production de soude dans le pays de Caux à nouveau autorisée.

Gilles Denis

3. L'expert entre la science et la politique

Humains, non-humains : morale d'une coexistence

Michel Callon et Arie Rip

13 picogrammes, 100, 150 ? Quel seuil d'exposition quotidienne à la dioxine retenir ? Dans les situations embrouillées, les « forums hybrides », lieux de controverses sur la nature des faits scientifiques, de débats sur les procédures à suivre et de litiges entre les acteurs, permettent d'analyser l'expertise comme un processus d'adaptation et de compromis.

« Afin d'éviter des risques de cancer inadmissibles, le comité propose que, dans les constructions destinées à l'habitation, la concentration de formaldéhyde dans l'air ne dépasse pas le seuil de 120 mg/m^3. »

Cette phrase est extraite d'une recommandation faite récemment par un comité d'experts néerlandais, en réponse à une demande du pouvoir politique confronté à des revendications d'usagers. Elle est comparable, dans sa construction et dans sa rhétorique, aux milliers de recommandations formulées chaque année par des experts. Une analyse même rapide de son contenu révèle à la fois la signification et les enjeux de l'expertise.

Il y est d'abord question de risques qui sont qualifiés d'inadmissibles, laissant entendre que, par opposition, certains risques pourraient être admissibles. Une telle formulation suppose un accord sur des valeurs fondamentales ou, si l'on préfère, sur des principes de jugement indiscutables. C'est ainsi que la notion de risque est considérée comme suffisamment claire et générale pour permettre la qualification et la comparaison de situations sans autres caractéristiques communes ; de plus, est affirmée l'existence de seuils (de risques) que la collectivité ne saurait admettre que l'on franchisse.

Ainsi les experts commencent-ils par énoncer ce qu'il est commode d'appeler une norme sociale. À cette affirmation générale succède une délimitation précise du champ d'application des recommandations de l'énoncé. Si le comité justifie son avis par le recours à une convention générale - « un risque trop important est socialement inacceptable » -, il restreint son analyse à un secteur particulier de la vie sociale : celui de l'habitat.

Se trouve ainsi mis en scène l'ensemble des acteurs concernés à des titres divers par l'avis du comité : les occupants des habitations (qui constituent la population à risque), les promoteurs et constructeurs (qui doivent se plier aux règles édictées), mais également tous ceux qui participent à la conception et à la production des matériaux (et qui doivent modifier les produits qu'ils mettent en circulation). Le comité ne se contente pas d'identifier et de caractériser des acteurs dont les comportements vont être modifiés par la règle édictée, il décrit également sous quelles conditions une substance naturelle (ici le formaldéhyde) peut agir sur les organismes des occupants et traduit dans le même mouvement la norme sociale sur le risque en prescriptions techniques.

Nous proposons d'appeler norme sociotechnique un tel énoncé. Il s'agit bien d'une norme puisque l'énoncé impose certains comportements et que, repris par la puissance publique, il aura le poids d'une obligation légitime (assortie de sanctions éventuelles). Sociale, cette norme l'est évidemment, car elle touche des acteurs humains en chair et en os. Technique, elle l'est également, et sans conteste possible, puisqu'elle indique quelle *doit* être la *composition physico-chimique* des matériaux de construction et fournit la formule à respecter. C'est pourquoi nous utilisons la notion de norme sociotechnique qui désigne un ensemble de règles et de prescriptions concernant la nature et la forme des rapports entre certaines catégories d'humains et de non-humains. L'importance de ces normes hybrides va croissant ; on pourrait montrer qu'elles tendent à se substituer à un univers de règles ou de conventions qui seraient soit « purement » sociales, soit « purement » techniques.

Humains et non-humains, acteurs sociaux et artefacts techniques sont à ce point liés et associés les uns aux autres qu'il est de plus en plus difficile de séparer les normes qui s'appliqueraient exclusivement soit aux uns, soit aux autres. Se multiplient ces groupements hybrides qui, comme dans l'exemple précédent, médiatisent les interactions entre des usagers, des concepteurs, des producteurs, des pouvoirs politiques et des substances physico-chimiques. La question se pose alors de savoir comment ces normes, qui attachent des êtres humains à des choses et qui imposent de manière durable un certain style de vie sociale, sont élaborées et acceptées.

L'expert comme médiateur

Pour comprendre le rôle joué par l'expertise dans l'élaboration des normes sociotechniques, nous allons prendre deux exemples extrêmes. Dans le premier cas, la production de faits scientifiques nouveaux n'entraîne pas de modification des normes précédemment établies. Dans le second cas, la norme est modifiée sans que des éléments scientifiques nouveaux soient intervenus.

Le formaldéhyde est un composé chimique industriel utilisé dans la fabrication des agglomérés pour habitations bon marché. À la fin des années soixante-dix, une controverse naît aux Pays-Bas sur les effets de cette substance. Son développement s'opère en trois étapes.

- On l'accuse tout d'abord d'être à l'origine de problèmes de santé rencontrés par les occupants des habitations (maux de tête, irritation des muqueuses de la gorge). Une commission est constituée, composée d'experts et de fonctionnaires. Un bilan des connaissances est réalisé sur la base de la littérature existante. De cet examen résulte l'élaboration d'une première norme : « La concentration en formaldéhyde ne doit pas dépasser 120 mg par m^3. »
- Des chercheurs lancent alors des expériences sur des rats. Ils arrivent à la conclusion que le formaldéhyde provoque des cancers du nez. Sur la base de ces résultats, la décision est prise de former une nouvelle commission qui est constituée exclusivement d'experts. La mission qui lui est assignée est de réévaluer la norme en tenant compte des « preuves » de carcinogénéité qui viennent d'être apportées par les laboratoires.
- Les experts se réunissent et d'un commun accord aboutissent à la recommandation suivante : la substance est carcinogène mais il n'est pas nécessaire de changer la norme précédente qui doit par conséquent être maintenue.

Comment les scientifiques en sont-ils arrivés à cette conclusion ?

Le premier élément à prendre en considération est l'obligation qui leur était faite de suivre une procédure contraignante, imposée par les pouvoirs publics. Dans ce travail de traduction de résultats scientifiques en normes sociotechniques, les experts étaient tenus de répondre successivement aux trois questions suivantes : a) La substance est-elle génotoxique (provoquant des dégâts irréversibles qui constituent la cause directe de cancers) ou bien n'est-elle qu'un facteur de sensibilisation (qui favorise, si d'autres facteurs sont présents, l'apparition de cancers) ? b) Quel est le risque d'apparition de cancers en présence de cette substance ? c) Quelle norme doit être établie pour que ce risque soit inférieur à l'apparition d'un cancer mortel par million d'habitants en soixante-dix ans ?

Cette procédure s'applique à toutes les substances réputées carcinogènes et en particulier au formaldéhyde, réduisant en principe considérablement les marges de manœuvre du comité et sa liberté d'interprétation et de proposition. À la première question, les experts décident de répondre que la substance est très faiblement génotoxique et qu'il ne faut la considérer que comme un facteur de sensibilisation. Pour répondre à la seconde question, ils auraient dû, en l'absence de résultats expérimentaux, lancer des études sur les rats pour établir une corrélation entre niveaux d'exposition et risques de cancer. Ils préfèrent entrer dans l'examen des mécanismes biologiques par lesquels la substance agit sur l'organisme. De l'examen de la littérature, ils retirent la conviction que la sensibilisation (puisqu'ils éliminent la génotoxicité) est liée à des lésions cellulaires, ce qui implique qu'elle ne joue qu'au-delà de certains seuils : ils retiennent alors 120 mg par m^3, répondant du même coup à la troisième question. Pourquoi cette valeur ? Un des experts interrogés livre la réponse : « Le niveau de 120 constituait une valeur très importante, tout simplement parce que de nombreuses maisons avaient été construites en observant cette norme. Cela aurait pu être 90 ou 150… 120 avait l'immense avantage de confirmer la norme déjà en place. Pourquoi faire autre chose ? »

Dans le deuxième exemple, le cas de la dioxine, la situation était en quelque sorte symétrique. Là encore l'élaboration de la norme passe par trois étapes successives.

- La dioxine, présente dans un herbicide pulvérisé dans des forêts, est accusée, par des groupes d'habitants des régions concernées, d'être à l'origine de cancers. Pour établir l'éventuel bien-fondé de ces allégations, il est demandé aux experts de l'Institut néerlandais de la santé publique de faire un bilan de la littérature sur la toxicité de la dioxine. Ce travail les amène à conclure que la dioxine est un carcinogène avéré et que ses effets sont génotoxiques. Ils recommandent un seuil de 13 picogrammes pour les niveaux d'exposition quotidienne.

- Peu de temps après, une violente controverse éclate dans la région d'Amsterdam à propos de la présence de cet herbicide dans des décharges. Un comité de citoyens se forme qui interpelle la municipalité. Au terme de longues négociations, les protagonistes tombent d'accord pour dire que ce sont 100 à 150 picogrammes de dioxine qui sont absorbés chaque jour par les habitants. Le comité de citoyens fait alors référence à la recommandation des experts officiels : au-delà de 13 picogrammes, cette substance, dont la génotoxicité a été reconnue, devient dangereuse.

- S'appuyant sur un rapport ultérieur du *même* groupe d'experts, le conseil municipal soutient que la dioxine n'est pas génotoxique et qu'au-delà de 140 picogrammes les risques sont négligeables : il décide de ne pas intervenir.

Comment expliquer que les experts aient complètement changé d'avis en quelques mois, et que le comité de citoyens qui espérait les compter comme alliés se les voie opposer comme adversaires !

Après avoir réalisé le bilan de la littérature, les experts avaient considéré qu'ils devaient et qu'ils pouvaient aller plus loin. Au lieu de tenir pour indiscutables les résultats présentés dans les publications, ils s'engagèrent alors dans une entreprise de réévaluation des expériences. C'est ainsi qu'ils arrivèrent progressivement à la conclusion que les résultats des tests censés prouver la génotoxicité devaient être rejetés. D'abord parce qu'ils étaient très anciens, mais aussi parce que les méthodes utilisées étaient jugées très imprécises et enfin parce qu'ils n'avaient jamais été reproduits (ils téléphonèrent par exemple aux chercheurs ayant publié les résultats pour savoir si leurs expériences avaient été repliquées). Dans leur premier rapport, les experts avaient considéré que les faits présentés dans la littérature étaient certains et ils en avaient déduit les normes à mettre en vigueur ; dans leur deuxième rapport, ils rendirent plus « souples » ces faits, précédemment qualifiés de « durs », et purent ainsi modifier les normes.

Ces deux exemples mettent en évidence la nature du rôle joué par les experts. Ceux-ci contribuent, par leur activité même, à l'établissement d'un compromis : ils sont de véritables médiateurs. S'exercent sur eux des contraintes multiples et hétérogènes, dont ils contribuent à évaluer la force et qu'ils s'efforcent dans le même temps de concilier. Ils dressent un bilan des connaissances tout en tenant compte du débat social : les normes qu'ils proposent doivent être suffisamment robustes sur le plan technique en même temps qu'elles doivent être socialement viables ou acceptables. L'élaboration de ces compromis aboutit à l'impossibilité de distinguer nettement entre ce qui ressortirait d'une pure logique scientifique et ce qui serait du ressort de l'action politique ou plus largement de la société. Comment analyser ce processus complexe dans lequel sont éprouvées des connaissances et satisfaites des revendications sociales ? À cette question, nous allons nous efforcer de répondre en passant de l'analyse du rôle de l'expert à celle plus générale du processus de l'expertise.

L'expertise comme assemblage

Pour caractériser l'activité de l'expert, il est commode de distinguer trois pôles : celui de la construction de savoirs sur la nature ou sur les artefacts (pôle scientifico-technique) : celui qui est composé d'acteurs humains, dotés de certaines compétences, caractérisés par des projets, des intérêts ou des attentes... (pôle sociopolitique et économique) ; celui des procédures et règles qui constituent autant de directives ou de recommandations pour le travail des experts (pôle réglementaire).

Ce que montrent les exemples précédents, c'est que, pris entre les exigences liées à ces trois pôles, l'expert ne peut être réduit aux deux images traditionnelles qui sont utilisées pour le décrire. Il ne saurait être purement et simplement un manipulateur cynique, modelant les connaissances en fonction des intérêts sociaux en cause : les faits ne sont pas malléables à l'infini et les procédures destinées à assurer un minimum de garanties ne sont jamais complètement transgressables ; à l'inverse, lorsqu'il formule une recommandation, l'expert ne peut que très rarement s'appuyer sur des faits indiscutables et faire preuve d'une intransigeance absolue : il est en effet exceptionnel que les connaissances disponibles soient suffisantes pour apporter des réponses à des questions par nature complexes et inhabituelles et, par ailleurs, il lui est impossible de ne pas tenir compte du débat social en cours. Pour décrire cette situation confuse, la notion d'expertise est mieux appropriée que celle d'expert.

Nous définissons l'expertise comme le processus qui assure la régulation entre les trois catégories d'exigences ou de contraintes qui trouvent leurs sources dans les trois pôles distingués plus haut.

Les faits scientifiques sont-ils robustes ou contestables ? La réponse à cette question dépend de l'état des *controverses* et des rapports de forces à l'intérieur de la communauté des spécialistes.

Les procédures ou règles existantes sont-elles absolument contraignantes ou bien est-il possible de les transgresser ? Cela dépend de la force de la réglementation et de la volonté d'entrer dans des *litiges* dont les conséquences sont souvent imprévisibles et peuvent même dans certains cas s'avérer ruineuses pour les experts.

Enfin, les revendications, attentes, projets ou intérêts des acteurs sociaux concernés sont-ils négociables et dans quelle mesure ? L'état des *conflits*, leur violence, mais également les rapports de pouvoir entre groupes sont autant de considérations qui sont prises en compte dans l'élaboration des conclusions de l'expertise.

On peut dire que, dans la recherche d'un compromis ou dans ce qu'il est plus juste d'appeler un alignement des positions, les experts vont du côté où les résistances et les oppositions sont les moins fortes. Dans certains cas, les faits scientifiques se révèlent sans consistance : pour satisfaire des revendications sociales difficiles à ignorer, tout en respectant des procédures considérées comme très contraignantes, il est alors plus facile de mettre en doute les résultats des tests et de proposer de nouvelles interprétations. Dans d'autres cas, à l'inverse, il semblera plus aisé aux experts d'aller du côté des acteurs sociaux pour redéfinir la hiérarchie de leurs préférences, le contenu de leurs revendications, alors que les faits seront considérés comme durs et robustes. Dans d'autres cas encore, les experts prendront des libertés avec les procédures (assurés qu'ils sont de l'impunité la plus totale) de manière à établir un compromis viable. Il est impossible *ex ante* de savoir ce qui résistera le plus, ce qui sera considéré comme « dur » et ce qui sera considéré comme « souple » parmi les connaissances, les procédures ou encore les acteurs et leurs intérêts. Le rôle de l'expertise est d'organiser la série des épreuves (lecture de la littérature, expériences, négociations) qui permettront de décider dans quelle direction l'alignement doit être recherché. Les normes sociotechniques expriment de façon explicite le résultat de cette mesure, qui peut être ultérieurement remise en cause.

On voit qu'il faut se méfier du slogan de Ravetz : on ne passe pas nécessairement d'une situation où les décideurs prenaient des décisions molles en s'appuyant sur des faits durs à une situation où ils prennent des décisions dures fondées sur des savoirs mous ; toutes les configurations imaginables sont possibles. L'expertise n'est rien d'autre que le dispositif permettant d'établir, alors qu'on ne la connaît pas, la carte des gradients de résistance. Dans le cas du formaldéhyde, ce qui s'avère le plus important, c'est de maintenir la norme et le consensus social qui l'entoure (les maisons et leurs occupants) : les experts vont du côté des faits scientifiques qui, eux, résistent moins et ils prennent des libertés, tolérées, avec les procédures. À l'inverse, dans le cas de la dioxine, les experts se sentent libres de redéfinir complètement les normes face à des acteurs sociaux et des faits scientifiques qui ne résistent que modérément.

Dans tous les cas, et quelle que soit la hiérarchie des résistances rencontrées, l'expertise aboutit à un assemblage d'éléments hétérogènes considéré comme suffisamment robuste pour avoir une certaine stabilité : ce que l'on sait (ou croit savoir) et ce que l'on décide (ou croit décider) se trouve aligné et se renforce mutuellement.

Un forum hybride

Les cas examinés jusqu'ici sont (relativement) clairs, car il est aisé d'y distinguer les trois séries d'exigences entre lesquelles l'expertise s'efforce de trouver un compromis. La frontière entre le monde de la recherche et le monde sociopolitique est clairement tracée : les problèmes scientifiques et les enjeux sociaux sont bien identifiables ; le travail d'adaptation, d'alignement, de traduction est pour l'essentiel pris en charge par des scientifiques qui jouent le rôle de l'expertise. En tant qu'experts, ils sont encadrés par des procédures qui visent à assurer une séparation entre les prérogatives du scientifique et celles du décideur ou du législateur. Mais, en règle générale, ces interactions sont beaucoup plus confuses et les rôles sont moins clairement distingués. À ces situations plus embrouillées, nous proposons de donner le nom de forum hybride.

Un forum hybride se caractérise d'abord par la multiplicité et la diversité des acteurs qui interagissent. Dans le cas de la controverse sur l'ozone telle qu'elle se déroule aux USA depuis 1974, on trouve parmi d'autres : les grandes firmes de l'industrie chimique (et, tout particulièrement, les fabricants d'aérosols), des agences fédérales, des États, des comités du Congrès, des organismes internationaux et des chercheurs ou des laboratoires appartenant à un large spectre de disciplines. Ces acteurs sont mus par des intérêts ou des projets différents, voire contradictoires. Il s'agit donc d'un milieu divisé où les protagonistes partagent certains enjeux, tout en s'opposant sur de nombreux points. Les acteurs du forum hybride sont moins sensibles que d'autres aux frontières institutionnelles. Quelle que soit l'organisation à laquelle ils appartiennent et quelles que soient leurs compétences professionnelles, ils peuvent se sentir concernés par les questions scientifiques et, bien souvent, ils n'hésitent pas à intervenir directement dans les contenus, dans l'interprétation et l'évaluation de certains résultats ; de façon symétrique, tous les acteurs, qu'ils soient industriels, usagers ou fonctionnaires n'ont aucune réticence à afficher leurs intérêts, valeurs ou préférences, quels que soient les sujets débattus.

Cela explique que, dans le forum hybride, des réseaux d'alliances, qui traversent organisations et institutions, peuvent se constituer, se faire et se défaire en fonction des problèmes rencontrés et des argumentations élaborées par les protagonistes. Il s'agit bien d'un forum, puisqu'on y trouve des acteurs qui débattent et que, en principe, à tout moment, de nouveaux acteurs peuvent entrer dans le débat. Il est hybride, car ces acteurs, les problèmes qu'ils formulent et les ressources qu'ils mobilisent sont hétérogènes.

Dans ces forums hybrides se retrouvent les trois pôles distingués précédemment : le pôle des technosciences, celui du droit et des réglementations, celui du monde sociopolitique et économique. Mais au lieu de correspondre à des univers (relativement) distincts les uns des autres, et entre lesquels des experts « indépendants » recherchent des ajustements, ils se caractérisent par une interpénétration très forte des acteurs et des débats. Dans ce cas, parler d'experts est réellement mystificateur : il est préférable de recourir à la notion d'expertise qui recouvre l'ensemble des mécanismes et des dispositifs qui permettent d'aboutir à un alignement durable. Cet alignement s'obtient au terme de négociations qui impliquent simultanément les trois pôles organisateurs du forum. Nous allons donner quelques exemples de telles négociations pour en montrer l'intensité et la complexité.

Prenons d'abord le cas du pôle scientifico-technique. Dans un forum hybride, il est largement ouvert sur l'extérieur. Participent aux discussions et aux débats non seulement des chercheurs « professionnels » mais également tout un ensemble d'acteurs qui n'appartiennent pas à la communauté scientifique proprement dite. L'histoire de la controverse sur l'ozone est de ce point de vue très instructive. Dans l'évaluation de l'état de l'art et plus précisément dans la définition de ce qui est connu et de ce qui ne l'est pas, interviennent non seulement des chercheurs mais également des industriels, voire des associations d'écologistes. À quoi tient la disparition des CFC ? Dans les années soixante-dix, certains disent qu'ils vont détruire la couche d'ozone, d'autres, parmi lesquels les industriels, trouvent cette réponse trop catégorique et proposent de rechercher systématiquement toutes les voies d'écoulement pour vérifier en particulier s'il ne se décompose pas au contact du sable chaud des vastes étendues désertiques.

Comme on le voit sur cet exemple, la formulation des problèmes à étudier n'est pas entre les mains des seuls scientifiques travaillant sereinement dans leurs laboratoires, les problèmes sont négociés et dans cette discussion interviennent de nombreux groupes extérieurs. Les contenus des stratégies de recherche font eux-mêmes l'objet de débats acharnés. En 1974, toujours à propos de l'ozone, l'industrie chimique plaide en faveur de recherches véritablement « scientifiques » liant modélisation et données empiriques ; elle dénigre aussi bien l'accumulation systématique d'observations partielles difficiles à interpréter que les généralisations théoriques sans base expérimentale : ce cas est éclairant puisque les non-scientifiques non seulement s'immiscent dans la définition et l'évaluation des stratégies de recherche suivies, mais de plus se montrent plus radicaux et plus exigeants, sur le plan de la « rigueur », que les scientifiques eux-mêmes ! Les axes de recherche et par conséquent les connaissances qui vont être produites dépendent ainsi des discussions qui se déroulent entre les acteurs du forum hybride. Que sait-on, que veut-on et que faut-il savoir, comment le savoir ? Toutes ces questions sont largement débattues, et à égalité, par des spécialistes et des non-spécialistes.

La création des acteurs et des savoirs

Le forum hybride ne constitue pas seulement l'espace au sein duquel se négocient les problèmes et les connaissances, il est également le lieu où se déterminent les acteurs impliqués et leur identité. Un cas particulièrement frappant est celui, très général, de la définition des groupes à risque. Le jeu conjugué de la recherche technico-scientifique et du débat législatif se traduit, dans certains cas, par l'élaboration de textes à portée juridique qui établissent des listes de groupes à risque dont il doit être tenu compte dans la formulation même des réglementations et des normes. C'est ainsi que la législation suisse sur l'environnement mentionne explicitement les groupes suivants, considérés comme devant être protégés : les enfants, les malades, les personnes âgées et les femmes enceintes. Dans ce cas, le forum hybride, comme organisation des rapports entre les pôles scientifico-technique, socio-politique et réglementaire, crée de toutes pièces des groupes ou des catégories qui n'étaient définis jusque-là que par de vagues traits biologiques ou physiques : les femmes enceintes, par exemple, se voient attribuer des droits et des devoirs avec lesquels les autres acteurs vont devoir compter.

Les linguistes utilisent la notion de performativité pour désigner tout énoncé qui contribue à faire exister la réalité qu'il décrit ; le forum hybride est performatif : il fait exister, notamment par l'intermédiaire du droit, des acteurs jusque-là sans existence ou qui ne bénéficiaient d'aucune reconnaissance « officielle ». Si les négociations pour définir les groupes à risque illustrent cette capacité du forum à construire les bases d'une véritable « création » du social, elles ne constituent qu'un cas particulier d'un processus plus général.

Dans un forum hybride, il est par exemple fréquent que la production de certains résultats de recherche fasse surgir de nouveaux acteurs qui n'étaient pas concernés ou qui tout simplement n'existaient pas encore en tant qu'acteurs. Les premières enquêtes sur la dioxine dans les herbicides entraînent de proche en proche l'émergence d'un groupe social jusque-là sans réalité : les habitants-proches-d'une décharge-et-contaminés-par-elle. Mais le cas le plus frappant est évidemment celui des débats qui entourent les expériences sur les embryons et sur l'éventuelle nécessité de les réglementer. Le fœtus est-il un acteur humain ou non ? Cette question est centrale car de la réponse qui sera donnée à l'issue de la controverse dépend « tout simplement » le nombre des acteurs humains avec lesquels il faudra compter dans l'avenir. La définition du social dans une de ses dimensions les plus essentielles (qui est humain ?) est ici directement liée à l'investigation scientifique, sur laquelle elle agira en retour. Ainsi le forum hybride renouvelle-t-il les descriptions de la nature et celles des acteurs humains. Il constitue un véritable creuset où se transforment et s'adaptent tout à la fois la société, la technique et nos savoirs sur la nature.

Mais le plus intéressant dans le forum hybride est le lien qu'il établit avec le pôle réglementaire et plus largement avec l'univers juridique. Il est clair, et guère surprenant, que certaines réglementations retentissent sur le cours de la recherche, sur les connaissances produites et également sur les acteurs impliqués. La notion de population à risque pérennise des acteurs. Elle prédétermine également le type d'investigations qu'il convient d'entreprendre, ne serait-ce que pour établir les effets toxiques, vis-à-vis de ces groupes cibles, de telle ou telle substance. Dans certains cas, et nous nous en tiendrons à cet exemple, les réglementations peuvent même aller jusqu'à orienter les choix épistémologiques des chercheurs.

Prenons le cas des vaccins recombinés utilisés dans la lutte contre l'épidémie de rage chez les renards. La question posée est la suivante : faut-il ou non accepter l'usage de ces vaccins ? En dispersant des organismes génétiquement manipulés, ne risque-t-on pas de faire courir des risques à l'homme ou à d'autres espèces animales ? Pour tenter d'évaluer ces risques, des commissions et des règles, profondément différentes selon les pays, ont été mises en place. Dans le cas du vaccin contre la rage, le contraste entre la France et les USA est très frappant. Les procédures françaises sont inspirées d'un pragmatisme très... anglo-saxon : les plans d'expériences à respecter font varier de manière progressive la taille et le degré de confinement des territoires concernés. Le but n'est pas d'établir *en théorie* et de manière totalement contrôlée qu'aucun risque de contamination n'existe mais de vérifier qu'*en pratique* ce risque est négligeable. Les essais sont d'abord effectués dans des enclos de quelques hectares pour être peu à peu étendus à des espaces couvrant plusieurs départements. La procédure américaine s'appuie quant à elle sur des exigences différentes : il s'agit d'établir de manière analytique l'absence totale de risque. Des expériences préalables sont requises pour prouver cette absence de risque, par exemple en testant le vaccin sur une île dont on peut s'assurer qu'elle est vraiment confinée[1] : c'est une fois le test achevé qu'on prendra l'éventuelle décision d'utiliser sur des sites réels le vaccin.

Dans le cas français, les processus d'expérimentation et d'application sont confondus. Dans le cas américain, les faits doivent être établis dans un site ou un laboratoire « isolés » avant que l'utilisation dans le monde réel soit permise[2]. La différence de réglementation aboutit à des questions, des modalités d'expériences et des connaissances également différentes. Du côté américain, on produit des savoirs « universels » en laboratoire ou quasi-laboratoire, tandis que du côté français on fabrique des connaissance plausibles, valables localement et progressivement étendues. Dans le premier cas l'accord sera (éventuellement) général et négocié une fois pour toutes, dans le second cas les autorisations sont accordées au cas par cas. Cet exemple illustre le rôle du pôle réglementaire : la nature et le contenu des investigations scientifiques et des preuves à apporter sont largement dépendants des règles et réglementations à respecter.

1. Il est amusant de constater que la notion de confinement est la source de débats sans fin aux USA. Dans le cas du vaccin antirabique, une île éloignée de la côte a été proposée. Mais les scientifiques se sont vus dans l'impossibilité de démontrer le total confinement de cette île (n'y a-t-il pas des moustiques voyageant du continent vers l'île et susceptibles de transporter les gènes recombinés ? Cette interrogation est d'autant plus pertinente qu'on connaît des cas de transports d'insecticides par le vent et la poussière !). Dans ces conditions la démonstration de l'absence de risque est rendue impossible, puisqu'il faudrait en être assuré pour pouvoir par exemple considérer comme sans importance l'éventuel va-et-vient de moustiques entre le continent et l'île.

2. Cette attitude provoque la protestation des industriels et agriculteurs américains qui préféreraient des décisions au cas par cas, non seulement pour des raisons d'intérêts pratiques mais également parce qu'ils ne croient pas à la validité de la démarche qui consiste à prévoir ce qui se passe en grandeur réelle à partir de tests faits en laboratoire.

Adaptation et compromis

Les normes sociotechniques s'élaborent généralement dans des forums hybrides, où se négocient simultanément des savoirs, l'identité de certains acteurs sociaux et les procédures à suivre pour établir les normes. La mise en relation de ces trois pôles (celui des connaissances, celui des acteurs, celui des règles) définit ce qu'il est convenu d'appeler expertise. Celle-ci a pour fonction d'établir un alignement acceptable entre ce que l'on sait (ou que l'on croit savoir), ce que veulent et attendent les acteurs (et qui est souvent contradictoire) et les procédures à suivre pour élaborer les normes. Pour le dire autrement, la fonction de l'expertise est tout à la fois de fixer ce qui est scientifiquement et techniquement « plausible », de faire émerger ce qui est socialement « viable » et de tester ce qui est juridiquement « admissible ». Le flou de ces épithètes ne doit pas effrayer. C'est précisément cette indétermination qui mesure l'existence et l'étendue des marges de négociations. La plausibilité scientifico-technique s'éprouve dans les *controverses*, la viabilité se teste dans les *débats*, l'« admissibilité » se mesure au cours des *litiges*. Les normes qui sortent de ces disputes, et à l'élaboration desquelles le forum contribue, stabilisent pour un certain temps l'accord sur ce qu'on sait, sur ce qui est socialement acceptable ainsi que sur les règles d'obtention de l'accord. De ce point de vue les normes sont performatives, puisqu'elles figent une réalité à laquelle elles confèrent une (relative) stabilité.

De cette analyse découlent deux conséquences importantes. La première touche aux conditions mêmes de ce que Touraine a appelé la production de la société par elle-même[3]. Le forum hybride n'en appelle à aucun souverain. La norme n'est pas édictée brutalement par le pouvoir politique, elle n'est pas non plus imposée par le scientifique ou le juge. Elle résulte d'une négociation (plus ou moins) généralisée dans laquelle interviennent la science, le politique et le juridique, qui sont rendus dépendants l'un de l'autre pour le meilleur et pour le pire. Aucune transcendance n'est revendiquée si ce n'est précisément celle de la norme et de l'accord qu'elle permet.

Dans cet imbroglio où se mélangent des humains et des non-

3. Alain Touraine, *Production de la société*, Seuil, Paris, 1973.

humains qui interagissent joyeusement les uns avec les autres, une légitimité partagée se dessine, celle qui fixe comme horizon à l'action collective de produire des arrangements durables et satisfaisants entre société et nature. La norme sociotechnique établit localement, et de manière toujours révisable, de tels arrangements. Voilà un monde cosmopolite où l'ozone côtoie les industries chimiques, où le CO_2 interagit avec le plancton des océans mais aussi avec les automobilistes ou les pots catalytiques ; voilà un monde composite et hybride dans le sens précis où il établit de longues chaînes d'interactions entre des artefacts techniques, des substances naturelles, des êtres humains organisés ou désorganisés ; voilà un monde traversé par des différences et des contradictions, et qui se donne pour programme de créer de la compatibilité et de trouver une commune mesure, non point parfaite mais acceptable, entre humains et non-humains.

Cette volonté de survie rompt avec les illusions lyriques et nous donne une image de nous-mêmes plus terne, moins conquérante et plus modeste. Nous ne voulons qu'une chose : ne pas disparaître ! Gagner du temps sur le temps ! Cette morale collective est bien résumée par cette phrase d'un industriel américain, s'attachant à montrer que rien d'irréductible ne l'oppose aux mouvements écologistes : « Nous voulons que survivent à la fois la couche d'ozone et l'industrie américaine. » Morale frileuse, prudente et guère exaltante - diront certains - mais morale à laquelle nous sommes condamnés et qui nous donne comme seul horizon celui de la norme consentie, collectivement élaborée, bricolée, et par laquelle nous concilions, pour un temps limité, nos différences.

Dans cet espace politique nouveau l'expertise joue un rôle essentiel. L'expertise et non pas les experts. Les experts, envisagés comme un groupe identifiable en tant que tel, ne se différencient que dans des situations très exceptionnelles qui correspondent à une relative séparation des trois pôles que nous avons distingués. Dans ce cas limite, les experts constituent des médiateurs qui mettent en relation la science, la politique, l'économie et le droit en évitant un trop grand mélange des genres. Mais la règle générale de fonctionnement des forums hybrides est la confusion : il n'est que rarement possible *a priori* de déléguer à un groupe le monopole de l'établissement du compromis même s'il n'est pas rare qu'une telle attribution se produise *a posteriori*.

C'est pourquoi nous préférons parler d'expertise pour désigner ce processus d'adaptation et d'établissement d'un compromis : l'expertise prend des formes très variées qui dépendent des stratégies en présence. Parfois la confusion est extrême : controverses scientifico-techniques, débats sociopolitiques et litiges juridiques s'entremêlent et se confondent. On discute en même temps de ce que l'on sait ou de ce que l'on voudrait savoir, de l'identité et de la qualification des acteurs sociaux ainsi que des procédures légitimes pour établir la norme. Pourquoi refuser le nom d'expertise à ce processus, sous prétexte qu'il ne s'incarne pas dans un groupe particulier ? D'autant plus que l'expertise peut mobiliser non seulement des êtres humains (les acteurs du forum hybride), mais également des artefacts techniques (systèmes experts, instruments de mesure standardisés...) dans lesquels se trouvent incorporés et stabilisés des procédures d'analyse légitimes, des connaissances plausibles, voire des protocoles, des procédures et des règlements. L'expertise est l'ensemble du dispositif sociotechnique qui crée les conditions de la production de l'accord, c'est-à-dire l'alignement entre les trois pôles, et il n'est pas question de le limiter à un groupe particulier, voire aux seuls acteurs humains[4].

De la constatation de la diversité des formes d'organisation ou de désorganisation du forum hybride, faut-il tirer la conclusion qu'aucune n'est meilleure que les autres et que tout se vaut ?

Cette question nous fait passer de l'univers de la description à celui de l'éventuelle prescription. Le principe même du forum, tel qu'on peut l'imaginer au-delà des réalités empiriques qu'il recouvre, est le libre accès à la discussion et l'absence de censure sur les sujets discutables : n'importe qui *devrait* pouvoir débattre et tout *devrait* pouvoir être débattu. On devrait pouvoir parler des risques encourus par les femmes enceintes, des droits des embryons, du respect des arbres rouges de Californie... ; on devrait pouvoir écouter un gréviste de la faim, interpréter les lamentations d'une baleine échouée, capter les messages chimiques que se transmettent les arbres : tout doit pouvoir parler et tout porte-parole doit pouvoir être écouté. Voilà la base sur laquelle devraient selon nous s'établir

---

4. Alberto Cambrosio, Camille Limoges and Eric Hoffman. *Expertise as a network : a case study of the controversies over the environmental release of genetically engineered organisms*, mimeo, 1990.

les forums et que suppose l'analyse proposée. Elle peut tenir en un mot : celui de rationalité pragmatique qui désigne l'ensemble des mécanismes qui permettent la représentation des points de vue et leur prise en considération dans les décisions. L'organisation des forums hybrides ne doit pas aboutir à la consolidation de l'expert mais à la construction d'une expertise ouverte.

Michel Callon et Arie Rip

L'expertise scientifique, consensus ou conflit ?

Philippe Roqueplo

Écartelés entre recherche de savoir et devoir d'alerter le public, les scientifiques jugent volontiers l'expertise malaisée, car surdéterminée par des considérations subjectives. Comment préserver un espace de controverse qui permette de ne pas abandonner l'expertise aux groupes de pression et de maintenir l'objectivité ?

Le destin des rivières exige-t-il que l'on supprime les phosphates des lessives ? Les chlorofluorocarbones doivent-ils être interdits, partout dans le monde, à cause de leur action sur la couche d'ozone et de ses conséquences possibles sur la santé humaine ? L'humanité doit-elle se mobiliser contre une élévation de la température terrestre résultant de l'augmentation de la concentration des gaz à effet de serre dans l'atmosphère ? Ce sont là des questions éminemment politiques exigeant le concours des scientifiques : le propos de cet article est d'analyser les modalités de ce concours.

Je m'appuierai sur une recherche, actuellement en cours, relative à l'expertise scientifique en matière de changement climatique et surtout sur une autre, terminée, qui portait sur l'affaire des pluies acides et du dépérissement des forêts en Europe dans les années 1983-1987[1]. Cette affaire a explosé en RFA au début des années

1. On trouvera les conclusions de cette recherche dans Ph. Roqueplo, *Pluies acides : menaces pour l'Europe*, Paris, Economica, 1988. Je renverrai aussi à ma contribution au colloque « Les experts sont formels : controverses scientifiques et décisions politiques dans le domaine de l'environnement » (Arc-et-Senans, septembre 1989. Actes à paraître).

quatre-vingt. Les scientifiques y ont joué un rôle important : par leur participation aux débats publics, mais aussi par ce que, pour faire bref, j'appellerai leurs fonctions de « déclic » et de « catalyse » : fonction de « déclic » lorsque leurs déclarations relatives au dépérissement des forêts ont déclenché la campagne du *Spiegel* de novembre 1981, campagne qui, orchestrée par l'ensemble des médias, a provoqué la formidable prise de conscience qui devait contraindre le gouvernement allemand à se mobiliser sur la question ; fonction, plus tard, de « catalyse » lorsque la théorie dite des photo-oxydants fournit au pouvoir politico-administratif allemand l'outil lui permettant de faire aboutir en 1983 un processus consensuel autour d'une stratégie qu'il préconisait : l'imposition de la « voiture propre » et de l'essence sans plomb.

Cela suggère que le rôle des scientifiques en de tels domaines est complexe. Ils sont eux-mêmes partagés entre d'une part l'urgence de déclencher une mobilisation contre les menaces dont ils découvrent l'existence et d'autre part la recherche d'un savoir « pur et dur », quitte à s'en remettre aux instances administratives pour proposer les mesures qui s'imposent. D'une certaine façon les problèmes d'environnement interpellent chez le scientifique à la fois le citoyen et l'homme de science ; or cette double interpellation risque d'être d'autant moins confortable que, du strict point de vue scientifique, il n'est pas exclu que le savoir « pur et dur » soit en ce domaine définitivement inaccessible.

C'est à l'analyse de cet inconfort que sera consacrée la première partie de cet article. La seconde, sous le titre « Le magistère de l'objectivation », tentera de suggérer une issue à cette apparente impasse.

Un savoir écartelé ?

Les problèmes globaux d'environnement situent le scientifique au centre d'un triangle dont les sommets le sollicitent en des directions divergentes : la recherche d'un savoir objectif, l'élaboration d'un diagnostic et le devoir de proclamer les menaces et enjeux que son propre savoir lui dévoile. J'analyserai successivement ces trois sollicitations.

Les exigences du savoir objectif. - Ce que cherche l'homme de science en tant qu'homme de science, ce n'est pas à « penser » la réalité ni à se forger des « opinions » à son propos, mais à en construire un savoir qui puisse s'imposer au nom de son « objectivité ».

Cela demande quelques précisions : une connaissance ne peut être considérée comme correspondant à un savoir objectif que si l'on peut fournir un ensemble de procédures expérimentales et théoriques permettant à la fois de préciser sans ambiguïté la signification des termes par lesquels elle s'exprime et de la mettre collectivement en question afin de tester son degré de vraisemblance. Savoir, c'est savoir que l'on sait en sachant pourquoi on s'autorise à dire qu'on le sait. Le savoir scientifique implique ce retour réflexif et dubitatif sur sa propre constitution.

C'est d'ailleurs le rôle des controverses scientifiques de faire fonctionner collectivement cette réflexivité critique : si le savoir scientifique s'impose culturellement comme « incontroversable » au milieu des diverses formes de connaissance, c'est précisément pour avoir été en permanence soumis à la controverse. Si « incontroversable » qu'il apparaisse, c'est pourtant un savoir constitutivement vulnérable et par le fait même provisoire : « provisoirement définitif » et « culturellement invulnérable » parce qu'il ne cesse pas de traverser publiquement cette errance et d'être intrinsèquement vulnérable. Ainsi - et cette conclusion est essentielle à notre propos - la négativité critique (c'est-à-dire l'exercice méthodique du doute) est introduite au cœur même de la connaissance pour l'ériger, précisément, en savoir.

Trois points méritent ici d'être soulignés qui seront repris plus loin à propos des problèmes d'environnement.

- Tout d'abord, si les controverses scientifiques parviennent à construire effectivement un savoir, c'est parce que ceux qui entrent dans ces débats critiques font dès le départ le « pari épistémologique » qu'ils parviendront à tomber d'accord sur des procédures permettant de trancher leurs désaccords. L'accord procédural entraîne ainsi la constitution d'un accord sur la connaissance elle-même, en sorte que se construit progressivement cet « entendement » que l'on est en droit de qualifier d'objectif dans la mesure où il s'élabore en s'imposant à tous ceux qui y collaborent quelles que soient leurs dispositions subjectives et dans la mesure où il conserve intrinsèquement cette capacité.

- L'autorité intrinsèque qui caractérise ainsi le savoir objectif lui vient donc non point de la sincérité ou de la force de conviction de ceux qui le promeuvent ou l'expriment mais de la négativité critique qui préside à sa constitution collective : savoir, dès lors, résolument profane, amoral, démystificateur et désenchanté, prêt à balayer toute conviction qui ne serait point capable de se confronter à lui selon ses propres exigences constitutives.

- C'est en grande partie parce qu'il est ainsi libéré de tout présupposé subjectif que ce savoir « objectif » est fiable, en sorte qu'il est raisonnable d'entreprendre à partir de lui cette formidable construction que constitue la technique, au sens moderne du terme. Nous touchons d'ailleurs ici à l'essence du projet cartésien de maîtrise et possession de la nature, dont la mise en œuvre généralisée constitue la cause principale des problèmes environnementaux actuels. Il ne serait donc *a priori* pas étonnant que la résolution de ces problèmes exige une « autre science ».

Une science du diagnostic ? - Pour suggérer les raisons de cette exigence, je symboliserai la science « pure et dure » dont il vient d'être question par l'image d'Épinal d'une fusée Ariane : sa construction et son lancement reposent sur la prise en considération d'un certain ensemble de lois de la nature dont la connaissance permet de prévoir sa trajectoire ; mais, cela dit, une fois lancée sur cette trajectoire, elle « échappe » et entre dans un filet de lois plus riche que celui qui a été retenu pour la construire et la lancer : la nature la saisit et la gouverne comme elle gouverne toute autre réalité matérielle. C'est ce qui s'est produit à propos des CFC : les phénomènes chimiques (« naturels ») qui président à leur évolution dans la haute atmosphère australe - y provoquant le fameux trou d'ozone - ne sont pas ceux dont la connaissance a permis leur fabrication.

Aussi ces phénomènes n'ont-ils pas été pris en considération. L'eussent-ils d'ailleurs été que d'autres ne l'auraient point été : en effet, pour envisager l'ensemble des conséquences possibles d'une activité technique comme la fabrication d'un nouveau produit, il faudrait prendre en considération l'ensemble des lois de la nature qui saisissent ce produit dès lors qu'il ne dépend plus de l'activité productrice. Ce second ensemble est en quelque sorte complémentaire de celui des lois dont la connaissance rend la production des

CFC techniquement possible et nous ne pouvons pas définir *a priori* de limite à ce second ensemble.

Cela peut être étendu à la formulation d'un diagnostic sur les conséquences des activités techniques considérées dans leur globalité : pour que ce diagnostic puisse être objectivement assuré, il faudrait qu'ait été pris en considération l'ensemble des lois de la nature ; ce serait donc supposer terminée l'aventure de la recherche scientifique. De ce point de vue, l'idée même de connaître scientifiquement toutes les conséquences possibles de la mise en œuvre technique de nos savoirs scientifiques et d'énoncer un diagnostic scientifique à leur sujet est une idée contradictoire.

De toute façon, le nombre des lois qui régissent le cours de la nature est *a priori* indéfini et le réseau de leurs interférences est d'une complexité infinie que viennent encore accroître d'innombrables incertitudes : incertitudes, d'abord, sur l'état du système physique[2] ; incertitude, ensuite et surtout, sur le comportement de cette cause naturelle particulière que constitue la population humaine. Or on ne saurait faire abstraction de cette cause - je veux dire : du comportement des hommes - puisque c'est à elle que l'on impute, par exemple, les variations climatiques annoncées par les scientifiques et plus généralement les atteintes à l'environnement.

D'où la conséquence suivante : une telle complexité concerne nécessairement un nombre considérable de disciplines scientifiques et échappe par le fait même à chacune d'entre elles. Elle ne peut donc être cernée que de façon interdisciplinaire, ce qui nous conduit à reprendre les trois points par lesquels je terminais le précédent paragraphe consacré aux « exigences du savoir objectif ».

- Le « pari épistémologique » que font les protagonistes d'une controverse scientifique, comme quoi ils trouveront des procédures pour se mettre d'accord, constitue la charte constitutive d'une disci-

2. A propos de ce qu'il est convenu d'appeler l'« état du système », on connaît la célèbre affirmation que Laplace énonçait, en 1825, au début de son *Essai philosophique sur les probabilités* : « Une intelligence qui pour un instant donné connaîtrait toutes les forces dont la nature est animée et la situation respective des êtres qui la composent, si d'ailleurs elle était assez vaste pour soumettre ces données à l'analyse, embrasserait dans la même formule les mouvements des plus grands corps de l'univers et ceux du plus léger atome : rien ne serait incertain pour elle, et l'avenir, comme le passé, serait présent à ses yeux. » Si une telle affirmation « méta-scientifique » peut revêtir aujourd'hui un sens quelconque, n'est-ce pas de nous suggérer à quel point l'avenir, loin d'être « présent à nos yeux », demeure à venir, c'est-à-dire imprévisible et radicalement incertain ?

pline scientifique. Dès lors qu'il s'agit d'approche interdisciplinaire, il ne saurait en être question : l'accord ne se fondera pas sur des procédures puisque, précisément, il n'y a plus de procédures communes. Dans ces conditions la connaissance sur laquelle débouchera éventuellement la controverse ne saurait être qualifiée d'objective au sens strict du terme[3].

- Dès lors, cette connaissance interdisciplinaire ne saurait avoir l'autorité intrinsèque du savoir objectif « pur et dur ». Son autorité devra trouver - au moins partiellement - sa source dans les qualités subjectives de ceux qui l'élaborent. On conçoit donc qu'une telle connaissance ait difficilement droit de cité au royaume de l'objectivité et cela constitue une difficulté considérable pour les scientifiques travaillant sur les problèmes d'environnement.

- Cette difficulté est encore accrue par le fait que la science ainsi élaborée vise à formuler des diagnostics en vue de maîtriser non point directement la nature mais notre propre maîtrise sur ladite nature. Alors que la science « cartésienne » a partie liée avec la technique, la science dont il s'agit a partie liée avec le contrôle politique des activités techniques. Or ce lien avec la politique pose des difficultés spécifiques qui amplifient les précédentes.

L'expertise scientifique. - Après ce qui vient d'être dit, la distinctin entre la formulation d'une connaissance et celle d'une expertise semblera, du moins dans le domaine de l'environnement, problématique. Je la crois néanmoins indispensable : elle rend possible l'analyse en lui fournissant les concepts qui lui sont nécessaires. Dans cette optique, nous conviendrons qu'il y a expertise scientifique dès lors que les sciences sont convoquées pour éclairer, justifier ou fonder au moins partiellement une décision. *L'expression d'une connaissance scientifique ne revêt donc valeur d'expertise que dans la mesure où elle s'articule à un processus décisionnel et c'est précisément cette articulation qui lui confère valeur d'expertise.*

Ayant conduit une enquête à ce sujet parmi les scientifiques, je puis témoigner ici du malaise de nombre d'entre eux : dès lors que les politiques font appel à eux comme experts, ces politiques

---

3. Tout au plus peut-on (et doit-on) parvenir à une « connaissance raisonnable aussi objectivement fondée que possible ». Je renverrai ici à ma communication au colloque d'Arc-et-Senans *(op. cit.)*.

attendent en effet de leur part des réponses aux questions qu'ils leur posent ; cette attente conduit souvent les scientifiques - sauf à se récuser comme experts - à dire plus qu'ils ne savent. Pour reprendre le titre du colloque d'Arc-et-Senans de septembre 1989, c'est précisément l'intégration dans le processus de décision politique qui pousse les experts scientifiques - sauf, encore une fois, à être sociologiquement disqualifiés comme experts - à devenir « formels ». Or cela n'est possible qu'au prix d'une surdétermination dont les ressorts doivent être qualifiés de subjectifs par opposition à l'objectivité du savoir scientifique « pur et dur » dont nous avons précédemment analysé la structure.

Cette surdétermination subjective suscitée par le contexte politique risque alors de transformer en conflits maintes controverses scientifiques : il n'est pas exclu que cela rende d'autant plus difficile la mise en œuvre de l'interdisciplinarité dont il était question précédemment. Nous touchons là l'un des motifs qui incitent certains scientifiques à refuser d'exercer la fonction explicite d'expert et à considérer que celle-ci doit être confiée à des cellules administratives dont ce serait la fonction spécifique.

On me permettra d'exprimer sur ce point mon désaccord. Il est dangereux que la fonction d'expertise scientifique soit exercée par le seul appareil administratif, si « scientifiques » que puissent en être certains membres : il y a en effet tout à parier que l'unique ressort de l'expertise - ainsi confisquée par les « services » (donc : les serviteurs) du pouvoir en place - se réduise alors à la justification des décisions dudit pouvoir... voire à celles des groupes de pression qui utilisent de telles expertises (et de tels experts) pour soumettre ce pouvoir à leur propre pouvoir.

Le magistère de l'objectivation

Nous disposons en France d'un exemple majeur d'une telle confiscation politico-administrative de l'expertise : c'est celle qui concerne les conséquences environnementales d'un recours massif à l'énergie nucléaire.

Nombreux sont ceux qui se déclarent convaincus que ce recours massif, tel qu'il est effectué dans le monde et surtout en France depuis les années soixante-dix, constitue une catastrophe écologique potentielle dramatique. À quoi l'on rétorquera qu'il s'agit là de conviction et non de connaissance scientifique. Certes ! Là gît précisément le point essentiel : devant de tels problèmes, à la fois si globaux, si complexes, et aux conséquences si graves, tout expert - si « scientifique » qu'il se considère - est obligé d'interpréter certains faits (exemple : tel degré d'irradiation ou tel risque d'accident est ou non acceptable) et cette interprétation est inéluctablement « surdéterminée » (ou prédéterminée !) par un ensemble de considérations subjectives, en particulier d'ordre éthique. Les surdéterminations de ceux qui s'opposent au nucléaire sont d'ailleurs partagées par de nombreux scientifiques de plusieurs pays, en particulier en Allemagne et aux USA, au point que ceux-ci y ont joué un grand rôle dans l'arrêt (définitif ou momentané, cela demeure en question[4]) des programmes nucléaires.

Qu'en serait-il en France si depuis trente ans une expertise pluraliste avait pu s'y faire entendre en ce domaine ? Probablement aurait-on assisté à une virulente querelle d'experts. Celle-ci aurait-elle conduit les pouvoirs publics à changer de politique énergétique ? Cela ne semble pas assuré mais, ce qui paraît certain, c'est que ces querelles d'experts auraient fait apparaître la façon dont la contradiction entre leurs expertises trouve son explication dans des prises de parti qui, en dernier (ou en premier) ressort, « surdéterminent » leurs analyses[5]. Cela aurait été vrai pour les experts opposés au nucléaire, mais cela aurait été vrai pour les experts favorables à la stratégie du pouvoir. L'objectivité de ces expertises aurait été mise en doute et c'est évidemment ce que les membres des « hautes sphères » où se décide la politique énergétique de la nation ne pouvaient tolérer. D'où leur confiscation de l'expertise et l'interdiction de tout véritable débat d'experts.

J'en donnerai pour preuve une histoire que j'ai personnellement vécue. En 1982, je me suis trouvé officiellement responsable d'organiser des rencontres en vue d'évaluer la recherche dans certains secteurs de l'industrie. Un accord est intervenu pour débattre du sur-

4. La problématique de l'échauffement planétaire dû, entre autres, à l'usage des combustibles fossiles apporte des arguments nouveaux - dont la pertinence serait pourtant à expertiser ! - aux partisans de l'énergie nucléaire.

5. Nous avons vu qu'il s'agit là d'un phénomène inéluctable qui advient à la connaissance scientifique du fait même de son insertion dans la dynamique décisionnelle. Cela ne met donc nullement en question l'honnêteté scientifique des experts concernés.

générateur, avec la participation d'un universitaire en train de terminer une thèse sur la question. Tout était donc en place lorsque je reçus un coup de téléphone d'un haut responsable du ministère de l'Industrie qui me dit en substance : « Comment ? Vous invitez cet incapable ? Dans ces conditions votre débat n'aura pas lieu[6]. » Il avait raison : il n'avait rien à faire d'un tel débat... ni d'ailleurs d'une « véritable expertise » qui ne peut être effectivement « véritable » que si elle est contradictoire.

La structure dialectique de la « véritable expertise ». - J'ai insisté sur le fait que la controverse entre experts prend nécessairement une tournure conflictuelle du fait même qu'il s'agit d'expertise. Eh bien, précisément : la « véritable expertise » suppose que cette confrontation conflictuelle soit systématiquement gérée de manière à faire apparaître, *du sein même de cette confrontation*, la part de « controverse scientifique » qu'elle contient et la part de conflit résultant des surdéterminations normatives qui adviennent à tout savoir du fait de sa transformation en expertise. Pour y parvenir : provoquer la critique directe de chaque expertise par des experts eux-mêmes surdéterminés par des intentionnalités subjectives opposées.

Cette confrontation conflictuelle effectue alors plusieurs opérations.

- Elle oblige chaque scientifique-expert à subir la critique d'autres scientifiques-experts qui mettent en doute ses propres bases objectives afin de disqualifier ses conclusions au profit des leurs : pour ce faire, ceux-ci doivent eux-mêmes convoquer leurs propres arguments « objectifs » soumis à leur tour à la critique des experts dont ils contestent l'objectivité. Il en résulte une radicalisation des ressources objectives de l'expertise, et un tel processus peut lui-même être considéré comme un processus d'objectivation.

- En même temps que l'objectivité de l'expertise se radicalise, l'ensemble des connaissances disponibles s'organise « stratégiquement » autour des intentionnalités, des convictions et des prises de parti qui fondent (consciemment ou non) l'interprétation de tel ou tel phénomène ou le fait que tel aspect des choses soit mis en avant plutôt que tel autre. Dans cette logique de « plaidoirie », les

6. Tel fut effectivement le cas.

conséquences pratiques de telle ou telle connaissance (comme de telle ignorance) sont rendues manifestes, en sorte que s'élabore une lecture stratégique des connaissances scientifiques. *Or cette lecture stratégique des connaissances disponibles (et des ignorances !) est précisément ce qui permet au politique de disposer d'un ensemble d'arguments scientifiques structurellement articulés d'une part aux divers aspects de la décision envisagée et d'autre part aux diverses « prises de parti » qui se confrontent à son sujet.*

- Le conflit entre experts - progressivement contraints par le conflit qui les oppose à se présenter non point en juges impartiaux mais en « avocats scientifiques » d'options diverses - apparaît donc comme la procédure dialectique adaptée à la double nécessité de respecter l'exigence d'objectivité signifiée par le mot « scientifique » et d'articuler cette exigence à l'explicitation des intentions susceptibles d'animer la diversité des décisions envisageables.

Ainsi est-ce l'espace dialectique ouvert par le conflit entre scientifiques-experts (et non pas chacune de leurs interventions ni même leur accumulation) qui contient et exprime à la fois la base objective de leur expertise collective et son articulation au processus de décision. C'est donc cet espace (bien plus que les déclarations de ceux qui le font exister par leur conflit) qui fournit au politique la réponse « experte » qu'il attend... dans la mesure où, effectivement, il l'attend.

Trois objections à cette conception dialectique de l'expertise scientifique.

• Première objection : cette conception suppose non seulement que le pouvoir désire appuyer ses décisions sur une « véritable expertise », mais encore qu'il soit prêt à se compliquer l'existence en agitant des questions sur lesquelles, malgré le secret dont il s'entoure, il a le plus souvent le plus grand mal à imposer sa volonté. L'exemple du nucléaire suffit à montrer qu'il n'est nullement évident que tel soit toujours le cas.

• Ensuite, cette manière de concevoir l'expertise revient à exiger que les scientifiques engagés dans cette expertise « plaident contradictoirement » les uns contre les autres et se placent publiquement en situation de conflit. Mais peuvent-ils après cela se retrouver pour gérer « pacifiquement » les controverses dont nous avons vu l'importance stratégique dans la vie des chercheurs ? Si ce n'est plus le cas, de telles expertises ne risquent-elles pas de faire des ravages dans la communauté scientifique ?

• Troisième objection : est-il souhaitable de manifester publiquement les désaccords qui opposent les scientifiques les uns aux autres ? Cela n'aboutirait-il pas à ruiner la confiance en la science, ce qui aurait pour conséquence - en tout cas en matière d'environnement - d'abandonner les décisions politiques aux fluctuations de l'opinion, elle-même dominée par la propagande des groupes de pression (économiques ou idéologico-politiques) ?

Ces objections sont si sérieuses que leur prise en considération conduit à douter qu'une « véritable expertise scientifique » soit possible sur des questions comme celles que j'évoquais au début de cet article : non seulement celles de l'énergie nucléaire et de l'évolution climatique de la planète, mais celles de la déchirure de la couche d'ozone, des pluies acides, des phosphates dans les lessives, que sais-je encore ?

Pourtant il est un risque plus fondamental que ceux auxquels font allusion les objections envisagées : celui de voir les grandes orientations technologiques qui déterminent les infrastructures de la société et l'avenir de son environnement (donc son propre avenir) confisquées par des groupes politico-administratifs prenant des décisions incontrôlées, tant au niveau national qu'international. Par « incontrôlées », je veux dire : scientifiquement et démocratiquement incontrôlées[7].

Face à ce risque, il faut, me semble-t-il, opposer la passion du savoir et de la démocratie. Ma thèse - d'ailleurs traditionnelle - est que, ici comme en d'autres domaines, *savoir et démocratie ont partie liée*. Mais à deux conditions : à condition d'une part que la popularisation du savoir ne trahisse pas celui-ci en le transformant en réservoir de vérités dogmatiques dogmatiquement assenées aux populations ; à condition d'autre part que les scientifiques soient suffisamment conscients de leur « magistère » en ce domaine pour ne

7. Pour mesurer ce risque, il faut prendre la mesure du fanatisme technologique qui investit parfois ces groupes et qui les situe dans une sorte de conception charismatique (« c'est génial ! »), ludique (« on sera les premiers ») et agonique (« on les aura ») de la politique technologique. Cette idéologie du défi, du « grand coup » (« the biggest in the world ») n'est-elle pas politiquement irresponsable ?

pas laisser leur responsabilité de chercheurs cancérisée par le virus conflictuel résultant de la fonction d'expertise qu'ils exercent non seulement vis-à-vis du pouvoir en place mais - et là est probablement le lieu stratégique essentiel en matière d'environnement - vis-à-vis de l'opinion publique[8]. En un mot : à condition que les uns et les autres soient résolument décidés à arracher le traitement des grands problèmes technologiques et environnementaux aux groupes de pression dont le poids est si déterminant en ces domaines. Or, et il convient de le souligner dans un article consacré au rôle des scientifiques dans les décisions politiques en matière d'environnement, *l'une des forces majeures susceptibles de contribuer à cette « expropriation » est la « passion de l'objectivation »*[9].

C'est très volontairement que j'écris ici « passion de l'objectivation » et non point « passion de l'objectivité ». Je crois en avoir déjà donné la raison : l'objectivité est trop souvent dogmatiquement proposée pour imposer une connaissance, alors qu'elle n'a de titre à s'imposer culturellement qu'en raison du « doute » permanent auquel ladite connaissance est et demeure soumise. L'objectivité se nourrit du doute méthodique : c'est - j'y ai insisté - dans la pratique de ce doute que s'effectue l'objectivation et que s'établit la fiabilité du savoir.

Tant que cette structure de la fiabilité du savoir objectif n'aura pas pénétré notre culture, c'est-à-dire tant que n'auront pas été culturellement réconciliées la positivité évoquée par le terme de fiabilité (c'est-à-dire le titre à fonder la confiance) et la négativité évoquée par le terme de doute (dont la pratique méthodique fonde la fiabilité du savoir objectif), le savoir objectif lui-même ne sera pas légitimement popularisé en tant que savoir objectif[10] ; dès lors l'opinion demandera aux scientifiques des certitudes et contribuera

8. Est-il besoin de rappeler le rôle déterminant joué par l'opinion publique allemande dans l'« affaire des pluies acides » ? Et de rappeler que, en démocratie, « le prince, c'est le peuple ! ».

9. Ce qui ne signifie nullement que les scientifiques soient habilités à dicter quelque décision que ce soit au seul nom de la science. Il faut, certes, rappeler la nécessité de vérifier l'ancrage « factuel et objectif » des problèmes environnementaux, mais ni ces problèmes ni leur solution ne se réduisent à cet aspect « factuel et objectif ». Le militantisme écologique joue ici un rôle mobilisateur majeur. Ici encore, dès lors qu'il s'agit d'action, force est de recourir à la dialectique.

10. Sur ce point, je me permettrai de renvoyer à mon ouvrage *Le partage du savoir*, Seuil, 1974.

par le fait même à les opposer conflictuellement les uns aux autres au risque de leur rendre de plus en plus difficile l'exercice de leur métier de scientifiques dans un domaine comme celui de l'environnement.

D'où les deux conclusions suivantes : d'une part l'une des grandes responsabilités « politiques » de la communauté scientifique est de lutter contre toute pénétration culturelle de la science dans la culture qui la transformerait - ce qui est quand même dramatique quand on pense au rôle historique de la science - en autorité dogmatique ; d'autre part, en ce qui concerne spécifiquement le domaine de l'environnement, sa responsabilité majeure me semble être de se donner les moyens, tout en s'articulant à l'expertise et à l'opinion publique, de maintenir contre vents et marées la recherche d'objectivité hors de laquelle les questions d'environnement risquent de n'être qu'affaires d'idéologie, rapports de domination et sources de conflits inarbitrables.

Ce qui donne force à cette dernière conclusion, c'est la constatation du fait que l'écologie[11] peut fort bien devenir une source de division ; c'est aussi le fait que plus les problèmes se globalisent, plus ils se transforment en enjeux et en sources de conflits rendant politiquement leur solution de plus en plus problématique. Comment faire alors converger ce qui tend par soi-même à diverger, sinon en ancrant au maximum ces problèmes dans l'objectivité de la science, si provisoires et parcellaires que soient ses élaborations ?

11. Non point en tant que science, mais en tant qu'exigence mobilisatrice.

Philippe Roqueplo

La science absorbée par la commande administrative

Denis Duclos

L'expert, appelé depuis l'extérieur de son champ professionnel, ne construit pas son évaluation dans les termes de sa pratique scientifique, mais à partir des repères de perception et d'argumentation du demandeur. Que reste-t-il dès lors de l'autonomie de l'expertise, qui justifie pourtant sa consultation par un décideur ?

Jadis, l'expert judiciaire était « cru dans son art » dès lors qu'il était recommandé par ses pairs. Or l'établissement de la vérité à partir de la caution des collègues, ou du contraste entre leurs points de vue, ne suffit plus pour évaluer la portée des menaces écologiques : investir des milliards dans telle politique d'adaptation à la montée des eaux due à l'effet de serre est bien hasardeux s'il n'existe pas de présomptions partagées par la communauté scientifique internationale. L'émergence d'une expertise administrative « maison » (« inhouse ») semble un compromis entre la décision et la confrontation inévitable avec la question de la vérité factuelle, dévolue aux scientifiques.

Mais cette *internalisation* de l'expertise garantit-elle les connaissances ? L'expertise ne devient-elle pas alors un canal ouvert pour *l'expansion des questions de type administratif vers la science ?* N'est-elle pas une sorte de cheval de Troie *dans* la science, par une étrange rétroaction sur les milieux de recherche qu'elle interroge ?

On constate tout d'abord que la demande de réponse experte amplifie l'incertitude. Des accidents technologiques ou naturels bousculent le spécialiste appelé « à la barre » : ainsi, la croissance rapide d'algues autour des littoraux a déclenché plus de conjectures que de réponses chez les chercheurs interrogés. L'intoxication de Bhopal - bien qu'évidente - a donné lieu à des controverses sur l'étiologie de l'empoisonnement. Le grand accident arrache le scientifique à sa routine et le force à renouveler ses protocoles et ses questions.

La pression sur le milieu scientifique se fait aussi sentir dans les engagements sociopolitiques des spécialistes. Les savants n'échappent guère à la question du bénéfice public de leurs découvertes et de leurs publications. Bacon prévoyait déjà dans la *Nouvelle Atlantide* des consultations qui décideraient des inventions et des expériences qui pourraient être publiées ou non. Descartes préconisait de ne pas entreprendre « ce qui serait utile aux uns et nuisible aux autres ».

Aujourd'hui les loyalismes d'équipes, de disciplines, de clans technologiques, les valeurs politiques ou culturelles des scientifiques se manifestent dans l'évaluation des périls technologiques. Ainsi, dans la controverse sur le réchauffement des eaux du lac Cayuga par un projet de centrale nucléaire, les universitaires se divisèrent... entre démocrates et républicains[1]. Il y eut aussi des théories républicaines et démocrates dans l'évaluation du potentiel cancérogène des pesticides. L'opposition public/privé joue également : Le « risk-establishment » (autour de l'Environmental Protection Agency - EPA - aux États-Unis) est connu pour dramatiser les grands dangers[2], alors que les tenants de leur minimisation se recrutent plutôt parmi les partisans de l'industrie. Le savant dénonçant la diffusion des cancérogènes dans l'environnement souligne les expériences les plus alarmistes, tandis que les tenants de l'impératif économique mettent en doute le réalisme de ces résultats. A. Mazur[3] a montré que, au cours des controverses, « tous les coups sont permis » parce que les experts n'échappent pas à une polarisation politique, économique et sociale. Ils ne peuvent se permettre d'infléchir leurs positions dans un sens qui pourrait être repris par « leurs adversaires ».

1. D. Nelkin, *Nuclear power and its critics : The Cayuga lake controversy*, Cornell University Press, Ithaca, 1971.
2. T. Dietz, R. Rycroft, « The Washington danger establishment : a theoretical framework », ASA Meeting, San Antonio, 1984 (mimeo).
3. A. Mazur, *The dynamics of technical controversy*, Communication Press, Washington DC, 1981.

Le scientifique peut ainsi être conduit à soutenir des inflexions idéologiques fortes, tel cet expert cité lors d'auditions du Congrès américain, et montrant que l'usage du tabac devait être assimilé à la consommation de drogues accoutumantes comme l'héroïne ou la cocaïne[4].

Pourtant, les scientifiques se défendent de subir des influences sociopolitiques. *Celles-ci peuvent-elles donc faire leur chemin sans que les savants s'en rendent compte ?*

L'exemple des dioxines

Prenons l'évaluation du danger des dioxines. L'histoire des dioxines (d'abord mises en cause dans l'« Agent Orange » épandu au Viêt-nam[5]) montre que l'état du savoir peut être créé par une impulsion extérieure aux chercheurs. En l'occurrence, le montage juridique rassemblant des milliers de plaignants, vétérans de la guerre du Viêt-nam, influa sur le fonctionnement de la justice américaine, plus habituée à la gestion des cas individuels, ainsi que sur la science, *via* la convocation d'experts. En forçant le système judiciaire à admettre comme preuves d'une nuisance des effets à longue durée ou des niveaux d'exposition aléatoire, l'organisation des plaignants permit d'utiliser l'incertitude scientifique sur la toxicité, dans le sens d'une présomption de péril que les fabricants auraient dû mieux prendre en compte. Ainsi se forma un climat de conviction sur le potentiel nocif de la dioxine TCDD. Les entreprises accusées contre-attaquèrent peu au plan scientifique, parce que la quasi-totalité des centaines d'articles publiés sur la dioxine

4. Intervention de R.M. Davis, in « Cigarettes : advertising, testing, and liability », in *Hearings before the subcommittee on transportation, tourism and hazardous materials of the Committee on energy and commerce house of representative, one hundredth congress, second session, including H.R. 4543*, may 4, june 8 and 29, 1989, serial N° 100-217. G.P.O. Washington D.C. p. 311.

5. « Agent Orange » ne désigne pas un produit générique homogène, mais seulement un classement des containers de défoliant, que devaient utiliser les soldats américains au Viêtnam, par épandage sur les zones de couvert végétal épais. Plusieurs fabricants ont ainsi concouru séparément à la livraison à l'armée américaine, entre 1964 et 1970, de cette substance composée pour moitié de 2-4-D et de 2,4, 5-T, mais dont la qualité pouvait considérablement varier, avec des taux de dioxines pouvant aller de 0,5 ppm (pour la production de Dow Chemicals, par exemple) à plus de 48 ppm.

TCDD dans les années soixante-dix convergeaient pour la déclarer dangereuse à partir de ses effets cancérogènes sur l'animal. Pourtant les choses n'étaient pas évidentes.

Dans d'autres cas comme l'amiante ou le DES (diéthylstylbestrol) qui eurent aussi des implications judiciaires « de masse », les effets furent toujours circonscrits et spécifiques : asbestose et mésothéliome pour l'amiante, adénocarcinome vaginal pour le DES. Par ailleurs, les procès commencèrent à la fin des périodes de latence des pathologies (parfois vingt ou trente ans), et furent ainsi contemporains de l'apparition de graves symptômes. Au contraire, pour l'Agent Orange, les procès débutèrent une dizaine d'années seulement après l'exposition des soldats et des civils, les effets présumés (tératogènes, cancérogènes, toxiques divers, abortifs, etc.) n'étant guère spécifiques. Vers la fin des années quatre-vingt, le ton changea donc complètement. Par exemple, le professeur P. Lesca déclara en 1988 que les dioxines étaient « innocentées », rappelant que les incidences sensibles de l'épandage en banlieue milanaise (Seveso) en 1976 avaient été très faibles, et qu'il était difficile d'isoler la dioxine parmi d'autres toxiques émis à l'occasion. La dioxine pourrait même, affirmait ce chercheur, avoir un effet d'épuration anticancéreuse, en stimulant fortement le métabolisme des cellules qu'elle atteignait.

Ce « basculement » ne s'explique pas seulement par une maturation des recherches. Pour le comprendre, il faut revenir au « procès des vétérans », quand un nouveau juge décide de *changer les critères de choix de l'expertise*. En effet, le juge Weinstein estime qu'aucune relation causale n'a été démontrée, ce que seules les études épidémiologiques auraient pu faire selon lui, le reste n'étant qu'extrapolation des études animales et des accidents industriels. Mise à l'épreuve, l'épidémiologie s'avère peu convaincante (malgré le nombre élevé de bébés nés au Viêt-nam avec des défauts physiques ou biologiques congénitaux) ; le juge critique l'incapacité à évaluer les effets sur de vastes populations soumises à de plus faibles doses, le recours à des échantillons contestables, à de mauvaises classifications, notamment des niveaux d'exposition, etc.

Des résultats avec forte marge d'erreur présentés par plusieurs épidémiologues sont systématiquement écartés par Weinstein, qui refuse aussi les études cliniques, privant les plaignants du moyen d'organiser une procédure interactive entre laboratoire et épidémiologie. Tout en absorbant une énorme littérature scientifique, le juge ignore les corrélations, là où le scientifique aurait à tout le moins suspecté un problème réel. Un bouleversement du savoir dans le traitement scientifique des dioxines a ainsi été engagé de l'extérieur. Bien qu'aujourd'hui encore nombre de spécialistes des dioxines semblent ignorer les causes sociales et historiques de ce basculement épistémique, le social (ici le juridique) a influé sur la science en s'insérant au cœur de la discussion experte pour en remodeler les catégories mêmes.

Serait-ce donc pour autant que la *demande d'expertise ressemble à la science* par la rigueur apparente de ses raisonnements, qu'elle peut y pénétrer pour en modifier les règles ? La légitimité intellectuelle du contrôle juridique et *a fortiori* administratif sur la science se trouve en tout cas interrogée.

L'indépendance du monde universitaire

L'interpellation extérieure semble d'autant plus déstabilisatrice pour les routines scientifiques qu'elle entre en phase avec des critiques portées *de l'intérieur* de l'institution de recherche. Autant un argument portant sur l'« inutilité sociale d'une recherche » est repoussé avec indignation par les chercheurs, autant est acceptée l'ingérence à propos de la pertinence d'un protocole, des mesures de sécurité associées, etc. Nombre de scientifiques relient d'eux-mêmes un comportement inattentif aux risques et une sorte de « décadence » épistémologique caractérisée par l'hyperconcurrence : ils se révèlent alors vulnérables aux arguments d'une régulation externe ayant pour but de restaurer une attitude « plus scientifique », rompant avec les affinités « monomaniaques » et leurs conséquences sur la sûreté *tout autant que sur le dynamisme intellectuel*.

En contradiction avec le mythe d'une indépendance idéale du monde universitaire, le suivi de la vie des laboratoires américains montre à quel point celle-ci a été structurée par des programmes imposant leurs normes et leur mode de contrôle[6]. Lors d'une

6. Congress of the United States, Office of Technology Assessment, *The regulatory environment for science, a technical memorandum*, chap. 6 et 7, février 1986.

enquête auprès d'administrateurs de recherches universitaires et de directeurs de laboratoire américains, 37 % répondirent que les « forces régulatrices de la science » étaient d'abord les « contraintes administratives », bien avant les conditions financières. Ainsi, dans tel laboratoire universitaire « moyen » travaillant sur des micro-organismes pour la production de polymères, les fonds venaient principalement des ministères de l'Énergie, de l'Armée, et de la National Science Foundation. Malgré les petites quantités utilisées, certaines expériences furent considérées comme dangereuses par les organismes subventionnaires, et arrêtées.

L'institution académique n'est pas en reste dans la surveillance normative : ainsi ce même laboratoire se trouvait placé sous le contrôle de *neuf* instances distinctes : le Conseil sur la santé environnementale et la sécurité, le Comité d'évaluation des biodangers, le Comité de la protection des radiations, le Comité sur la sûreté, le Comité sur le soin des animaux, le Comité sur l'usage des humains comme sujets d'expérience, le Comité sur les produits chimiques toxiques, le Comité sur l'exposition humaine aux radiations et, enfin, le Comité sur la sûreté des réacteurs !

Le rapprochement des instances scientifiques et administratives explique donc en partie que le chercheur tolère la logique de l'expertise, et accepte de se faire lui-même expert pour le compte de ces instances diverses. Des mécanismes impliquent subtilement les chercheurs dans un va-et-vient entre administration et science, au cours duquel ils rencontrent des formes sociales d'*établissement de la vérité* analogues à celles du monde académique. Les positions, au départ contrastées entre celui qui soumet un projet de recherche et celui qui le juge, finissent par devenir ambiguës.

De l'expatriation...

Une fois le monde scientifique ouvert au recrutement de ses membres comme experts, la commande administrative doit pouvoir disposer en confiance de ces « convertis ». Se mettent alors en place des *pratiques d'expatriation* proprement dites, qui ne sont pas sans rudesse. On a pu ainsi observer qu'aux États-Unis, dans l'orbe d'attraction de l'administration fédérale, les positions purement universitaires sont l'objet d'une dépréciation de la part de ceux-là mêmes qui ont recours à l'expertise scientifique. Dans certains milieux de Washington, « il existe une méfiance et parfois même un dédain pour le travail universitaire[7] ». Les universités sont citées en dernier dans la liste des institutions avec lesquelles les experts administratifs du risque environnemental prennent contact au cours d'un mois d'activité « typique »[8].

Cette tendance à minimiser la valeur universitaire s'accompagne d'une valorisation des intermédiaires dans l'administration. D'anciens scientifiques devenus administrateurs se constituent en gardes prétoriens seuls capables de recevoir les doléances des ex-pairs. La propension de l'expert officiel ou de l'expert-recruteur d'experts à s'identifier à son institution décourage l'indépendance du candidat-expert, lui demandant souvent une déclaration d'abandon de ses anciennes amours.

Tout en sapant les arrières du scientifique pressenti pour appartenir à ce nouveau monde, l'administration joue de sa capacité à « sauver » des chercheurs, décrédibilisés par leurs propres controverses. Dans le cas célèbre des pesticides, les scientifiques refusant l'obédience industrielle étaient réduits à la marginalité. C'est par le fait du prince - en l'occurrence Kennedy - que Rachel Carson cessa d'être une chercheuse isolée. Mais ce qui fut troqué en l'affaire contre l'indépendance académique retrouvée fut le droit de l'exécutif et de la présidence en particulier à nommer diverses expertises scientifiques définies de façon *ad hoc* selon le type de réponse envisagée[9]. De nombreuses controverses technologiques tendent ainsi à décrire un cycle : la confiance établie envers les experts lors d'une première étape prépolitique se dégrade dans une période de crédibilisation orchestrée par les médias et enfin se stabilise lorsque les experts sont placés pour ainsi dire « sous surveillance publique »[10].

Les scientifiques ont résisté à la formation d'une communauté officielle d'experts monopolisant les demandes sociales vis-à-vis de

7. Kingdon, *Agendas, alternatives and public policies.*
8. T.D. Dietz, R.W. Rycroft, « The risk professionals », *Social Research Perspectives* n° 14, Russell Sage Foundation, 1987.
9. Christopher J. Bosso, *Pesticides and politics, the life cycle of a public issue*, University of Pittsburg Press, 1987, pp. 117, 118.
10. James J. Jasper, « The political life cycle of technological controversies », *Social Forces*, vol. 67 : 2, décembre 1988.

la science, en constituant des « cours de justice scientifiques » portant des évaluations internes limitant la capacité des experts à s'autoriser individuellement[11]. Mais ces tentatives n'ont reçu qu'un appui mitigé de la part des scientifiques (pour qui elles pouvaient signifier des menaces pour l'indépendance académique traditionnelle). D'autre part, elles ont toujours été récusées comme insuffisantes par les administrations correspondantes, du simple fait de leur incapacité structurelle à s'inspirer de choix politiques.

L'espèce de brèche ouverte dans la science par l'administration semble ainsi d'autant plus efficace qu'elle exhibe des critères de rationalité aussi sophistiqués que ceux de la science. Ce qui fait la force déstabilisatrice de la demande administrative vers la science, c'est qu'elle ouvre une perspective possible d'hébergement, d'attraction des pratiques scientifiques vers des modes disciplinaires *tout aussi légitimes*.

Les modèles de gestion de l'incertitude liée aux questions du risque de société sont d'ailleurs mieux établis dans les cadres administratifs que dans la pure recherche. L'insuffisance d'un milieu professionnel scientifique ou technique à percevoir de lui-même les utilités ou les périls afférents à son activité a été constatée depuis longtemps : ainsi, ce ne sont pas les ingénieurs qui ont soulevé les premiers le problème des risques d'explosion des chaudières, mais les assureurs[12], c'est-à-dire les agents d'une régulation sociale de l'activité, précurseurs de l'État-providence. Parallèlement, il devenait de plus en plus nécessaire pour l'action publique de se légitimer par l'argument du chiffrage et de l'évaluation factuelle précise, élaborée de façon aussi indépendante que possible. Et cette pression obligea régulièrement l'administration à « reprendre en charge » la question scientifique de façon visible pour le public.

... au rapatriement

Or c'est là qu'est le problème : parce que la rationalité bureau-

11. Congress of the United States, Office of Technology Assessment, *The regulatory environment for science, a technical memorandum*, chap. 6 et 7, février 1986.
12. Eugene S. Ferguson, « Risk and the american engineering profession : the ASME boiler code and american industrial safety standards in B.B. Johnson and V.T. Covello (eds), *The social and cultural construction of risk*, D. Reidel Publishing Co, 1987.

cratique *ressemble* désormais à s'y tromper à celle de la science, elle *séduit* cette dernière, au-delà de son rôle de protectrice et de mécène. Le contrôle administratif fait irruption *dans* la science, parce qu'elle donne à voir une pertinence comparable ou concurrente. L'« expatriation de l'expert » hors de son milieu d'origine ne peut donc se séparer de son « rapatriement » dans la logique de la demande, surtout si celle-ci se présente comme un simple déplacement des pratiques scientifiques sous d'autres auspices.

La première grande étape du « rapatriement » de l'expertise dans l'administration est la création d'institutions susceptibles d'accueillir, puis de produire par elles-mêmes des savoirs et de les mobiliser immédiatement sous la forme de l'expertise.

La pression pour scientifiser le monde administratif s'est continûment fait sentir dans maintes administrations spécialisées, et donne lieu à des créations régulières. « Think tanks » (institutions privées de recherche prospective), agences techniques, agences ou instituts de recherche appliquée dépendant des agences d'État, voilà la tendance dominante, même si elle a pu être plus rapide aux États-Unis qu'en France. Et partout l'on assiste à une lente filtration des mœurs académiques, *sans toutefois qu'y soit maintenu le principe crucial de la franchise universitaire*. Ainsi le Scientific Advisory Board (SAB : Conseil scientifique) auprès de l'administrateur de l'EPA a été constitué pour opérer une consultation permanente des scientifiques *(peer review)* dans toutes sortes de domaines (qualité de l'air, exposition humaine aux dangers, etc.)[13]. Le SAB a ainsi pu convoquer des milliers de chercheurs d'universités et de centres de recherche les plus divers aux États-Unis, dans des équivalents administratifs aux « cours scientifiques ».

Certes, toutes les administrations ne se « scientifisent » pas de la même manière d'un pays à l'autre : pourquoi, par exemple, les scientifiques minimisent-ils davantage les risques de cancérogénéité en Grande-Bretagne qu'aux États-Unis[14] ? Peut-être parce que l'Angleterre est caractérisée par un système plus technocratique et

---

13. United States, Environmental Protection Agency, Office of the Administrator, Science Advisory Board, *The Science Advisory Board* : making a difference, Director's report fiscal year 1988, issued march 1989.

14. Sheila Jasanoff, « Cultural aspects of risk assessment in Britain and the United States », p. 359-397, in B.B. Johnson and V.T. Covello (eds), *The social and cultural construction of risk*, D. Reidel Publishing Co. 1987.

dotée d'une administration aux pouvoirs discrétionnaires sur les réglementations. La méthode pluraliste de l'expertise en vigueur aux États-Unis donnerait ainsi plus de garantie aux citoyens. Mais le pluralisme « formel » suffit-il ? Sur sa longue durée, le pouvoir ne réinvestit-il pas la science, même en respectant les formes les plus visibles de la controverse experte ? Jamais reconnu comme « quatrième pouvoir » (à la différence des médias), le savoir n'a guère été l'objet d'un souci explicite d'équilibrage constitutionnel, ce qui explique que l'expertise se fasse l'un des instruments plus ou moins occultes de sa conquête.

Parler d'*élevage* d'une espèce particulière de scientifiques culturellement entraînés à la collaboration avec l'administration serait en fait à peine exagéré. La formation d'un milieu péri-administratif des professionnels de l'évaluation du risque pour l'environnement a été décrite par Dietz et Rycroft, pour le cas des experts des agences de l'exécutif réglementant l'environnement (industriel, sanitaire, naturel, etc.) et basées à Washington[15]. Un indice apparemment anodin en est le nombre élevé de diplômes acquis par les « experts du risque » dans des universités proches de la capitale fédérale, plutôt que dans de grandes universités nationales : on pourrait en effet y lire le renforcement d'un réseau localisé de formation lié plus spécifiquement aux fonctions administratives centrales[16].

Un autre indice de la « washingtonisation » (c'est-à-dire, dans notre langage, d'un *rapatriement* dans une orbe d'attraction administrative spatialement inscrite) est que les professionnels du risque n'ont pas des profils de carrière très différents dans le privé et le public. Une sorte de « pantouflage » prend le relais des mouvements de personnel des agences, et peu à peu se constitue un univers local de partenaires, pour lesquels la position dans le système est moins importante que leur appartenance au même monde des experts. Ceux-ci circulent ainsi entre diverses appartenances, la plus importante étant Washington pris comme une vaste « université métropolitaine » au service d'une culture administrative tournée vers la synthèse politique.

15. T.M. Dietz et R.W. Rycroft, *op. cit.* : les auteurs ont interrogé 228 membres de l'« establishment » du risque à Washington, au cours de l'année 1984.
16. On pourrait ici évoquer le nombre important d'experts belges nommés dans les instances de la CEE.

Une élite bureaucratique-scientifique

Cela est corroboré par la grande fréquence et la grande densité de relations établies et soutenues par les professionnels du risque dans l'ensemble de leur propre milieu et avec ses diverses composantes : administrations, entreprises et associations patronales, membres du Congrès et organisations liées au Congrès, mouvements écologistes, universités, think-tanks, organismes consultants, etc.[17]. Cela confirme la formation d'une élite bureaucratico-scientifique[18] grossièrement caractérisée par la captation des emplois scientifiques par l'État fédéral : ces postes d'« experts d'État », rappelons-le, avaient déjà crû de 49 % de 1960 à 1970, le Congrès à lui seul ayant fait passer ses conseillers scientifiques « appointés » de deux mille cinq cents en 1947 à treize mille deux cents en 1976.

Cette « magistrature technologique[19] », constituée de « scientifiques publics certifiés[20] », semble portée à s'appuyer autant sur la culture administrative que sur la « science dure » : ainsi, les experts au sens de Rycroft et Dietz ont un niveau d'éducation très élevé (45 % ont des PHD), mais ils sont assez peu spécialisés dans les sciences physico-chimiques, biologiques ou médicales (19 %), et davantage tournés vers le droit (24 %). Cela peut être dû au poids des administratifs dans l'échantillon, saisi au moment où la politique reaganienne fit rentrer beaucoup d'ex-politiques tournés vers les affaires et les professions de justice, alors qu'elle en excluait les environnementalistes recrutés auparavant sur une base plus scientifique. Malgré ce biais, la tendance des experts du risque à se recruter dans le milieu ambiant de la fonction publique américaine est peut-être de longue durée. Il serait à rapprocher de tendances françaises analogues : notamment à la *place grandissante des énarques dans les ministères techniques, en compétition avec les corps d'ingénieurs*.

Une autre dimension de *l'élevage* d'une population d'experts

17. Dietz et Rycroft, *op. cit.*, pp. 80-82.
18. D. Nelkin, « Controversies and the authorities of science », p. 283, *in* H.T. Engelhardt et A.L. Caplan (eds), *Scientific controversies*, Cambridge University Press, 1987.
19. G. Bugliarello, « A technical magistrature », *Bulletin of the atomic scientists*, 1. 1977.
20. J.C. Glick, « Reflets and speculations on the regulation of molecular genetic research », *Annals of the New York Academy of sciences*, 265-1976.

est le soin apporté à leur confort matériel et moral, facilitant leur intériorisation idéologique des objectifs administratifs.

Ainsi le premier grand appel d'offres pour l'élaboration d'un programme sur l'environnement pour le compte du ministère de l'Intérieur ouest-allemand plaçait-il les scientifiques dans une situation différente de celle des autres experts : les recherches sur la technologie furent confiées aux industriels, celles sur le bruit furent menées par un groupe composé à 90 % de membres de l'administration, et le groupe de recherche sur les produits chimiques et les biocides concerna seulement pour moitié les universitaires et fut alimenté en majorité par des laboratoires de l'État[21]. Les rédacteurs des projets (soumis à la pression politique directe) étaient surtout des experts en rédaction de textes administratifs et législatifs, rapidement capables d'affecter tel quotient financier à tel secteur. Il n'y eut donc guère de croisement, mais plutôt *rangement des expertises en parallèle*. L'effet dédisciplinarisant des problématiques sociopolitiques (sur la maladie mentale, le crime, la qualité de la vie, les conditions humaines du travail, etc.), lesquelles ne sont pas des « matières en soi, dans l'organisation traditionnelle de la science », fut ressenti par les chercheurs convoqués, mais admis par eux comme une nécessité.

Une grande prudence gouverne en fait l'évolution attendue du scientifique : nouvelle caution de la scientificité, l'administrateur a besoin d'experts qui conservent leur identité propre. Ils seront certes entraînés dans un processus de redisciplinarisation, mais rarement « à rebrousse-poil ». Au contraire, les agents recruteurs que sont devenus leurs collègues embauchés du côté administratif savent, avec une grande habileté, s'adresser aux scientifiques pour les inviter à comprendre d'eux-mêmes qu'il n'y a pas d'un côté des incertitudes à signaler, et de l'autre des décisions à prendre, mais que *chacun doit prendre sur soi pour s'avancer vers la décision dans l'incertitude*. Les chercheurs sont ainsi impliqués dans des « logiques optatives » qui peuvent à leur tour affecter les dispositifs de recherche en cours. Dans le cas du cancer des cellules folliculaires de la thyroïde, le Scientific Advisory Board de l'EPA a recommandé

21. Weingart P., « The scientific elite : a chimera : the deinstitutionalization and politicization of science », *in* Norbert Elias et alii eds, *Scientific establishments and hierarchies*, Boston, D. Reidel publishing Co., 1982.

une approche « à valeur limite », en rompant ainsi avec le paradigme classiquement utilisé selon lequel « un cancer est un cancer », le conseil scientifique intériorisant le principe d'une gradation possible des doses autorisées.

Une fois pris dans une perspective décisionnelle, les scientifiques consultés sont amenés à se situer politiquement. Cette tendance ne se repère pas tout de suite. C'est seulement lorsqu'on interroge trois populations contrastées de scientifiques régulièrement engagés auprès de l'administration publique, de l'industrie, ou restés dans l'enceinte académique, que ces modifications de perceptions peuvent devenir patentes : comme le montrent plusieurs études convergentes, les scientifiques liés à l'administration semblent alors particulièrement attachés à la *protection* ; de même ils mettent l'accent sur la réalité des risques pour l'environnement, ainsi que leur gravité actuelle et potentielle. En revanche, les chercheurs universitaires sont « plus libéraux », moins assertifs, et les chercheurs salariés dans l'industrie ont davantage propension à minimiser les dangers. Par exemple, une substance cancérogène déclarée chez l'animal est considérée comme dangereuse pour l'homme par 52 % des universitaires, 69 % des « chercheurs administratifs », et 27 % seulement des scientifiques travaillant pour les « industriels »[22]. La force persuasive de l'institution demandeuse d'expertise semble donc réellement capable d'infléchir les catégories de pensée de ses consultants.

Une nouvelle source de données scientifiques

La formation d'un milieu d'experts interne au monde administratif découle de la création d'institutions censées héberger des spécialistes : on rappellera seulement que la recherche directement réalisée par l'EPA représente 300 millions de dollars et mille neuf cents personnes employées, dans des secteurs aussi variés que la santé, l'écologie, l'évaluation et la réduction du risque, la surveillance de la qualité de l'eau, le financement des universités, l'appui

22. Frances, M. Lynn, « Osha's carcinogens standard : round one on risk assessment models and assumptions », *in* B.B. Johnson and V.T. Covello (eds), *The social and cultural construction of risk*, D. Reidel Publishing Co., 1987.

technologique des réglementations, etc. Le département de la « Réduction du risque » gère à lui seul 70 millions de francs et contrôle des laboratoires propres sur la surveillance de l'eau ou de l'air. Le récent projet d'Institut de recherche sur l'environnement en France semble correspondre à une logique analogue.

Une caractéristique de cette absorption de la science *dans* l'identité administrative nouvelle est que celle-ci se met à « défendre » sa propre scientificité... Ainsi pouvons-nous lire dans un document de l'EPA : « Le Comité des stratégies de recherche croit que l'EPA est *plus* qu'une agence régulatrice. L'EPA est aussi une agence de recherche (...) avec d'autres agences fédérales comme le ''National Institute of Environmental Health Sciences'' (Institut national des sciences de la santé liée à l'environnement)[23]. » L'EPA doit « développer son propre plan de recherche sur le long terme », et « élever le nombre et la qualification des scientifiques et ingénieurs dirigeant des recherches environnementales ».

Dans les documents publics de cette administration, les auteurs scientifiques sont souvent des fonctionnaires de l'agence, parlant ès qualités. De nombreuses publications de l'agence sont des présentations vulgarisées de savoirs plus précis, mais qui sont intériorisés comme s'ils provenaient des administrateurs eux-mêmes. Ainsi, dans un document sur l'ozone paru en 1987[24], c'est l'assistant-administrateur de l'EPA pour l'air et les radiations qui décrit les connaissances actuelles sur ce gaz atmosphérique.

L'administration se désigne comme source empirique régulière de données scientifiques. Dans le recensement exhaustif actualisé par l'EPA des sources de pollution de l'air[25], l'origine des citations et références scientifiques est significative : les sources administratives sont citées 614 fois, soit 83,7 % du total, dont 464 à la seule EPA, soit 63,3 % des citations. Les sources directement industrielles sont citées 152 fois, soit 20,7 %, et les sources directement universitaires 75 fois, soit seulement 10,2 % des citations ! On pourrait même conclure de la distribution des références que *plus* le secteur est problématique du point de vue de la recherche, et *plus* l'administration elle-même tend à jouer le rôle de l'investigateur scientifique !

23. EPA-SAB, *Future risk, research strategies for the 1990s*, septembre 1988.
24. EPA, « The challenge of ozone production », *EPA Journal*, vol. 13, n° 8, octobre 1987.
25. EPA, *Compilation of air pollutant emission factors*, 4e édition, septembre 1985.

La transformation de l'administration en monde scientifique particulier infléchit les modes d'action administrative autour de l'évaluation, de ses méthodes, de ses concepts. Une intellectualité se forme, avec ses problèmes de procédures rigoureuses.

Par exemple, le problème de la combinaison des expositions chroniques de l'homme aux nuisances fait défi à la rationalité scientifique. Il exige de l'administrateur qu'il conceptualise une méthodologie d'évaluation des expositions, des stratégies de surveillance personnelle, des modèles de prédiction des expositions, la recherche de marqueurs, etc., toutes choses éminemment « négociées » avec les scientifiques et en étroite collaboration avec le monde médical et épidémiologique : doivent être en effet simultanément saisis pour la même substance la neurotoxicité, la toxicité sur la reproduction, les effets respiratoires, la cancérogénéité, les marqueurs biologiques de la maladie, les modes d'extrapolation de l'animal à l'humain, etc.

Quant aux effets écologiques, la discussion est aussi bien théorique que méthodologique : il faut pousser les scientifiques à redéfinir le statut des systèmes écologiques pour pouvoir détecter les changements dans ces systèmes ainsi que les prédire. Enfin, comme ces études n'ont de sens que dans une politique de réduction du risque, il faut discuter également les modes de prévention ou d'alternative à la génération des polluants, les technologies de destruction thermique, de séparation, y comparer les approches biologiques de détoxification et de dégradation, voire d'évitement de l'exposition, etc. La complexité des évaluations demandées pour la décision politique constitue un motif d'intervention sur les structures de la science, une possibilité de réguler l'interdisciplinarité, voire de reformuler les contenus des disciplines.

L'administration devient aussi sensible que la science académique à l'évocation de l'inconnu ou de l'impondérable. Lorsqu'une controverse se développe, comme autour des dioxines, l'administration doit prévoir des protocoles de « clôture » du débat qui tiennent compte de la complexité jusque-là non surmontée : ainsi le Scientific Advisory Board de l'EPA a-t-il déclenché des recherches sur chacun des deux cent dix composés chimiques relativement inexplorés entrant dans la composition des chloro-dibenzo-p. dioxines, et dibenzofuranes, qui sont très répandus notamment autour des décharges.

Si j'étais Dieu...

Mais cette scientification de l'administration renforce toujours une « épistémologie décisionnelle », ou régulatoire : il ne faut pas oublier que la logique qui contrôle désormais les protocoles de recherche reste construite autour de la gestion technico-administrative. La fonction de l'EPA est ainsi décrite par l'un de ses directeurs comme une machine à aboucher un cycle scientifique (caractérisation des types de polluants, de leur source, des modes de transport, de l'exposition et des populations exposées, des effets produits, de la numérisation du risque) à un cycle politique (jugement sur l'acceptabilité du risque), puis à organiser techniquement la rétroaction : réduction du risque par la technologie et les normes en limitant les émissions, en diminuant les expositions, ou encore les effets en fin de course. Dans cette optique, la *science* est un *bloc de technologie, de savoir et de réglementation*, tandis que la politique est la relation sociale, humaine, émotionnelle, les deux versants étant lestés de coûts économiques.

« Si j'étais Dieu, j'informatiserais tout le cycle », dit ce responsable de l'EPA, soulignant ainsi sa vision de la science comme élément d'un système d'action. La notion de « régulation », qui a été souvent traduite par « réglementation » en français, doit donc être transcrite au pied de la lettre comme une action homéostatique, prenant place parmi les complexes dispositifs de la machine politique américaine.

Ces tendances administratives à reconceptualiser la science peuvent aliéner celle-ci, même pour le bon motif : la propension des administrations utilisant les données scientifiques à aboutir à des actions régulières, à des améliorations univoques conduit par exemple à ne plus tenir compte d'autres dimensions plus complexes. L'accent classiquement porté par les administrateurs sur les grands facteurs de risque peut pousser à l'erreur[26] : en affirmant que le tabac est un facteur à risque important du cancer, on peut oublier qu'il ne représente qu'un pourcentage réduit : 2 % « seulement » des hommes *grands fumeurs* de plus de 35 ans mourront dans les dix ans d'un cancer du poumon et 5 % seulement des grands fumeurs de

26. N.A. Holtzman, *Proceed with caution : predicting genetic risks in the recombinant* DNA, *era*, John Hopkins University Press, Baltimore, 1989.

plus de 65 ans. Seulement 3 % des gens de 40 à 54 ans qui fument, font du cholestérol et ont une haute pression sanguine auront un infarctus. C'est un facteur unitaire significatif, mais il est faible parmi *toutes les autres causes dispersées* de la mortalité cardiaque ou par cancer : la plupart des morts cardiaques ont un faible niveau de cholestérol, par exemple. La dispersion même des causes interdit leur visibilité, qui est l'un des motifs les plus efficaces de l'action politico-administrative. Celle-ci devient donc un facteur de déformation des pratiques scientifiques et pousse à laisser en friche de grands espaces d'incertitudes, de synergies inconnues... ou qu'on ne désire pas mettre en évidence.

La présence de ces impératifs derrière les protocoles rend amers nombre d'experts impliqués dans les politiques scientifiques des agences régulatrices. Ainsi, ce biologiste qui nous déclare : « L'histoire de l'aspect public des réunions du Science Advisory Board de l'EPA, c'est de la frime : ils font une demi-heure publique et puis ils ferment, sous prétexte qu'il y a des secrets de fabrication qui vont être évoqués. Une fois, c'est moi qui avais préparé le dossier sur la cancérogénéité d'un produit : on ne m'a même pas laissé prendre la parole ! » Pour lui, tout l'appareil de garanties extérieures de « scientificité » et de « pluralisme » est instrumentalisé par les volontés politiques du sommet, la période reaganienne ayant été caractérisée par une mise au pas des nouvelles agences, dans la logique de la majorité présidentielle.

Reconnaître le pouvoir des savoirs

Pour conclure, il nous semble que le « très subtil système d'échange de ressources contre l'expertise » dont parle C. Mukherji[27] et qui est censé « permettre aux scientifiques d'atteindre leurs objectifs intellectuels », tout en formant « un équilibre du pouvoir hautement nuancé entre les scientifiques et l'État », est simplement en train de se dégrader en faveur d'une inféodation de la science à la logique administrative.

27. Chandra Mukherji, *A fragile power : scientists and the state*, Princeton University Press, Princeton NJ, 1989, p. X (préface).

Existe-t-il des alternatives à cette emprise[28] ? L'administrateur mutant vers l'expertise pourrait-il demander une « autonomie » par rapport aux missions habituelles des fonctionnaires, afin de bâtir une résistance interne à la manipulation autoritaire des savoirs ? Les scientifiques pourraient-ils construire des instances d'évaluation et d'information des publics moins dépendantes des missions administratives ? Pourraient-ils consacrer une part de leur temps à confronter leurs connaissances et les « grands problèmes de société », sans attendre les convocations administratives ?

L'expertise fait apercevoir un manque : celui d'une reconnaissance constitutionnelle du pouvoir des savoirs, qui impliquerait de penser démocratiquement son respect et son contrôle social, au même titre que celui du législatif, de l'exécutif et du judiciaire. Mais aucune création institutionnelle ne peut garantir définitivement le renouement entre savoir et expertise. Seule une volonté des experts de contrôler l'usage de leurs propres assertions comme de leurs incertitudes, de leurs controverses comme de leurs consensus ralentira cette absorption dans la puissance politico-administrative.

28. Pour une démonstration de cette tendance, nous renvoyons le lecteur à notre ouvrage : *La civilité*, à paraître en 1991 aux éditions La Découverte.

Denis Duclos

Tradition culturelle et expertise

Jacques Defrance et Isabelle Jeuffroy-Niehues

Les savoirs scientifiques sont universels et définissent des critères de qualité de l'eau dans tous les pays industriels. Des différences nationales demeurent cependant dans la façon d'établir les normes de pureté. Une approche culturelle comparative (Allemagne, Grande-Bretagne) fournit quelques éclaircissements sur ces variations.

Les communautés locales dans les pays occidentaux ont longtemps détenu un pouvoir sur leurs ressources en eau : sources, rivières, fontaines, drainages, etc. Le dessaisissement progressif est venu avec l'émigration des populations, le bouleversement des techniques agricoles et l'expansion de l'industrie. La gestion et le contrôle de la qualité des eaux passent alors dans les mains d'organismes plus distants et plus grands, s'appuyant sur des professionnels dotés de compétences pour qualifier les eaux. La familiarité avec un site aquatique singulier fait place à l'expertise fixant des critères pour qualifier les eaux en général.

Une approche culturelle de l'expertise

L'expérience de l'eau et la symbolique développée à partir de celle-ci sont nécessairement différentes d'un pays à l'autre : contrées humides ou sèches, climats marins ou continentaux, passé colonial ou non, etc. La constitution de groupes de professionnels chargés de produire, distribuer et qualifier les eaux (spécialistes d'hydraulique, d'hygiène publique, etc.) s'opère en fonction de ces données physiques et historiques, tout en intégrant les grands traits des cultures nationales qui s'affirment au même moment. Un réservoir de compétences en résulte, disponible pour des expertises.

Le recours à une procédure d'expertise dépend de facteurs supplémentaires, également d'ordre culturel. En tant que production de connaissance, l'expertise nécessite des conditions pour être demandée, puis un espace pour s'exercer et rendre publics ses résultats. Elle s'inscrit dans une structure cognitive proche de celle du dialogue, avec production de questions et de réponses. Elle peut s'insérer dans un débat public, avec pluralité d'interlocuteurs reconnus, accessibilité des thèmes débattus pour les différentes parties, et règles minimales fixant les formes de l'échange et ses limites (Defrance, 1988) : elle peut aussi prendre place dans un processus administratif, obéissant alors à des règles sensiblement différentes (espace fermé, prestations et cautions réciproques entre spécialistes, etc. ; voir Pollak, 1982).

Une approche culturelle et comparative des usages de l'expertise ne peut procéder directement au rapprochement des façons de faire dans différents pays. Il ne suffit pas de décrire la suite des expertises réalisées pour mettre en valeur leur fréquence, comme indice politique d'une absence ou d'une abondance de débats - et de démocratie - dans la vie publique. Il faut appréhender de manière structurale et qualitative la genèse du système d'expertise, composé à la fois de personnes, de catégories de pensée, et d'espaces pour se déployer.

Les controverses sur la qualité de l'eau dans deux pays européens, la Grande-Bretagne et l'Allemagne fédérale, avec quelques références à la France, fourniront la matière de notre analyse. Dans ce secteur de l'environnement :

- les structures économiques conditionnent les solutions possibles : à la différence de l'ozone ou des ours, les questions d'eau sont étroitement liées à des questions de propriété, de consommation, de tarification de services, etc. ;

- les traditions nationales, les particularités historiques du développement social et économique de chaque pays contribuent à définir l'espace du débat public et les rôles que chacun peut y tenir (Dyson, 1980) ;

- enfin, ces débats renvoient à la querelle de la régulation de l'activité sociale en vue de la protection de milieux, et aux notions de normalisation, réglementation, contrôle, etc. La forme du droit et les structures de pouvoir façonnent les questions posées ainsi que les manières d'y répondre.

La construction sociale de la question de l'eau

Dans les années cinquante et soixante, les questions de qualité des eaux et de pollution sont traitées dans le cadre de politiques d'équipements d'adduction et d'évacuation des eaux, incluses dans un ensemble plus vaste : leur coût demeure donc indistinct. Mais des changements s'amorcent.

L'attention devient plus vive dans les années soixante. En Grande-Bretagne, elle se focalise sur la défense des rivières menacées par les prélèvements des compagnies de distribution, l'industrie ou les barrages. Les puissantes associations de préservation des sites plaisants et naturels s'inquiètent de l'abondance de l'eau, de son apparence sensible, de son accessibilité, etc. Les préoccupations de qualité et de pollution vont en se précisant dans les années soixante-dix. Longtemps, elles restent locales. Quand il y a expertise, elle s'exerce dans des conditions strictement techniques, au sein du milieu des professionnels et des industriels de l'eau. Tant que la question de l'eau est ainsi construite, la définition des critères de qualité reste celle que mettent en œuvre les professionnels dans leur pratique quotidienne : une déontologie de professionnels régule les interventions et suffit à assurer le maintien du système de production d'eau dans un état satisfaisant la demande sociale.

La quiétude est troublée en RFA par un mouvement politique écologique au début des années soixante-dix, tandis qu'en Grande-Bretagne il semble que la situation soit remise en cause par des déséquilibres économiques et politiques (alors qu'en France le débat est escamoté, les arrangements entre l'industrie et l'administration ne laissant guère d'entrées au public).

Dans une première phase - 1968-1973 environ - le système britannique de gestion de l'eau est revu pour le rendre économiquement plus efficace, c'est-à-dire moins coûteux à produit constant : la qualité ne fait pas problème, elle est jugée satisfaisante. La gestion de l'eau passe des Local Authorities dans les mains des Regional Water Authorities (Water Act, 1973), au nom des principes de meilleur rendement des entreprises de grande échelle et de concentration des pouvoirs dans les mains des spécialistes (programme des « technocrates »). En appliquant les principes de l'« Integrated River Basin Management » il s'agit d'inclure dans le bilan des compagnies certains coûts de maintenance de l'écosystème d'un bassin hydrographique, mais aussi de transférer dans un espace fermé (celui de ces nouvelles entités régionales) les débats sur les choix en matière d'eau, afin de dépolitiser la question en la soustrayant au contrôle des élus locaux et du public (Herrington, 1988).

Le problème des investissements nécessaires pour maintenir la qualité se pose en termes nouveaux avec la crise des finances publiques britanniques vers 1974-1979. Les coupes budgétaires affaiblissent les Regional Water Authorities nouvellement créées (moindres possibilités d'emprunt, réduction des marchés d'ingénierie, etc.) : leurs performances, encore positivement appréciées au début des années quatre-vingt (par exemple par deux spécialistes français, Poitevin et Delavigne, 1982), vont se dégrader.

En Grande-Bretagne...

Lorsque la question de l'eau émerge vers 1983-1984 en Grande-Bretagne, la problématique est fondamentalement financière et politique : elle n'est ni civique, ni industrielle, mais marchande. Aucune question écologique centrale (pollutions industrielles, agricoles, etc.) ne semble s'insérer dans le débat public. Il n'est pas question de réviser les critères de qualité, ni la réglementation : il n'y a pas de débat sur la santé publique, ni sur la capacité de production des industries de l'eau (la sécheresse de 1976 passe pour avoir été bien surmontée). Sont en cause la rentabilité du système et le poids qu'il exerce sur les dépenses publiques, grande préoccupation du gouvernement Thatcher (le programme d'assainissement du budget de l'État et des collectivités locales, ébauché en 1979, est accentué en 1983). La privatisation des compagnies d'eau est proposée pour améliorer leur capacité d'emprunt, moderniser leurs pratiques financières et les placer dans une situation de concurrence les contraignant à moduler leurs prix et à surveiller leur rentabilité (Littlechild, 1986). Au mieux, la qualité sera maintenue, tandis que les coûts seront diminués.

Or l'opinion publique anglaise s'est indignée de la privatisation d'un bien perçu comme relevant du domaine public, voire du patrimoine communautaire. Alors que dans certains pays l'eau consommée est mesurée au compteur et facturée selon la quantité, comme une marchandise ordinaire, dans d'autres - dont la Grande-Bretagne - elle est considérée comme bien naturel, sans prix (*res nullius*, comme dit le droit), et seule est perçue une taxe forfaitaire en échange du service rendu pour la distribution de l'eau. La première configuration s'accommode d'un système privé marchand, la seconde d'un système de service public. La privatisation s'accompagne de la généralisation de la tarification par foyer. De nombreuses prises de position, par exemple dans les colonnes des grands quotidiens britanniques en 1989, indiquent que cette réforme choque les principes civiques du bien commun. De leur côté, les dirigeants des Water Authorities ont été partagés en 1986 : plusieurs d'entre eux - y compris le président de l'Association des Water Authorities, qui sera par la suite remplacé - se montrent hostiles à ces mesures qui n'améliorent pas leur capacité industrielle.

La situation est peu propice à l'intervention des experts. L'implication des scientifiques dans les réflexions sur l'eau durant ces années en Grande-Bretagne ne s'opère pas sur un mode contradictoire. Le cadre conceptuel de la protection des eaux étant global (objectifs de qualité des rivières, mise en œuvre des « meilleurs moyens praticables possibles », etc.), l'expert est appelé pour orienter l'action politico-administrative dans ses grandes lignes. Ainsi peut-on comprendre la contribution de scientifiques à des travaux comme ceux de la « Royal Commission on Environmental Pollution », dont le rapport de 1988 explicite les principes d'évaluation et de contrôle de la qualité pour divers éléments naturels (dont l'eau). Parallèlement, les coupes budgétaires répétées après 1980 pénalisent la recherche en matière d'environnement : cela ne place pas les scientifiques en position forte pour la polémique savante, et dégrade leurs relations avec le monde politique (ce dont témoignent les rapports du Natural Environment Research Council).

En Allemagne fédérale

Une longue évolution mène, dans ce pays, vers une gestion publique et locale des questions hydrauliques, avec une industrie fragmentée, tandis qu'un cadre réglementaire national se développe au plan sanitaire, puis écologique, spécialement dans les années soixante-dix. Deux moments historiques ont favorisé et structuré l'émergence durable de l'État hydraulique : l'industrialisation des États allemands au milieu du XIXe siècle, alors qu'aucun cadre étatique national n'existe ; et la reconstruction après l'effondrement de l'État nazi, dans des conditions sociopolitiques qui imposent une socialisation locale de la distribution d'eau, la méfiance étant à son comble à l'égard des structures étatiques centrales. La Constitution de 1949 affirme le principe d'omnicompétence des collectivités locales, implicitement chargées de la distribution d'eau.

Les problèmes qualitatifs d'eau potable et les solutions scientifiques des biologistes (bactériologistes) ont une autre dynamique dès le dernier tiers du XIXe siècle (phase ponctuée par les travaux de Max von Pettenkofer, Robert Koch, etc. sur la prévention des épidémies de choléra et de typhus). Le rôle de l'État y est plus marqué : il s'agit de qualifier scientifiquement et étatiquement une eau distribuée par l'État hydraulique local. Dès 1901 est établie une institution d'expérimentation et de vérification pour la distribution d'eau et l'élimination des eaux usées, qui définit la qualité de l'eau pour l'ensemble de la Prusse. Sous la République de Weimar, des principes sont codifiés. Les premiers textes sont promulgués par l'État nazi, contrôlant de façon centralisée la distribution d'eau selon des critères de qualité (décret de 1937 : norme technique de 1941). Une organisation centrale est adoptée pour les bureaux de santé publique (1934), puis pour le service de la protection de l'eau (1942), dont la compétence s'étend à tout le territoire allemand.

Un nouveau renforcement de la compétence étatique centrale s'annonce en 1961 quand l'eau passe dans le domaine de la santé publique, secteur clé des politiques sociales de l'État-providence ; l'Agence fédérale de la santé publique (BGA - Bundesgesundheitsamt) et l'Institut pour l'hygiène de l'eau, du sol et de l'air sont les autorités étatiques qui déterminent les critères scientifiques de la qualité de l'eau. La loi de 1961 sur les épidémies fournit l'assise juridique du décret de 1976 sur l'eau potable, première régulation étatique centrale de la qualité de l'eau dans le contexte de l'État social, lequel est étendu à l'ensemble des politiques publiques et à de nouveaux domaines comme l'environnement et la nature. Le principe constitutionnel d'État social couvre les conditions de vie des citoyens, y compris la qualité intrinsèque de l'eau (critère plus extensif que celui d'eau potable). Cette orientation écologique rencontre un fort consensus : elle correspond à l'œuvre d'une petite structure administrative fédérale qui conçoit une régulation étatique globale s'appuyant sur une recherche scientifique systématique.

Le Programme pour l'environnement de 1971 (Umweltprogramm) présente les fondements et les principes de cette politique nouvelle, en particulier pour la qualité de l'eau. Celle-ci est définie selon la démarche classique des hygiénistes et des hydrauliciens ; toutefois, les rapporteurs tentent d'intégrer d'autres critères pour définir la qualité de l'eau - les notions d'« équilibre écologique », de « maintien de la pureté des eaux », de « classe de qualité » sont introduites principalement pour les eaux de surface ; ainsi la qualité de l'eau n'est-elle plus établie sur les seules considérations anthropocentriques (eau potable), mais par rapport à des pollutions résultant de l'activité humaine, parmi lesquelles le nitrate. La protection des milieux aquatiques devient une priorité.

Un Conseil d'experts pour les problèmes d'environnement (RSU - Rat von Sachverständigen für Umweltfragen) est institué en 1971 pour rationaliser scientifiquement la politique de l'eau, et une Agence fédérale de l'environnement (UBA - Umweltbundesamt) est créée à Berlin en 1974. Cette orientation écologique est limitée par les prérogatives constitutionnelles des Länder, principales instances de décision pour l'eau. Au nom du fédéralisme, les tentatives centralisatrices de Bonn sont contrées par le Bundesrat, qui déjoue toutes les velléités centrales de codification précise assorties de « lois-cadres ».

Une exception toutefois, la loi additionnelle à la loi sur le régime des eaux (1976) : conçue dans une perspective écologique, elle établit quelques éléments de régulation centrale. Avec elle se profile un nouveau mode d'action étatique où, par-delà les prémices de la réglementation sanitaire, l'État contrôle et planifie la qualité de l'eau comme milieu.

Dérégulation politique et réglementation écologique

La dynamique des débats publics est sensiblement différente en Grande-Bretagne et en RFA, tandis qu'en France la question est traitée par voie administrative, sans guère de discussions. Pendant que la Grande-Bretagne privatise l'industrie de l'eau (1989) et établit un système de régulation qui politise brusquement la question, la RFA voit le débat écologique s'enliser, alors que l'action de l'État se réorganise, avec l'institution de nouvelles règles et d'un ministère de l'Environnement (1986).

En Grande-Bretagne la fin des années quatre-vingt est marquée par une double dynamique qui modifie la formulation de la question de l'eau : l'état des choses est perçu sous un jour plus négatif, avec divers accidents de pollution et la mise en évidence de l'extrême vétusté du système d'évacuation des eaux usées et des égouts ; parallèlement la conception (normative) des qualités souhaitables des eaux va en se raidissant, poussant à l'adoption de critères plus sévères et à une observance plus stricte des normes établies (comme par ailleurs en Europe).

Ces inquiétudes introduisent naturellement les experts au cœur des débats. Comment qualifier objectivement l'état actuel du système de l'eau alors que la polémique fait rage pour ou contre sa réforme ? Sur quel plan et à quel niveau fixer les normes de qualité pour les rendre plus rigoureuses ? Une telle dynamique n'est-elle pas susceptible de renforcer momentanément le pouvoir des experts au sein du débat public ? Il n'en a pas été ainsi, semble-t-il pour des raisons propres à la culture anglaise. À mesure que leur avis a été sollicité, les experts ont vu leur position attaquée et la légitimité technico-scientifique de leur discours sapée par divers procédés.

Un trait général de la culture britannique est en effet d'être organisée selon des valeurs et sur des mécanismes qui empêchent que la parole d'autorité ne prenne une ampleur excessive. À l'inverse des cultures où se constituent des autorités intellectuelles, morales ou politiques exerçant une tutelle et détenant un monopole de parole (cultures française et allemande, par exemple), l'univers culturel des Britanniques connaît depuis des siècles une dispersion et une fragmentation des pouvoirs liées à la décomposition précoce de l'autorité centrale. Ce mode de structuration des relations culturelles est moins propice que d'autres à la constitution de hiérarchies univoques et à la domination d'une parole sur toutes les autres. Pays de débats et de polémiques, la Grande-Bretagne cultive la liberté de dissidence, le libre arbitre, et gagne en diversité de pensée et en polémique ce qu'elle peut perdre sur le plan de la cohérence (Thompson, 1978).

Le poids des traditions étatiques

Les relations entre le pouvoir central et les autorités locales sont déterminantes dans les politiques nationales de l'eau. En Allemagne, la disqualification politique de l'État central après l'ère nazie induit une répartition complexe du pouvoir sur plusieurs niveaux. En Grande-Bretagne, la dispersion des pouvoirs est beaucoup plus ancienne et se traduit par des différenciations sociales et culturelles sensibles. Ainsi, l'administration centrale emploie un personnel issu des écoles les plus sélectives et prestigieuses, avec une formation générale politique et financière, tandis que l'administration locale comprend un gros contingent de professionnels spécialisés, à forte capacité d'expertise technique et scientifique, mais issus d'écoles moins réputées. L'organisation de l'Eau délègue aux Local Authorities puis à des agences régionales (Water Authorities) la responsabilité de la mise en œuvre des politiques de l'eau, selon le principe de l'autonomie des instances locales, mais aussi en fonction de l'idée que les tâches techniques et les détails pratiques sont d'un ordre inférieur aux fonctions de conception des politiques générales.

Divers faits indiquent que, dans l'espace culturel britannique, l'expert technique, souvent local, est dominé par le généraliste de la politique, comme l'industriel-ingénieur est dominé par le financier. C'est ainsi que la politique de privatisation des industries de l'eau est imposée par les généralistes de Whitehall et les financiers de la City, et qu'elle donne libre cours aux critiques flétrissant le prestige des Local Authorities et des Water Authorities, pourtant dotées de nombreux spécialistes.

Bien qu'elle soit la plus ancienne nation industrielle, la Grande-Bretagne a des caractéristiques sociales telles que la position dans l'espace culturel des groupes liés à l'activité scientifique, technique et industrielle n'est pas la plus favorable : cela tiendrait à la formation de la classe dominante britannique depuis le XIXe siècle, au sein de laquelle les industriels sont venus très tôt s'intégrer à une aristocratie encore vigoureuse, et ont dû adopter en partie des valeurs aristocratiques. Le thème d'une Grande-Bretagne industrialisée trop tôt et marquée par les compromis faits avec la tradition a été formulé, avec l'idée que cela expliquerait le déclin industriel du pays, sensible dans les années soixante-dix (Wiener, 1981).

Dans de telles conditions, le renforcement du débat public sur l'eau au milieu des années quatre-vingt évolue non vers une polémique scientifique entre points de vue experts, mais vers une remise en cause de la compétence financière des milieux gestionnaires, en majorité composés de spécialistes à profil scientifique et technique. Seuls les changements récents (courant 1989) laissent entrevoir un autre style de débat : une fois séparés la distribution d'eau par les compagnies privatisées et le contrôle de la qualité des cours d'eau par un service public central (National Rivers Authority), les principes de la régulation deviennent plus explicites, les mesures de qualité plus nombreuses, précises et publiquement annoncées, etc. La qualité de l'eau relève désormais directement du gouvernement, lequel se tourne brusquement vers une politique de l'environnement, au moment où l'opinion glisse vers les thèmes écologistes. La politisation des débats pourrait modifier les conditions de recours aux experts.

En Allemagne fédérale, durant les années quatre-vingt, l'État paraît plutôt inactif : cinq ans après la notification de la directive européenne, il n'a ni intégré cette directive au droit, ni déposé de requête pour un délai supplémentaire, ni évité toute pollution des eaux. Mais il n'y a pas de vide politique quant à la qualité de l'eau : des problèmes scientifiques sont soulevés, par exemple sur les effets toxiques des nitrates. Des membres du BGA tentent de conférer une portée étatique et administrative à ces nouvelles connaissances médicales ; ainsi, en 1976, par le décret sur l'eau potable, le nitrate devient paramètre administratif, avec une valeur limite et un niveau guide.

Des controverses entre scientifiques s'ensuivent, sur la toxicité des nitrates aux seuils retenus. De même, la pollution nitratée des eaux souterraines par l'agriculture est étudiée par des experts en hydrologie et pédologie. Précisant les responsabilités, les experts appellent à une rationalisation politique dans l'agriculture, voire à une régulation écologique. Parallèlement, des solutions motivées par le profit voient le jour dans la distribution et le traitement de l'eau, ainsi que dans les techniques agricoles, qui pourraient devenir plus respectueuses des principes écologiques.

Toutefois, les conditions de diffusion et de mise en œuvre demeurent plus que limitées, puisque les organisations agricoles contestent l'imputation de la pollution à l'agriculture. Les arguments du Conseil d'experts pour les problèmes d'environnement en faveur d'une nouvelle politique agricole (RSU, 1985) et d'une réglementation précise dans ce secteur apparaissent comme un appel à l'intervention de l'État, tourné désormais contre l'industrialisation et la modernisation de l'agriculture.

Parallèlement, les structures étatiques centrales se réorganisent sous l'effet de la critique de l'État menée au nom de la science (irrationalité de son action) et au nom de l'économie (dénonciation des coûts de la régulation écologique). Certaines orientations montrent un souci de minimiser la régulation étatique, le pouvoir central se limitant à une action de moralisation et de soutien à la recherche. Mais des dispositions ponctuelles sont ajoutées à la législation et, simultanément, l'État se dote d'un ministère fédéral de l'Environnement (1986) qui intègre les deux éléments moteurs de la politique écologique antérieure - le BGA et le RSU -, mais avec une organisation peu propice à la conduite d'une politique écologique originale.

L'abstention étatique et le vide constitutionnel relatif manifestent une crise sociopolitique de participation et de représentation dans une société où les valeurs écologiques rassemblent plus de quatre millions d'individus dans des associations. La situation permet aux Länder d'affirmer leurs prérogatives, grâce en particulier au Groupe de travail sur l'eau (LAWA) qui coordonne leurs politiques. Les relations entre le ministère fédéral et le mouvement écologiste s'effectuent sur un mode bureaucratique et font difficilement le contrepoids aux lobbies de l'agriculture et de l'hydraulique. L'impact critique de l'écologie paraît neutralisé par cette bureaucratisation de la politique, et la situation est vivement critiquée par la presse qui développe le thème de l'État incapable de réguler l'agriculture et de protéger l'environnement.

Formes du droit, fonction de la preuve

L'appel à expertise dans le déroulement d'une question d'environnement, telle la question de la qualité des eaux, peut être favorisé quand existent les conditions scientifiques nécessaires, quand les relations sociales sont codifiées dans une forme juridique propice, et quand une dynamique du débat public ouvre un espace adéquat.

Le rôle des experts est fondamentalement inscrit dans les formes juridiques et les types de réglementation institués par les divers États. En Allemagne autant qu'en Grande-Bretagne, s'observe une tension entre un courant visant à une rationalisation formelle du droit pour le systématiser dans des codes et des lois (assorties de normes strictes), et un courant de rationalisation éthique du droit qui laisse l'interprétation des conduites à la discrétion du juge, lequel apprécie l'intention des agents et les circonstances locales objectives de l'acte jugé (Weber, 1986). En matière de qualité de l'eau, cette tension trouve une solution favorable à l'option éthique en Grand-Bretagne : sous la pression d'une opinion publique écologiste, l'Allemagne connaît une poussée de systématisation et de codification à différents niveaux politiques (fédéral, régional, local), alors qu'en France la codification centrale prédomine de longue date (Triantafillou, 1985).

Plus la rationalisation formelle du droit est accentuée, plus le jugement des actes repose sur des indices formels extérieurs à l'agent et tangibles, plus la recherche de la preuve matérielle occupe le centre de l'action judiciaire de réglementation et de contrôle. Les limites et les valeurs limites posées par la norme légale ont alors un rôle accentué. En conséquence, l'institution d'une norme ainsi que l'administration de la preuve que la norme est dépassée ou respectée requièrent toute l'autorité sociale possible afin d'être solennisées. Le codificateur juridique (lié à l'administration publique) et l'expert participant à l'élaboration des normes trouvent dans un tel système leur pleine fonction : ils ont toutes les chances d'apparaître à chaque fois que le public fait pression pour obtenir un supplément de réglementation formelle plus strictement appliquée.

Dans une dynamique de ce genre, certains milieux scientifiques allemands ont accepté des missions d'expertise, qui se sont parfois transformées en octroi de positions administratives officielles, le mouvement ayant tendance à s'épuiser à mesure que s'accomplit l'incorporation des experts dans le cadre administratif.

Le local et la règle

En Grande-Bretagne, la rationalisation éthique marque encore de nombreux secteurs du droit, incluant la réglementation de la qualité de l'eau, qui a été formulée de manière globale, laconique, et sans être transcrite dans le droit national. Les instances de contrôle, comme le Service des inspecteurs de la pollution des eaux, ont reçu le mandat « moral » de parvenir à une qualité acceptable, sans jamais être soumises à la contrainte légale d'appliquer des normes de manière automatique - situation qui a provoqué des incidents avec les instances européennes de réglementation en matière d'environnement tout au long des années quatre-vingt ; mais une tendance inverse se dessine vers 1985, avec l'application plus stricte du Control of Pollution Act, l'inclusion de normes précises dans le Water Bill de 1989, etc. (Haigh, 1984).

Le caractère global de cette démarche tient probablement autant d'une tradition politique privilégiant l'approche large du généraliste plutôt que celle, étroite, du spécialiste, que d'une tendance récente à adopter une vision d'ensemble des écosystèmes. Cette forme de régulation a des affinités avec les principes de l'écologie scientifique : loin de se sentir « en manque » de moyens parce que les règles seraient imprécises, les spécialistes anglais attribuent à cette approche une efficacité supérieure. Doté d'une marge de liberté accrue, l'agent chargé de faire respecter les normes les adapte en fonction des conditions locales, en tenant compte des paramètres naturels et des caractéristiques économiques et techniques des déchargeurs d'effluents. Il est moins guidé par l'idée de l'égalité des rejets polluants autorisés que par une analyse scientifique de l'impact qu'un déversement particulier peut causer sur un cours d'eau singulier, et de la charge de polluant que ce cours d'eau peut supporter (Hawkins, 1984).

Est sous-jacente l'idée de la « supériorité d'arrangements concrets et rationnels en finalité sur la création et la reconnaissance de normes en général » (Weber, 1986). Dans ce cadre souple, la limite à respecter pour un rejet d'effluent dans un cours d'eau est moins nette, l'inspecteur de la pollution ne vise pas systématiquement à établir la preuve d'une transgression : plutôt que de pénaliser, il cherche à obtenir de son interlocuteur le consentement progressif à respecter la norme posée en accord avec lui.

La valeur limite, la preuve de son dépassement, le décompte statistique des infractions, etc. forment un dispositif qui ne fonctionne complètement que lorsque la rationalisation formelle du droit est poussée assez loin. Alors, le spécialiste est appelé pour expertise sur un mode qui n'est pas très éloigné de l'expertise judiciaire et qui est controversable, ce qui s'observe en Allemagne fédérale. Dans le cas inverse, comme en Grande-Bretagne, la rationalisation éthique du droit accentue l'interprétation des intentions subjectives des agents, mais aussi des effets objectifs de leurs actes, et les spécialistes, bien que rarement convoqués comme experts, le sont davantage sur le mode du diagnostic scientifique classique qui énonce une proposition particulière sur un objet empirique concret.

Avec l'examen des conditions culturelles sous-jacentes aux processus d'expertise et l'appréhension des conjonctures historiques dans lesquels ils s'inscrivent, nous avons procédé à une comparaison en termes de structures et d'univers culturels hiérarchisés et ordonnés, au sein desquels l'expertise apparaît dans toute son ambiguïté (et non comme l'indice univoque d'un caractère démocratique). La présence de l'expertise signale une divergence de points de vue et la possibilité de contredire ; mais simultanément elle accentue la pression des avis les mieux accrédités au sein de la culture nationale, fixant le débat dans des termes préconstruits, souvent peu propices à la participation publique, et peu compréhensibles vus de l'étranger. En définitive, le recours à l'expertise exprime des caractères culturels complexes à forte inertie : il ne donne ni l'exact reflet de la puissance scientifique actuelle d'une nation, ni une indication immédiatement lisible de la vivacité de sa vie politique.

Jacques Defrance et Isabelle Jeuffroy-Niehues

4. Géo-, média- et démo... crates

L'expertise, une illusion nécessaire

François Ewald

Dans Surveiller et Punir, *Michel Foucault a traité de l'expertise dans le jugement et les politiques pénales. À la lumière de ces travaux, l'expertise en matière d'environnement, analysée ici, apparaît comme bien autre chose qu'un instrument d'aide à la décision. Thèmes et pratiques de l'environnement ouvriraient alors un espace d'indécision nécessaire sur les valeurs.*

La question de l'expertise relève d'une problématique du jugement et de la décision. Le jugement se situe du côté du savoir, la décision du côté du pouvoir. L'expertise articule ces deux dimensions l'une sur l'autre : c'est, dans le vocabulaire de Michel Foucault, une forme de rapport savoir-pouvoir.

Parler de l'expertise comme d'une forme de rapport savoir-pouvoir, c'est déjà lui donner une définition bien différente de celle que lui donne le droit. Les juristes, en effet, ordonnent l'expertise sur l'opposition du fait et du droit. Le juge, dit le *Code de procédure civile*, fait appel à l'expert dans le cas où « des constatations ou une consultation ne suffisent pas à l'éclairer ». L'expertise ressort de la théorie des preuves. Le juge fixe la mission du technicien dont l'avis « ne doit jamais porter d'appréciations d'ordre juridique », les vertus de l'expert étant « la conscience, l'objectivité, l'impartialité ».

Ce schéma, qui distingue soigneusement l'ordre des constatations - que s'est-il passé ? comment ? pourquoi ? - de l'ordre de la qualification juridique des faits et laisse au juge, au droit, à la loi le pouvoir de la décision, est reposant. Parler, avec Michel Foucault, de l'expertise comme d'une forme de rapport savoir-pouvoir revient à dire tout autre chose : prendre en compte le fait sociologique qu'est l'inflation de l'expertise dans les techniques modernes de prise de décision, distinguer l'expertise de l'expert pour en faire une fonction sociale plus générale, remonter en deçà du partage du fait et du droit, et s'interroger sinon sur sa consistance, du moins sur ses conditions de possibilité.

L'expertise psychiatrique

Pour expliciter cela, on peut reprendre rapidement les termes de l'analyse que Foucault développe dans les premières pages de *Surveiller et Punir* (p. 21 à 29).

Au passage des XVIIIe-XIXe siècles, on assiste à une très importante modification dans l'économie des châtiments : abandon des supplices pour la prison. Dans le langage des réformateurs de l'époque, le point d'application des châtiments passe du corps à l'« âme ». Que désigne l'« âme » du criminel ? Un triple déplacement dans le jugement pénal : dans son objet, sa nature, les personnes appelées à l'exercer.

Foucault commence par noter que du XVIIIe au XIXe siècle, il n'y a pas de modification significative de la loi pénale, dans la définition des crimes et délits : « Le partage du permis et du défendu a conservé d'un siècle à l'autre une certaine constance. » Dans le passage du corps à l'âme, il ne s'agit donc pas tant de modification de la définition des infractions que d'un déplacement dans l'objet du jugement : « Sous le nom de crimes et de délits, on juge bien toujours des objets juridiques définis par le code, mais on juge en même temps des passions, des instincts, des anomalies, des infirmités, des inadaptations, des effets de milieu ou d'hérédité ; on punit des agressions, mais à travers elles des agressivités ; des viols, mais en même temps des perversions ; des meurtres qui sont aussi des pulsions et des désirs. » En fait on passe d'un jugement concernant l'acte à un jugement portant sur l'individu, et cela non pas tant pour savoir comment qualifier l'acte commis que pour apprécier l'individu du point de vue de sa « dangerosité ».

En même temps que se déplaçait l'objet du jugement, il changeait en quelque sorte de nature. À l'*enquête* portant sur le crime, s'opposait maintenant l'*examen* du criminel : « Tout un ensemble de jugements appréciatifs, diagnostiques, pronostiques, normatifs concernant l'individu criminel sont venus se loger dans l'armature du jugement pénal. » Le problème n'est plus tant ou plus seulement de savoir si tel individu a commis tel crime que de déterminer qui est cet individu pour avoir commis cet acte, comment doit être interprété son acte, de quelle anormalité il peut être le signe. « La sentence qui condamne ou acquitte n'est pas seulement un jugement de culpabilité, une décision légale qui sanctionne ; elle porte avec elle une appréciation de normalité et une prescription technique pour une normalisation possible. »

Ce double déplacement s'accompagne enfin de la promotion d'un personnel nouveau, celui des experts : « De petites justices et des juges parallèles se sont multipliés autour du jugement principal : experts psychiatres ou psychologues, magistrats de l'application des peines, éducateurs, fonctionnaires de l'administration pénitentiaire morcellent le pouvoir de punir. » En fait, à travers la montée de l'expertise psychiatrique et criminologique, une logique *pénitentiaire* se substitue pratiquement à la logique *judiciaire*, selon un rapport inverse à celui qui est prévu par la loi : le pénitentiaire vient moins appliquer la décision judiciaire qu'il n'ordonne l'ensemble de la rationalité du procès pénal. La rationalité de l'expertise en vient à donner son sens aux catégories juridiques du droit pénal supposées en décider.

Ainsi peut-on préciser ce que désigne l'expertise comme forme de rapport savoir-pouvoir : il ne s'agit certainement pas seulement du recours à des techniciens dans la prise de décision juridique. Mais bien plutôt d'une modification dans la rationalité des jugements (passage de l'acte aux individus) qui renvoie à un déplacement dans l'objet de la décision pénale (non plus tant s'assurer de la culpabilité d'un individu que se prononcer sur sa condamnabilité). En un mot, l'expertise devient prévalente dans le jugement et les politiques pénales lorsque le rapport de la société au crime se fait sous le signe de la « dangerosité ».

L'environnement, un nouvel espace public

On peut utiliser l'analyse effectuée par Foucault en matière pénale pour poser la question de l'expertise en matière d'environnement. Elle invite d'abord à s'affranchir du schéma selon lequel l'expertise ne serait qu'un instrument d'aide à la décision politique. Peut-être l'expertise ne vient-elle pas de l'extérieur de la problématique de l'environnement. Comme il n'y a pas d'« âme » du criminel sans l'expertise psychiatrique qui l'objective, expertise et environnement iraient de pair, l'environnement désignant un nouveau rapport de la société à elle-même sous le signe de la sécurité. Ainsi l'environnement désignerait moins un objet ou une cible pour une intervention administrative qu'une nouvelle forme de rapport savoir-pouvoir.

L'environnement n'est pas la nature. L'environnement apparaît plutôt quand la nature disparaît. C'est un fait qu'on s'est préoccupé de l'« environnement » quand il a paru que la « nature » menacée devait être protégée. Surtout, nature et environnement ne relèvent pas du même régime de savoir. La nature est extérieure à celui qui la connaît ; elle est objective, soumise à des lois universelles, indépendantes de l'observateur. L'environnement, au contraire, désigne une relation du sujet avec un milieu. Il est toujours relatif à une espèce, un groupe, un individu. Il n'y a pas d'environnement en soi. Il est le résultat d'un processus d'adaptation et de sélection. La connaissance de l'environnement est toujours sous-tendue par des polarités et des préférences biologiques. Aussi, en même temps que la nature disparaît et que l'environnement affleure, l'objectivité qu'elle garantissait s'évanouit. C'est cette conjoncture, marquée par cette prise de conscience de la perte de l'objectivité dans le jugement, qui appelle l'expertise : il faut trouver une objectivité de substitution.

Mais si l'environnement institue l'expert, c'est dans des conditions si difficiles que sa tâche semble impossible. La chose se joue d'abord à un niveau épistémologique. Il ne peut pas y avoir de science de l'environnement au singulier, comme on pouvait rêver d'une science de la nature. Les problèmes d'environnement n'apparaissent qu'en fonction de mesures liées à des instruments et des techniques déterminées. Leurs résultats n'ont pas de signification *a priori*. Il faudra les interpréter dans un système, une théorie, en fonction de normes qui sont elles-mêmes l'expression d'un certain rapport à l'environnement. D'où la nécessité de controverses scientifiques qui se développent, se concluent et rebondissent selon des processus que des auteurs comme Bruno Latour ont bien mis en lumière. Il n'y a pas d'environnement sans experts, physiciens, chimistes, biologistes, dont les études et les recherches sont condamnées à s'ordonner sur une objectivité, qui ne pourra jamais exister que sous la forme, intersubjective et temporaire, d'un accord paradigmatique entre savants. À travers les controverses dont il est l'objet et auquel il donne lieu, l'environnement désigne à la fois l'espace d'un débat, et le rêve de la constitution d'un paradigme commun.

Mais il faut doubler ce premier niveau épistémologique d'un niveau plus ontologique où il est question des valeurs et interprétations ultimes. La problématique de l'environnement apparaît quand l'espèce, et la seule qui puisse la formuler, l'espèce humaine, éprouve son propre développement comme une menace pour sa survie. C'est-à-dire quand l'espèce découvre qu'elle n'a pas de nature qui la préserve de la mort et du suicide. La référence ultime n'est plus celle des lois de la nature, c'est-à-dire celle d'une harmonie et d'une adéquation de l'homme avec le monde, mais la catastrophe, la disparition possible, éventuelle. D'où l'idée qu'il faut réguler le progrès scientifico-technique selon d'autres lois que celles qui lui ont présidé.

Cela peut s'entendre en deux sens bien différents : l'un qui prétend qu'il faut rompre avec un type de développement scientifique qui met la nature en danger et porte la mort avec lui, l'autre qui, au contraire, soutient que le progrès technique peut trouver à l'intérieur de lui-même des instruments d'autorégulation. Dans le premier cas, qui correspondrait aux préoccupations d'une écologie alternative, l'expertise visera à produire des règles qui tendraient à limiter la « technoscience » de l'extérieur ; dans le second, où la technoscience serait appelée à se réguler elle-même, l'expertise serait comme un instrument supplémentaire de promotion du scientifique dans le politique, l'occasion de la prise définitive du pouvoir par les savants.

Une démocratie de l'expertise

L'environnement est un mode de problématisation de la société qui tend à s'instituer, en particulier grâce et à travers l'expertise, en forme de rapport savoir-pouvoir. L'environnement désigne un espace de débat sur les valeurs, où se trouve posée la question de la valeur des valeurs qui président à nos sociétés. L'institution politique de l'environnement est l'institution d'un tel espace comme espace du débat démocratique.

Ce type de débat engage de nouvelles pratiques de la démocratie. Non seulement il implique des conflits d'intérêts et de rationalités, mais surtout il interdit les réponses définitives et les certitudes finales. L'environnement définit un espace public marqué par la disparition du souverain, monarchique ou populaire. Strictement parlant, il ne peut pas y avoir de loi, de droit de l'environnement qui en refléteraient les exigences dernières. L'expert apparaît dans la disparition du souverain. Et peut-être est-ce la fonction de l'expertise que de fournir un langage, qui ne peut plus être le langage juridique du contrat social, dans lequel pourra s'effectuer le nouveau débat social sur les valeurs. Ce serait le rôle des experts, plutôt que d'avoir à fournir des solutions et à formuler des impératifs, que de donner les termes qui rendraient possible cette négociation infinie sur les valeurs qu'instituent le thème et les pratiques de l'environnement.

François Ewald

Quand la science met l'inconnu dans le monde[1]

Denise Jodelet et Carole Scipion

On critique les sondages, mais ils disent plus qu'on ne le croit. D'autres que leurs commanditaires peuvent y trouver pâture. Ils y liront les symptômes de l'incohérence d'une opinion mobilisée par l'environnement, mais fragilisée par la science, ballottée par l'actualité, les médias et le politique, en quête de savoir et de directives.

Dans son expression, l'opinion publique en matière d'environnement pose un défi aux sciences sociales : trouver le lien existant entre deux sortes de manifestations qui semblent obéir à des logiques différentes mais sont en fait au cœur d'un même système d'interaction complexe entre les décisions du politique, les informations de la science et les communications de masse. D'un côté, les manifestations correspondant aux réponses recueillies dans les sondages d'opinion qui continuent de faire florès et de produire leurs effets, malgré les critiques dont ils sont l'objet aux plans conceptuel et méthodologique. De l'autre, celles qui se concrétisent en phénomènes collectifs (émergence de mouvements sociaux, d'associations militantes, d'actions protestataires...), et en comportements individuels ou socialement partagés (votes, pratiques de protection de l'environnement...). Les unes et les autres peuvent avoir un impact social et politique notable, similaire ou non selon les situations. Mais bien qu'interdépendantes dans cer-

1. Cet article émane d'une recherche réalisée dans le cadre de la convention École des hautes études en sciences sociales (EHESS) et du Service de recherche du ministère de l'Environnement.

tains cas, elles sont le plus souvent difficiles à mettre en rapport, notamment quand il s'agit de passer des sondages à leur incidence sur l'action.

Cela témoigne d'un vide scientifique quant à la compréhension des processus de formation des opinions et de leur dynamique dans le champ social structuré autour de l'environnement, et aux tensions duquel participe l'opinion publique, à côté d'autres acteurs. Ce vide scientifique doit être comblé en allant au-delà des critiques classiquement adressées à la notion d'opinion publique et à son étude. Le constat fait depuis plus de vingt ans, en France et en Europe, de l'incidence sociale des phénomènes d'opinion relatifs à l'environnement en appelle une analyse plus approfondie.

Une fiabilité relative

Il ne s'agit pas de rejeter en bloc les arguments avancés contre les sondages d'opinion : dépendance des résultats par rapport à la construction et à la passation des instruments de collectes de données, contingence des réponses eu égard aux situations conjoncturelles et à l'actualité ; présupposés de leur analyse (illusion d'un consensus social, effacement de la spécificité des groupes et acteurs sociaux, sujétion des individus à un discours dominant...) ; usage qui en est fait (légitimation d'un ordre établi, de décisions politiques, masquage de conflits sociaux, manipulation des pouvoirs - majorité ou opposition -, constitution de groupes de pression pour vaincre la résistance des lobbies, etc.) ; enfin, moindre pertinence, par rapport à d'autres techniques, pour saisir les demandes et les besoins sociaux, les positions effectives de sujets en situation, et prédire non seulement des comportements simples et ponctuels mais d'autres qui engagent des systèmes de pensée et de valeur complexes, ou supposent une modification des modèles et des habitudes de vie. La plupart de ces biais ont une répercussion sur l'établissement des positions adoptées vis-à-vis des questions environnementales et doivent être pris en compte dans les phénomènes que nous étudions.

Ainsi, certains sondages, commandités par des institutions gouvernementales, des organes politiques ou par les médias pour évaluer l'adhésion effective ou potentielle à certains thèmes et les tendances sur lesquelles s'appuyer ou agir, donnent à voir et instillent dans le public les préoccupations des milieux dirigeants à une période donnée. Ils alertent l'attention et modèlent les sensibilités. Ce à quoi contribue également, par une sorte d'effet boomerang, le renvoi que les médias font au public de la photographie de ses opinions.

Tout en faisant les réserves d'usage sur la fiabilité des sondages, on peut néanmoins procéder à une lecture de leurs résultats révélant certains des processus qui déterminent la sensibilité sociale à l'environnement et son évolution[2]. Cette lecture « symptomatique » verra, dans la persistance ou la fluctuation des réponses à travers le temps, dans leur caractère plus ou moins massif, des indicateurs des intérêts, sentiments et dispositions mobilisés par l'environnement. Elle traitera les opinions non comme des données autonomes et discrètes, mais comme partie intégrante de systèmes de représentations et d'attitudes où viennent s'inscrire les informations, les prescriptions implicites ou explicites qui, émanant des instances scientifiques, politiques ou médiatiques, sont susceptibles d'y induire perturbations et inconsistances. Celles-ci seront examinées à propos de l'évaluation globale des problèmes environnementaux, des positions adoptées vis-à-vis de thèmes spécifiques, de l'information, de l'imputation de responsabilité et de l'engagement personnel.

Comment se polarise l'opinion

À en juger par les récents sondages, il y aurait une forte sensibilisation du public aux problèmes d'environnement qui se placent en deuxième position parmi *les changements auxquels on est le plus sensible*[3], *les préoccupations pour l'avenir*, et en troisième position parmi *les questions les plus graves des années quatre-vingt-dix*[4]. L'état actuel de l'environnement n'apparaît bon qu'à 15 % de la

2. Les sources auxquelles se réfère notre examen consistent en : articles ou chapitres d'ouvrages, rapports d'instituts de sondages, résultats et commentaires de sondages parus dans la presse. Cet examen porte sur les deux dernières décennies mais n'est pas exhaustif, procédant par coups de sonde pour saisir la construction des phénomènes d'opinion.

3. « Les Européens et l'environnement », Faits et Opinions/Commission des Communautés européennes, 1982.

4. *Max*, novembre 1989.

population française[5] qui semble prête à s'impliquer dans sa défense : plus de six personnes sur dix accepteraient de *payer un impôt vert*[6] et de *payer plus cher pour des emballages biodégradables*[7] : celles qui sont *disposées à restreindre l'utilisation de leur automobile* s'échelonnent, selon les sondages, entre 67 %[8], 74,8 %[9] et 80 %[10] des échantillons interrogés. Jusqu'aux milieux de la mode qui s'emparent du thème de la protection de la nature, avec *Elle* et le dernier salon du prêt-à-porter féminin placé sous le signe de la « mode potager ».

Par rapport à la situation observée dans la première moitié des années quatre-vingt, cela représente une véritable montée en puissance de l'attention portée à l'environnement dont il faut chercher l'explication, la signification et la portée exacte.

À travers le temps, les sondages confirment que la conjoncture économique et le climat social infléchissent l'intérêt porté à l'environnement. Celui-ci a connu, après l'effervescence des années soixante-dix, un net tassement du fait de la crise, la conscience des problèmes se faisant moins aiguë et la demande sociale moins exigeante (Barre, Theys, 1985 ; Bonnal, 1980). Depuis 1980, les sondages ont contribué à ce mouvement. Ils ont peu donné évidence, dans leurs questions, à l'environnement et ont renvoyé à l'opinion un portrait d'où celui-ci était initialement absent[11].

Le *Plan national pour l'environnement* (Chabasson, Theys, 1990) situe la naissance et la maturation de la sensibilité écologique entre deux bornes constituées par l'accident du *Torrey Canyon* en 1967 et celui de Tchernobyl en 1986. Il mentionne également le rôle joué par les découvertes scientifiques comme celle du « trou

5. « Les Français et l'environnement », L. Harris/ministère de l'Environnement, 1989.
6. BVA/*Paris Match*, 26-04-1990.
7. Cf. « Les Français et l'environnement, 1989, sondage cité.
8. Cf. BVA/Paris Match, 1990, sondage cité.
9. KRIEF/FR3/*Le Parisien*, 26-03-1990.
10. « Vacances propres, à vous de jouer », IPSOS/ANRED/Les Transformeurs, juillet 1990.
11. Un exemple : les fascicules que la SOFRES a publiés annuellement, à partir de 1984, concernant les « résultats des principales enquêtes politiques et sociologiques » qu'elle a effectuées, n'abordent que rarement les thèmes touchant à l'environnement que l'on pouvait s'attendre à mieux voir figurer dans un large éventail de sujets incluant les mœurs, les modes de vie et même les personnalités du monde du spectacle et de l'audiovisuel. Dans les index et abécédaires de l'opinion, *nuisance* n'apparaît jamais ; *pollution*, une fois en 1987 ; *écologie*, une fois en 1989 ; *environnement*, seulement trois fois, en 1985, 1987, 1990. Et l'on pourrait continuer.

d'ozone » en 1985. Cette datation peut être complétée sur plusieurs plans, éclairant la polarisation de l'opinion. Au plan des accidents, rappelons celui de la pollution du Rhin (1986), celle de la Loire après l'incendie de l'usine Protex (1988) et le naufrage de l'*Exxon Valdez* en Alaska (1989). Au plan des réunions internationales, citons la signature du protocole de Montréal (1987) et la Conférence internationale de La Haye (1989) sur l'utilisation des chlorofluorocarbones (CFC) ; la convention de Bâle sur le transport des déchets dangereux (1989), l'accent mis sur les problèmes d'environnement lors du Sommet des sept pays industrialisés à Paris en juillet 1989 ou la conférence des parties consultatives du traité de l'Antarctique la même année.

Au plan politique, le succès du *Parti vert* aux élections municipales et européennes de 1989, l'organisation par le gouvernement ou d'autres instances de nombreux colloques rassemblant d'éminentes autorités scientifiques : « Planète-Terre » clôturé par F. Mitterrand, « Écologie et pouvoir », « Pollution, atmosphère, climat ». Au plan des médias, enfin, qui, dans plusieurs cas, orchestrent et amplifient les initiatives politiques : en 1989, la réalisation d'émissions chocs (*La marche du siècle* sur A2, *J'y crois dur comme terre* sur TF1, etc.) ou la campagne organisée autour de l'Amazonie avec l'invitation par le chanteur Sting de l'Indien Raoni qui fut reçu par de nombreuses personnalités politiques et passa, comme le commandant Cousteau à propos de l'Antarctique, toute une journée sur *Europe 1*.

D'autre part, et en dehors des informations données sur des problèmes spécifiques, certains journaux prirent des initiatives spectaculaires : *Times*, en faisant la une du premier numéro de l'année 1989 sur la « Terre en danger » élue « planète de l'année », *Libération* avec un numéro spécial « La Terre perd la boule », *Le Nouvel Observateur, L'Événement du jeudi* et *Le Monde diplomatique* en consacrant des dossiers au thème de l'environnement. La reprise de ces thèmes par la grande presse est d'autant plus frappante que les années quatre-vingt avaient vu disparaître la presse écologiste *(La Gueule ouverte, Le Sauvage...)* qui, longtemps, avec la presse de vulgarisation scientifique, en avait donné une information autonome et conséquente.

Cette focalisation de l'action politique et médiatique, qui a pris une intensité jamais égalée jusqu'alors, attestait la plus grande visibilité de la dégradation de l'environnement et l'organisation de sa défense aux niveaux européen et mondial. Mais surtout, elle s'appuyait sur l'alerte donnée par les scientifiques à propos des risques majeurs ou planétaires. On a pu ainsi observer, dans la communication sociale, un phénomène de cumul où le politique et les médias ont pris le relais et mis en scène, pour des raisons qui leur sont propres, les informations scientifiques. Ce phénomène de *cumul-relais* va avoir un effet spécifique sur l'état de l'opinion dont on peut se demander s'il est bien reflété par les sondages. Ceux-ci traduisent-ils vraiment une évolution des positions du public ou en masquent-ils, sous de nouvelles questions, la stabilité, les ambiguïtés, voire les contradictions ?

L'anxiété prospective

Une première question est soulevée par l'augmentation d'un sentiment général de peur, alors que la tendance à une sous-estimation subjective des risques, qui est un fait largement établi dans les sciences sociales, est confirmée dans les sondages[12]. On sait que la réponse du public aux questions environnementales, loin de reposer sur une estimation objective et rationnelle, est régie par des catégories cognitives culturellement déterminées (Douglas, Wildavsky, 1982), une évaluation morale et politique qui responsabilise les instances gouvernementales et industrielles, et fait primer l'intérêt collectif (Douglas, 1986), et une activation des réactions émotionnelles (Gray, 1985). Dans le cas qui nous occupe, ce processus semble être favorisé par l'amplification médiatique des dramatisations (Fabiani, 1986) et controverses scientifiques concernant les changements globaux. Avec pour traduction une augmentation du niveau d'anxiété qui rend compte de la physionomie actuelle de l'opinion.

En effet, l'historique des sondages montre que, dans les cas où les problèmes d'environnement sont comparés à d'autres problèmes de société, les réponses varient plus qualitativement qu'en intensité quantitative. L'importance qui leur est reconnue reste stable. Dès les années soixante-dix, l'environnement recevait des scores élevés : classé en seconde position comme *centre d'intérêt* (Antoine,

12. « Les Français et l'environnement », SOFRES/ministère de l'Environnement, 1980.

1978), au troisième rang des *problèmes importants*[13], il passait au premier rang des *priorités* dans la défense contre les menaces sociales (Antoine, 1978). La projection d'anxiété met en relief le facteur environnement. Trait qui va être accusé dans les sondages postérieurs à 1985 où les réponses deviennent labiles selon que les questions posées évoquent ou non l'idée d'inquiétude pour le présent ou pour l'avenir.

Ainsi, quand les questions réfèrent à la résolution de problèmes concrets, à des situations auxquelles il faut faire face dans l'immédiat, l'environnement est placé nettement en retrait par rapport à d'autres problèmes. Comme *priorité, sujet qui préoccupe le plus, problème le plus important à résoudre*, l'environnement est situé, dans les années 1989-1990, à la cinquième[14], à la sixième[15], et même la huitième place (Duflos, 1989). Il en va de même pour d'autres critères de hiérarchisation pratique, comme l'allocation de moyens financiers[16]. En revanche, les questions qui mentionnent les termes de *menace, crainte, peur, inquiétude* pour le présent et surtout pour l'avenir propulsent l'environnement en tête de tous les problèmes[17]. Cette tendance se renforce avec le temps, comme l'illustre une même question qui, posée en 1988, 1989 et 1990, fait passer l'environnement respectivement du sixième au quatrième, puis au deuxième rang des *problèmes à affronter pour les générations futures*[18].

Cette pondération différentielle de la gravité selon le type de question montre que l'environnement éveille, plutôt que des préoccupations immédiates et une mobilisation effective, des anxiétés diffuses. Ce que confirme l'évolution de la nature des problèmes de société auxquels il est comparé. Au cours des deux dernières décennies, avec une comparaison référant à des critères d'intervention immédiate, l'environnement est toujours mis en regard de sujets touchant au bien-être, à la qualité de la vie ou à l'économie (chô-

13. Cf. « Les Européens et l'environnement », sondage cité.
14. SOFRES/*L'Expansion*, 8-03-1990.
15. « Régions et environnement », OIP, 1989.
16. SOFRES/*Figaro Madame*, 1990.
17. « Les Français et la protection de la nature », CSA/*Sélection du Reader's Digest*, mai 1988 ; « Régions et environnement », sondage cité ; « Les Français et l'environnement », sondage cité ; et « Les peurs des Français », HESI/CEVIPOV, in *Le Quotidien*, 8-06-1990.
18. « Les Français, l'environnement et le Plan national pour l'environnement », CSA/ministère de l'Environnement, juin 1990.

mage, niveau de vie, inflation, hausse des prix, emploi, inégalités)[19] (Antoine, 1978 ; Barre, Theys, 1985 ; Bonnal, 1980). Avec des comparaisons faisant appel à l'angoisse ou à l'idée de danger, il est assimilé à un autre ordre de problèmes touchant à la santé et à la sécurité, reléguant loin derrière toutes les autres préoccupations[20] (Duflos, 1989 ; 1990). Il relève alors de l'univers de l'insécurité biologique et sociale avec le sida, la drogue, le terrorisme, la violence et l'insécurité, et devient un *fléau social*, défini par son caractère massif et incontrôlable.

Un enjeu vital

Dans cette évolution, les connotations de l'idée d'environnement ont profondément changé. On s'y rapportait, par le passé, principalement au nom d'exigences concernant la qualité de la vie et de son cadre, de la moralisation de la consommation ou de la recherche du bien-être privé (Antoine, 1978 ; Barre, Theys, 1985). Il est devenu un enjeu vital. De l'univers rationnel de la gestion du quotidien, il est passé à celui, irrationnel, de l'angoisse de mort. On a montré que les peurs environnementales sont d'autant plus aiguës que les menaces sont invisibles. L'afflux des alertes concernant la planète lancées par les scientifiques et reprises par les politiques et les médias crée un climat d'inconnu et d'inquiétude d'autant plus perturbateur pour l'opinion que la science ne rassure ni sur l'avenir, ni sur son pouvoir.

Seule une faible proportion de personnes estime que les découvertes scientifiques et leurs utilisations conduisent à une amélioration de la vie quotidienne, encore leur optimisme s'est-il modéré entre 1978 et 1984 (Credoc, 1978-1985). En 1980, la dégradation de l'environnement est la première *des menaces que le développement de la science et des techniques fait peser sur le monde*[21]. En 1989, les retombées de la science sont implicitement mises en cause

19. BVA/*Paris Match*, Baromètre, 11-02-1983 ; « Les Français et la protection de la nature », sondage cité ; « Les Français et l'environnement », 1989, sondage cité ; « Les Français, l'environnement et le Plan national pour l'environnement », sondage cité.
20. « Régions et environnement », sondage cité ; « 100 Français pour l'an 2000 », IPSOS/*Le Point*/Fondation du futur, 11-12-1989 ; et « Les peurs des Français », sondage cité.
21. « Les Français face à la science », *La Croix*, 18-11-1980.

dans « un monde qui bouge », la dégradation de l'environnement figurant au second rang des changements après le progrès médical et juste avant le progrès scientifique et technique. De plus, la confiance dans le progrès scientifique apparaît nettement supérieure dans le domaine du sida à ce qu'elle est dans celui de l'environnement[22].

Le rapprochement du domaine de l'environnement et de celui de la santé n'est pas un artefact des sondages, d'autres enquêtes en établissent la force. Dans une recherche que nous menons actuellement sur la contagion, ils sont assimilés. Et, fait significatif, les interviewés soulignent que, dans les deux cas, les incertitudes de la science, l'étalage de leurs controverses sur les médias renforcent leur anxiété. Dans le prisme de l'opinion publique, la science prend ainsi un triple visage anxiogène. Celui de la science-problème qui trahit ses promesses par les retombées nuisibles qu'elle a sur la vie de l'homme et de la nature. Celui de la science-solution qui, par une maîtrise approximative des processus contre lesquels elle lutte, déçoit les attentes. Celui de la science-incertitude, d'apparition plus récente dans le paysage social, qui, faisant émerger de nouveaux dangers, provoque une inquiétude d'autant plus vive qu'elle paraît, en raison de ses controverses, indécise.

Contradictions et disponibilités de l'opinion

L'inconnu que la science met dans le monde forge une nouvelle sensibilité écologique. Mais, dans une *« société vulnérable »* (Theys, 1987), l'opinion, fragilisée par le manque d'information sérieuse, devient un lieu d'incohérences.

En effet, le désir d'information, précocement exprimé, ne s'est pas démenti. Dès les années soixante-dix, la demande était forte. Elle a concerné la moitié de la population en 1974, les deux tiers en 1977 (Antoine, 1978), les trois quarts dix ans plus tard[23]. Elle s'accompagne du souhait de voir figurer, dans les programmes scolaires, une *formation* sur l'écologie, les bases de la protection de

22. « Encyclopaedia Universalis », in *Le Quotidien*, 8-06-1990.
23. « Les Français et l'environnement », SOFRES/ministère de l'Environnement, 1987.

la nature et du respect de l'environnement. Ce souhait, exprimé par 63 % des Français en 1978 (Antoine, 1978), en concerne plus de 90 % en 1989 et 1990[24], manifestant la conscience d'une nécessaire vigilance pour le futur. Ce qui n'empêche pas les incohérences du présent.

Car la demande d'information non satisfaite par les pouvoirs publics est mal comblée par les médias, d'où résulte le caractère approximatif ou lacunaire du savoir dont on s'accommode d'ailleurs pour émettre des avis sur des sujets peu ou mal connus. En 1987, alors que le thème n'a pas encore fait l'objet d'une véritable vulgarisation dans le public, la question très spécialisée *avez-vous entendu parler de la diminution de la couche d'ozone autour de la terre ?*[25] obtient 52 % de réponses affirmatives. Mais, deux ans plus tard, un échantillon qui a classé *la destruction de la couche d'ozone* au deuxième rang (sur 13 items) des *problèmes majeurs pour la France* fait de *la suppression des CFC dans les aérosols* seulement la dixième (sur 14 items) de ses *préoccupations personnelles*. La mésinformation crée ainsi une fausse familiarité peu propice à entraîner un engagement privé dans la protection de l'environnement.

Quand bien même on s'affirme prêt à faire des efforts dans ce sens[26], *le caractère non polluant des produits* passe au septième rang des critères d'achat pour l'automobile, et après *le prix* et *l'efficacité* pour les lessives. Instables dans leurs intentions, les Français manifestent d'ailleurs un singulier manque de confiance dans leur capacité à assumer la défense de l'environnement, appelant de leurs vœux le soutien des réglementations gouvernementales. En 1988, 78 % approuvent la réglementation *parce qu'on ne peut pas compter sur la responsabilité de chacun à l'égard de l'environnement*[27]. Et il suffit que le battage médiatique s'atténue pour que la bonne volonté cède le pas au besoin d'obéissance. Début 1990, six mois seulement ont suffi pour que le pourcentage des personnes qui se

24. « Les Français et l'environnement », 1989, sondage cité ; « Vacances propres, à vous de jouer », sondage cité.
25. « Les Français et l'environnement », 1987, sondage cité.
26. « Les Français et l'environnement », 1989, sondage cité.
27. « Les Français et l'environnement », CSA/ministère de l'Environnement, décembre 1988.

déclarent *prêtes à payer plus cher dès maintenant des produits non polluants* passe de 66 % à 45 %, tandis que le pourcentage de celles *qui ne le feraient que si une réglementation les y obligeait* augmente de 30 % à 48 %[28].

Diluée lorsqu'elle concerne la lutte pour l'environnement, la responsabilité l'est aussi quand il s'agit des agressions portées contre lui[29]. Ce qui conduit à une posture de refuge où l'on s'abrite derrière le législateur ou le technicien. Cette division du travail social est illustrée dans les sondages sur le nucléaire. Le *sentiment d'être mal informé* concerne entre 77 % et 93 % des personnes, qu'il s'agisse des risques, conséquences, coûts et avantages de l'énergie nucléaire, des mesures de protection à prendre[30]. Cependant, la sécurité de la technologie française permet de « faire avec » le manque d'information et de se réassurer. Après l'accident de Tchernobyl, l'occultation de la vérité a été vivement ressentie mais l'on a nettement plus gardé sa confiance aux responsables du CEA et d'EDF, et aux écologistes, qu'au gouvernement ou aux journalistes jugés les moins crédibles[31]. On pense moins en 1986 qu'en 1979 que des accidents graves de centrales nucléaires seraient cachés en France[32]. Et si les risques du nucléaire ont toujours été sensibles pour un noyau dur représentant près de la moitié de la population[33] (Antoine, 1978), le reste de l'opinion a été peu ébranlé par la catastrophe de Tchernobyl[34].

Le niveau d'inquiétude ne paraît s'élever vraiment que dans le cas d'un sondage régional (Alsace[35]) et d'une enquête menée pour *L'Express*[36]. Cependant, envisager l'éventualité d'un accident nucléaire en France ne conduit ni à retirer sa confiance aux res-

---

28. « Les Français, l'environnement et le Plan national pour l'environnement », sondage cité.
29. Cf. BVA/*Paris Match*, 1990, sondage cité.
30. « Les Français veulent la vérité », IPSOS/VSD, 15 au 21-05-1986 ; L. Harris/*Nouvelle République d'Alsace*, 30-05-1986 ; Gallup/Faits et Opinions/*L'Express*, 24-10-1986 ; *Que Choisir*, avril 1987 ; Gallup, Faits et Opinions/*L'Express*, 24-04-1987 ; ISERCO, L'Alsace, 04-06-1987.
31. Cf. « Les Français veulent la vérité », sondage cité.
32. Cf. L. Harris/*Nouvelle République d'Alsace*, sondage cité.
33. Cf. « Les Français et l'environnement », 1980, sondage cité ; Gallup, Faits et Opinions, 1986, sondage cité ; Gallup, Faits et Opinions, 1987, sondage cité.
34. Cf. « Les Français veulent la vérité », sondage cité.
35. Cf. « Nouvelle République d'Alsace », sondage cité ; « L'Alsace », sondage cité.
36. Cf. *Faits et Opinions*, 1986, sondage cité ; *Faits et Opinions*, 1987, sondage cité.

ponsables, ni à refuser l'utilisation des centrales[37]. Et, par un effet de réduction de dissonance cognitive, on accepte *ce mal nécessaire*[38], justifiant la politique française en matière nucléaire au nom du progrès technologique, de l'économie ou de l'autonomie[39]. L'opinion est en quelque sorte prise dans les rets du consensus national qui fait de la technologie nucléaire l'outil de l'indépendance et de la fierté de la France, y compris aujourd'hui en matière écologique.

La recherche en psychologie a montré les limites des messages fondés sur l'appel à la peur et le caractère peu motivant pour l'action de ceux qui présentent des anticipations, positives ou négatives, concernant le futur. La recherche sur l'environnement souligne l'espèce d'aveuglement volontaire, pour des raisons d'équilibre psychologique, aux risques dont on est trop proche. Quel peut donc être l'incidence de l'élévation du niveau d'anxiété à propos de l'avenir de la planète ? Les contradictions que mettent en évidence les sondages laisseraient penser, en première approximation, à un simple effet psychologique donnant à l'humeur populaire des colorations sombres. Réponses de façade, très dans l'air du temps, mais qui ne se traduiraient guère dans des dispositions d'action au niveau personnel. Et pourtant les manifestations collectives en faveur de l'environnement sont là pour attester que cette opinion peut passer à l'acte par des votes ou des actions au plan local, qui a toujours été tenu pour le lieu privilégié de décision et d'intervention[40].

On peut envisager que l'effet de cumul-relais des messages adressés par la science, le politique et les médias sur l'environnement met la sensibilité collective en état de réceptivité au discours écologique, de disponibilité aux actions pro-environnementales et d'ouverture sur l'avenir. Mais pour que cet état d'éveil se concrétise au plan des conduites, il faut un renforcement. Celui des actions menées localement, l'actualité politique l'indique bien ; mais pour-

37. Cf. « Nouvelle République d'Alsace », sondage cité ; « quatre ans après Tchernobyl », BVA/TF1/*Le Parisien*, 23-04-1990.
38. Cf. « L'Alsace », sondage cité.
39. Cf. *Que choisir*, avril 1987.
40. Cf. « Les Français et l'environnement », 1980, sondage cité ; « La percée des écologistes dans l'opinion des Français », SOFRES/*Figaro/Europe 1*, 31-03-1989 ; « Les Français et l'environnement », 1989, sondage cité.

quoi pas celui d'une action concertée et cohérente de la part des pouvoirs publics ? Si l'on fait peu aujourd'hui pour l'environnement, on se dit prêt à le faire demain, pour peu que l'on dispose des informations qui assurent les jugements, des moyens qui autorisent de nouveaux comportements, des réglementations qui orientent les volontés et contraignent les intérêts. Ainsi parlent les sondages.

Denise Jodelet et Carole Scipion

Expertise et contre-pouvoir

Michèle Rivasi

La contre-expertise est-elle possible ? Premier laboratoire indépendant de mesure de la radioactivité, la CRII-RAD est créée en 1986 ; ses projets : sortir de l'archaïsme des structures d'informations unilatérales et tenter d'assurer le fonctionnement démocratique des prises de décision. Histoire d'un outil, avec ses exigences, ses conditions d'existence et ses limites.

Saint-Thibault-les-Vignes, 16 novembre 1990 : la population est venue nombreuse à la réunion organisée par la mairie. Au programme, l'installation d'une usine de gammagraphie sur le territoire de la commune. Un projet qui suppose la détention de nombreuses sources radioactives et leur transport régulier sur les différents sites à radiographier. Un risque dont la population ne veut pas... Mais comment argumenter face aux industriels et au dossier technique qu'ils présentent ? Tout semble prévu et sans risque.

Le maire de Saint-Thibault a décidé de faire venir un expert. Coup de théâtre car personne ne sait qui il est, à quelle structure il appartient, quel rôle il va jouer. Aussi, quand il pénètre dans la salle, l'animosité est presque sensible tant la population craint que son intervention ne la prive de son pouvoir de décision. Chasse gardée d'une caste de scientifiques plus ou moins partie prenante de son développement, tout ce qui touche au nucléaire reste trop souvent hors d'atteinte des simples citoyens. Coincés entre la technicité des dossiers et le manque d'experts indépendants, ils sont maintenus à l'écart du débat.

Pourtant, ce soir-là, l'expert répond à l'attente de l'assistance, présente une analyse critique, interpelle les industriels et met le doigt sur les insuffisances du dossier. En fait c'est la présidente de la Commission de recherche et d'information indépendantes sur la radioactivité (CRII-RAD) qui s'est rendue, à titre d'expert, ou plutôt de contre-expert, à l'invitation du maire soucieux d'offrir un véritable débat contradictoire à ses administrés.

Quatre ans plus tôt, c'était cette même volonté de sortir de l'archaïsme de structures d'information unilatérales qui présidait justement à la naissance de la CRII-RAD et la conduisait à monter le premier laboratoire indépendant de mesure de la radioactivité.

Beaucoup de chemin a été parcouru depuis, mais l'émergence d'un nouveau type de contre-expert est-elle suffisante pour restituer et garantir, dans le domaine du nucléaire, le fonctionnement démocratique des prises de décision ?

Naissance d'un contre-instrument

26 avril 1986 : l'un des réacteurs de la centrale de Tchernobyl explose. Pour limiter les effets de la contamination, la plupart des pays d'Europe réglementent la consommation du lait et des légumes frais ; en Allemagne, on recommande aux parents de ne pas laisser les enfants jouer dans les bacs à sable...

En France, en revanche, les messages officiels annoncent successivement que le territoire est protégé par un anticyclone, puis, curieusement, que la situation est redevenue normale.

Mais tout le monde n'accepte pas la thèse officielle : dans la Drôme un groupe de particuliers et de scientifiques effectuent des prélèvements de sol et de végétaux. La radioactivité est indétectable par nos sens. La mesure et l'identification des substances radioactives supposent un équipement spécifique et un personnel compétent.

Alors, vers qui se tourner pour les analyses ? Les principaux exploitants du nucléaire, EDF et le Commissariat à l'énergie atomique (CEA), précisent d'emblée qu'ils n'effectuent pas d'analyses pour les particuliers. Alors qu'il est essentiel d'agir très vite, notamment en cas de contamination par l'iode, le SCPRI[1], service spé-

1. SCPRI : Service central de protection contre les rayonnements ionisants.

cialisé du ministère de la Santé, « responsable » de l'information sur la contamination de Tchernobyl, demande, lui, trois semaines de délai ! Quant aux laboratoires de recherche, accaparés par leurs propres travaux et confrontés au problème du financement de leurs programmes... leur marge de manœuvre est réduite.

D'emblée, et malgré l'aide courageuse du laboratoire de physique nucléaire du CNRS de Lyon, le problème de fond est posé : sans instrument de recherche indépendant, impossible d'échapper aux mensonges et au monopole, pas d'alternative à l'information officielle, pas d'outil de contre-expertise. Ce sera donc la spécificité de la CRII-RAD : disposer de son propre laboratoire de mesure :

- formation spécifique, acquisition d'un matériel de haute précision, élaboration de protocoles rigoureux, intercomparaisons avec d'autres laboratoires... les résultats CRII-RAD doivent être inattaquables ;
- cotisations des membres de l'association, facturation des mesures, vente de la revue : aucune dépendance financière, aucun lien avec le lobby nucléaire, aucun moyen de pression, le laboratoire doit être totalement indépendant.

Son premier travail est d'établir une carte de France des retombées de Tchernobyl. Les analyses des carottages de sol permettent de localiser de nombreux points chauds dans la moitié est de la France, une réalité très éloignée des moyennes régionales données par les services officiels.

Une image de compétence et d'indépendance

Il était décisif pour les gestionnaires du nucléaire que la CRII-RAD ne soit qu'une expérience éphémère, conséquence malencontreuse de Tchernobyl, destinée à disparaître dès que l'angoisse suscitée par l'accident se dissiperait. Isolée, la CRII-RAD ne jouerait pas longtemps les trouble-fête.

Pressions, intimidations, manipulations... le pouvoir central s'est efforcé de marginaliser l'association et d'empêcher son insertion dans le tissu social : écolos, alarmistes, irresponsables, antinucléaires... les étiquettes allaient bon train.

Alors que, dans la plupart des pays d'Europe, les gouvernements avaient mis en place des procédures spéciales pour éliminer les produits les plus contaminés et indemniser en conséquence les producteurs, le préfet de la Drôme conseillait pour sa part à un agriculteur demandant une indemnisation « de porter plainte en diffamation contre les différentes personnes ou organismes dont l'irresponsabilité l'a conduit à la mévente de ses produits », car « il n'existe pas de procédure permettant l'indemnisation d'agriculteurs qui auraient subi des pertes de vente en raison de la campagne alarmiste menée par les milieux antinucléaires ».

Malheureusement pour tous ceux qui avaient intérêt au maintien du monopole et du contrôle de l'information, la CRII-RAD n'a pas été la seule à tirer les leçons de Tchernobyl. Interpellés par leurs administrés, démunis devant l'inconsistance des réponses officielles, de nombreux élus locaux ont ressenti le besoin de disposer d'une autre source d'information que l'information officielle discréditée, et de pouvoir s'adresser à d'autres experts que les experts officiels.

Point d'orgue de cette évolution, le dossier des balises : la mise en place, par les élus locaux et la CRII-RAD, de balises de contrôle en continu de la radioactivité atmosphérique, et les efforts du pouvoir central pour y faire échec. Avril 1989, la CRII-RAD est déjà intervenue en Alsace, à la demande du conseil régional, qui a pris la décision de s'équiper. Confrontés, à l'occasion de plusieurs incidents, au silence de la préfecture et du SCPRI, les élus drômois sont prêts à collaborer avec la CRII-RAD. La situation devient critique. La préfecture de la Drôme organise alors à Valence une démonstration spectaculaire pour tenter de faire avorter cette initiative locale : le professeur Pellerin, directeur du SCPRI, est venu en personne avec son fameux wagon mobile pour le contrôle des personnes contaminées. Mais les élus tiennent bon, la manifestation est un échec et le conseil général réaffirme le jour même son intention de mettre en place des balises de surveillance. Bilan au début 1991 : la CRII-RAD dispose de sa propre balise, assure la gestion technique des trois balises de la Drôme, tandis que de nombreuses régions ont suivi l'exemple des élus alsaciens et drômois.

En quatre ans et demi, la CRII-RAD a acquis une image de compétence et d'indépendance. Interlocuteur reconnu, elle a été sollicitée par des particuliers, bien sûr, mais aussi, et de plus en plus, par des associations de consommateurs, de protection de l'environnement, par des élus locaux, par des journalistes. Loin de s'être laissé enfermer dans la gestion de l'après-Tchernobyl, elle en a fait un tremplin. Les populations et leurs représentants ont appris à utiliser son laboratoire pour évaluer l'impact des installations nucléaires implantées sur leur territoire : étude radio-écologique autour de la centrale de Nogent-sur-Seine à la demande de l'association Stop-Nogent ; point zéro avant le démarrage de la centrale de Golfech à la demande du conseil général de Tarn-et-Garonne ; contrôle des rejets de l'usine Rhône-Poulenc dans la baie de La Rochelle, à la demande des Verts Poitou-Charente ; campagne d'analyses sur le radon, les champignons, Tchernobyl, à la demande de la revue *Que choisir* ; étude d'impact de la centrale de Creys-Malville pour le Comité Malville, etc.

Dossiers d'expertises : l'envers du décor

Sollicitée de plus en plus fréquemment pour donner son avis sur des dossiers fournis par l'exploitant, la CRII-RAD a pu mesurer l'écart existant entre l'aura de technicité scientifique dont ils bénéficient et la réalité de leur contenu.

Enquête publique réglementaire avant le démarrage de la centrale nucléaire de Golfech : à la demande de la Commission locale d'information, la CRII-RAD a rédigé un rapport sur le dossier fourni par EDF à l'appui de sa demande d'autorisation de rejets radioactifs dans l'environnement. Conclusions : lacunes, défauts de méthodologie, manque de précision, données inutilisables ou inexactes, hypothèses de calcul non communiquées... le dossier technique est inconsistant. Rien non plus sur les niveaux de risque auxquels les populations seraient exposées en cas d'accident, aucun niveau d'intervention n'a été défini : personne ne sait à partir de quel niveau de contamination les populations seraient évacuées, les aliments retirés de la consommation, les producteurs indemnisés... Comment les populations concernées peuvent-elles évaluer l'impact des installations, les risques et les mesures envisagés ? La procédure d'enquête d'utilité publique n'est qu'un simulacre de démocratie.

Et le dossier de Golfech n'a rien d'exceptionnel ; sur chacun des dossiers où elle a dû intervenir, la CRII-RAD a fait le même constat :

- centrale nucléaire de Fessenheim, Haut-Rhin : première expertise indépendante à l'occasion de la visite décennale. Après des mois de procédures, après les interventions successives des élus locaux et du ministère de l'Environnement, la CRII-RAD a finalement eu accès aux chiffres de rejets de la centrale. Surprise ! De 1977 à 1984, EDF a systématiquement sous-évalué le total annuel de ses rejets liquides et communiqué des chiffres inexacts aux autorités de contrôle ;

- plus récemment : la décharge de Saint-Aubin, dans l'Essonne. Le dossier officiel que le CEA, gestionnaire de la décharge, communique aux autorités de contrôle et aux élus assure, tableaux de chiffres à l'appui, qu'il n'y a dans le sol de la décharge plus aucun radio-élément depuis 1973. Seuls l'acharnement de certains médias et la publication des analyses de la CRII-RAD ont pu mobiliser l'opinion et les élus, et contraindre le CEA à reconnaître la réalité de la contamination : plus de 2 000 becquerels (Bq) par kilo de plutonium alors que les teneurs habituelles sont de l'ordre de 0,01 Bq par kilo.

La liste serait longue, mais, plus grave que l'incompétence des gestionnaires, le fait qu'aucune de ces fautes, de ces anomalies n'ait donné lieu à des sanctions. Pire, ce sont les mêmes insuffisances, les mêmes mensonges que l'on retrouve auprès des services officiels de contrôle.

- Dans la Seine, en aval de la centrale de Nogent, la CRII-RAD mesure à plusieurs reprises dans des mousses aquatiques des concentrations anormales en cobalt 58. Les bulletins officiels du SCPRI affichent systématiquement « AAS » : « Aucune activité significative. »

- À La Rochelle, où l'usine Rhône-Poulenc rejette du thorium, les analyses de la CRII-RAD mettent en évidence des dépassements fréquents des limites autorisées. Les bulletins du SCPRI affichent toujours « Aucune activité significative » et précisent même, quand il devient impossible de nier : « Aucun dépassement significatif des limites. »

- Dernièrement, l'étude d'impact effectuée autour de la centrale de Creys-Malville a permis d'établir le niveau des retombées de Tchernobyl aux alentours de la centrale. Quatre ans après l'accident, la CRII-RAD mesure encore du césium 134, alors qu'il s'est en grande partie désintégré. Or les bulletins du SCPRI de 1986 déclaraient pour leur part qu'aucune quantité mesurable de césium 134 ne s'était alors déposée sur la région.

Le contre-expert : un chien dans un jeu de quilles

Dans un tel contexte, la participation de la CRII-RAD aux réunions et autres commissions d'expertises qui ont tendance à se multiplier ne pouvait se dérouler sans dommage. Elle a en effet introduit un mode de fonctionnement nouveau fondé sur :

1 - la pertinence des analyses, la remise en cause des rapports et l'étude critique sans *a priori* ;

2 - la cohérence entre les constats et les conclusions : la CRII-RAD, à la différence de la plupart des experts, n'est insérée dans aucun organisme lié directement ou indirectement au nucléaire. Elle s'est ainsi désolidarisée d'une partie des experts et s'est opposée au redémarrage de la centrale nucléaire de Fessenheim. De la même façon, elle a émis un avis défavorable à la demande d'autorisation de rejets radioactifs de la centrale nucléaire de Golfech. Elle a également demandé que soient suspendues les procédures de réhabilitation de la décharge d'Itteville. La CRII-RAD n'a aucune vocation antinucléaire. Toutes ses positions ont été argumentées, dossiers et chiffres à l'appui, dans le seul but d'obtenir une véritable information, un contrôle effectif et la protection à laquelle les populations ont droit ;

3 - la publicité de ses études ou de ses expertises a toujours été assurée : communiqués AFP, conférences de presse, lettres ouvertes au Premier ministre, articles dans la revue qu'elle édite... La CRII-RAD a toujours veillé à ne pas se laisser enfermer dans les huis clos sécurisants où les débats sont confinés au cercle restreint des spécialistes : transparence des débats et responsabilisation des experts qui doivent savoir qu'ils ont des comptes à rendre. Les dossiers ne doivent plus demeurer anonymes ;

4 - ce retour de l'information vers le public ou des instances

représentatives permet de poser des garde-fous et de limiter le rôle de l'expert. Il est important que la compétence technique ne se substitue pas au droit des populations à l'information et à la participation aux prises de décision. Aucun expert ou contre-expert ne détient la vérité et celle-ci ne se limite pas à des données purement techniques.

Les garde-fous sont nécessaires car le contre-expert est fragile. Souvent isolé, jouant le rôle du fauteur de troubles, de celui qui remet en question la version officielle et les structures en place, il doit accumuler les preuves s'il veut que les *a priori* soient reconsidérés, sans parler d'arriver à obtenir des sanctions ! Au contraire, la moindre de ses défaillances est exploitée. Pas de droit à l'erreur pour le véritable contre-expert, celui qui dérange.

Dans les commissions qui finissent par se créer quand les problèmes sont portés sur la place publique et que les responsables doivent prendre des mesures, la vigilance est de mise : par qui sont-elles constituées, comment les membres sont-ils désignés, de quels moyens financiers vont-ils disposer, d'où viendra l'argent, ont-ils la volonté d'aller jusqu'au bout et de s'en donner les moyens ?

Car il ne faut pas se leurrer, une véritable expertise ne saurait dépendre des informations de l'exploitant : il faut pouvoir recourir à des intervenants indépendants, il faut pouvoir faire effectuer des mesures par d'autres laboratoires. Il n'y a pas de miracle, les dossiers n'avancent pas spontanément. Il y a en France une politique quasi systématique de rétention des véritables informations. EDF et le CEA ne livrent les chiffres que sous la contrainte. Peu d'amélioration depuis avril 1989 et l'injonction du Premier ministre en faveur de la transparence. L'affaire des décharges nucléaires de l'Essonne est là pour le prouver : à chaque étape des dossiers, le rôle des analyses et du laboratoire de la CRII-RAD a été déterminant. À Itteville, par exemple, où le CEA était sur le point de réhabiliter et banaliser le site, les mesures de radon de la CRII-RAD ont constitué la pierre angulaire du réexamen des procédures et du contrôle de la conformité du site à la réglementation.

La manipulation peut être flagrante, voire caricaturale, comme ce fut le cas justement à Itteville où le président de la commission s'est permis d'établir un rapport final, reprenant largement le point de vue du CEA, sans consultation préalable de la CRII-RAD ou du GSIEN qui avaient présenté des positions fort différentes. Le rapport avait été aussitôt envoyé au Premier ministre et au ministre de l'Environnement. Dans ce cas, la présence des contre-experts n'est qu'un alibi destiné à donner une image sécurisante de pluralité et d'unanimité.

Mais, le plus souvent, la manipulation est plus discrète, le risque plus difficile à définir. La commission se déroule parfaitement, dans le respect du temps de parole de chacun, tout le monde s'exprime, mais tout cela ne débouche sur rien de véritablement constructif, sur aucune véritable garantie. Les personnes mises en cause restent en place, les modes de fonctionnement perdurent.

Au-delà des contre-experts

Si l'on reprend schématiquement la structure de l'expertise, on retrouve essentiellement trois intervenants principaux : le plaignant (les populations concernées), l'accusé (l'exploitant) et le juge (le pouvoir politique). Dans un premier temps, l'apparition d'un contre-expert semble équilibrer la situation en contre-balançant le fait que les expertises émanent plus ou moins directement de l'exploitant. Gage de pluralité, de débat contradictoire, ils semblent permettre un déroulement démocratique de la procédure.

En fait, les différents dossiers sur lesquels a travaillé la CRII-RAD montrent que l'équilibre n'est qu'apparent car le pouvoir politique ne joue pas son rôle et c'est au CEA, à EDF ou au SCPRI qu'appartient la réalité du pouvoir.

Le constat le plus flagrant concerne la dernière affaire en date : la décharge de Saint-Aubin. Alors que le CEA était convaincu de dissimulation, d'incompétence et d'infraction aux réglementations, les élus locaux multipliaient les aveux d'impuissance. Quant au gouvernement, interpellé systématiquement par lettre ouverte, par questions à l'Assemblée nationale et par l'intermédiaire des médias, il s'est avéré incapable de prendre des sanctions contre l'exploitant ou les défaillances de ses services. Image symbole : alors que le ministre de l'Environnement ordonnait à l'Assemblée nationale que la décharge soit fermée au public, le CEA y organisait trois jours plus tard une journée portes ouvertes.

Si, en France, quelques progrès ont été accomplis, si les citoyens sont plus exigeants et plus nombreux ceux qui ressentent le besoin d'une information indépendante... il n'empêche que la persistance de ce type d'outils d'investigation et l'existence de véritables contre-experts demeurent fragiles.

Et surtout, les principales questions restent posées : dans l'univers du nucléaire, on se heurte sans cesse à de profonds dysfonctionnements qui empêchent la mise en place de procédures démocratiques. Pourtant, sans elles, le développement de contre-expertises risque bien de n'être que l'alibi de dispositifs qui fonctionnent à vide.

Seules la vigilance et l'implication de la population peuvent obtenir que les soi-disant dossiers techniques réservés à un petit cercle d'élus deviennent autant de problèmes politiques donnant lieu à consultation et débats contradictoires. C'est au citoyen de contraindre ses représentants à assumer leurs responsabilités, à veiller au respect des règles démocratiques, quel que soit le poids économique et politique des gestionnaires du nucléaire, quel que soit le coût de notre protection et de celle des générations à venir.

Michèle Rivasi

La montée des géocrates[1]

Guy Bêney

La citoyenneté au risque de l'écologisme global : ultime réponse aux dangers partout proclamés, la volonté de « gérer la Terre » fait le lit d'une « géocratie » montante qui impose son idéologie sous une forme plus neuve et séduisante. Thèses biologistes et sélectionnistes ignorant la spécificité humaine, occidentalisme menaçant les pays moins « avancés », n'est-il pas temps de réfléchir à cette dynamique ?

« Notre pays, c'est la planète », a proclamé un collectif de chefs d'État réunis à La Haye ; il s'agit d'une tendance lourde, comme l'a confirmé la déclaration finale du Sommet des Sept (Paris, 1989). Pourtant, la citoyenneté mondiale - et les droits, « universels », qu'elle devrait garantir - n'a guère de réalité pour la plupart des cinq à six milliards de « planétaires ». En fait, ce qui nous pousse à une intégration accrue de la communauté internationale, c'est désormais, dans l'urgence, notre inquiétude quant aux conséquences néfastes de la dynamique humaine - populationnelle, marchande et techno-scientifique - sur l'évolution de paramètres physiques, chimiques et biologiques propres à la planète, en somme le souci de l'*écologie globale*.

On ne connaît que trop la litanie des problèmes écologiques globaux qui nous assaillent : changements climatiques prévisibles causés par l'« effet de serre », excès ou déficits en ozone, explosion démographique, urbanisation sauvage, destruction des écosystèmes

1. Ce texte est une synthèse de la série « Gaïa : de l'hypothèse au mythe », parue dans la *Lettre science-culture du GRIT* (n°s 26, 27, 28, 30-31, 32, 35, 36-37, 1987-1988), ainsi que des articles parus dans la *Revue du MAUSS* (n° 8, La Découverte, 1990) et *Futuribles* (juin 1990).

tropicaux, extinction de milliers d'espèces, etc. L'ampleur des effets des activités humaines tend désormais, dans certains domaines, à atteindre l'ordre de grandeur du jeu global des forces naturelles sur toute la planète, c'est pourquoi elle commence à l'influencer. Sous la contrainte des urgences globales, qui menacent l'*habitabilité* même de la planète, un *consensus* tend à se centrer sur la globalité planétaire, réunissant toujours plus d'acteurs : spécialistes en géosciences, technoscientifiques, environnementalistes, etc., jusqu'aux médias, industriels, religieux, politiques, à prendre en hâte le train vert. L'instinct de survie - ou sa récupération - et la nature globale de la dynamique planétaire les font communier dans ce cri : la Terre est en danger ; elle est perçue comme un « organisme vivant » (« hypothèse Gaïa[2] »), dont il s'agit de protéger la « physiologie ».

Vers un « contrôle planétaire »

Les institutions et organismes internationaux resserrent les liens avec la communauté scientifique mondiale (CIUS), notamment autour du Programme des Nations unies pour l'environnement (PNUE) et d'autres agences des Nations unies (UNESCO, FAO, OMM, OMS...). Dans le cadre des programmes mondiaux[3] « L'homme et

2. Une théorie influence en profondeur les grands programmes d'écologie globale, ainsi que, de plus en plus, l'imaginaire contemporain : l'*hypothèse Gaïa*, formulée par le Britannique et chimiste de l'atmosphère James Lovelock, qui peut s'énoncer ainsi : *l'ensemble de la vie sur Terre contrôle les conditions atmosphériques de façon à maintenir en permanence la biosphère à son niveau optimal.* Globale, « holiste », elle a fait émerger une nouvelle conception de la Terre : la vie apparaît désormais comme *un phénomène unitaire à extension planétaire*. Par son contenu, sa dénomination même, « Gaïa » est amenée à jouer un rôle capital de nouveau cadre de référence pour tous ceux qu'intéresse le devenir planétaire : technoscientifiques (sciences de la Terre, du vivant, de l'organisation, de la société...), environnementalistes, hommes politiques, religieux, etc. Promise à un bel avenir, elle n'est pourtant pas sans dangers. James Lovelock, *L'hypothèse Gaïa. La terre est un être vivant.* Monaco, Le Rocher, 1986 ; *Les âges de Gaïa*, Paris, Laffont, 1990. Voir aussi : Guy Bény, « Gaïa : de l'hypothèse au mythe », *Futuribles*, juin 1990.

3. Pour en savoir plus sur les grands programmes d'écologie globale : Norman Myers, éd., *The Gaia atlas of planet management*, London, Pan Books, 1985 ; T.F. Malone and J.G. Roederer, *Global Change*, International Council of Scientific Unions, ICSU Press, Cambridge, Cambridge University Press, 1985 ; W.C. Clark and R.E. Munn, eds, *Sustainable Development of the biosphere*. Laxenburg, Austria : International Institute for Applied Systems Analysis, Cambridge University Press, 1986 ; *Man belongs to the earth*, Unesco's Man and Biosphere Programme, Paris, UNESCO, 1988 ; Commission mondiale sur l'environnement et le

la biosphère » (UNESCO), « Scope » (CIUS), « Global Change » (Programme international géosphère-biosphère - CIUS), peut-être « Globe » (ONU ?) s'il se met en place, etc., les technoscientifiques tentent de faire face à la nouvelle étape majeure dans cette perpétuelle crise qu'est l'évolution humaine. Il s'agit en une décennie de renforcer de façon décisive la recherche en sciences de la Terre et du vivant : perfectionnement des modèles de simulation de l'environnement global, mise en place de systèmes de surveillance continue (réseaux de satellites...), que doit intégrer un observatoire international. Un véritable *contrôle planétaire* s'installe, en vue de « gérer la Terre ». Ces programmes de « maintenance » de la planète devraient permettre d'évaluer les tendances des changements globaux naturels et anthropiques (produits par l'activité humaine) pour les cinquante à cent ans à venir. Forts de ces données, reste aux gouvernements à s'entendre pour assurer un « développement durable » (en anglais : « sustainable »), c'est-à-dire concilier la croissance économique et le respect de l'environnement...

Ces initiatives ne pourront toutefois qu'accroître à l'avenir le poids d'une technoscience déjà bien lourde en notre modernité. Il est vrai que, à l'occasion de cette nouvelle donne mondiale, certains exclus de nos sociétés (par exemple, les derniers peuples autochtones à être enracinés dans leur écosystème) pourraient, *a priori*, trouver à se réinsérer. Pourtant, le risque est grand qu'une écologie globale par trop occidentale, fermée aux sciences humaines[4], mais que viendrait cautionner l'ONU, ne leur donne sens et fonction que dans la mesure où ils peuvent s'intégrer à la nouvelle gestion techniciste. Quant aux autres peuples, toujours plus nombreux à sédimenter aux marges d'une société occidentalisée, le verdict mondial de leur *inutilité planétaire* ne fera qu'accroître leur désespoir.

Quoi qu'il en soit, la minorité active que sont les spécialistes de l'ingénierie planétaire semble promise à un bel avenir. Cette « géocratie » montante alliant savoir et pouvoir, à la fois juge et partie, à dominance masculine et rationalisante, occidentale bien

développement, *Notre avenir à tous* (« rapport Brundtland »), Montréal, éd. du Fleuve, 1988 ; « Managing Planet Earth », *Scientific American*, septembre 1989 ; trad. française : « Gérer la planète », numéro spécial de *Pour la Science*, novembre 1989 ; Lester R. Brown, *L'état de la planète, 1990*, Worldwatch Institute, Economica, 1990.

4. Cette *absence tragique des sciences humaines* ainsi que d'autres aspects ont été dénoncés par Mahdi Elmandjra et Samir Amin lors du colloque « Planète Terre » (Paris, 1989).

plus qu'internationale, risque de par le monde de porter atteinte au libre choix des populations et de leurs élus. En effet, n'est-elle pas forte d'un programme s'opérant à une échelle qui dépasse de loin les compétences et les initiatives individuelles et locales (même étatiques), trop bien justifié en outre par des nécessités qu'elle-même déclare incontournables, un discours neuf et séduisant - géobiologique (l'histoire globale de la Terre : l'organisation de la matière, du vivant...) - et un sens global qui emporte l'adhésion spontanée et universelle : « sauver la Terre » ?

Citoyenneté mondiale ou « géodynamique humaine » ?

Avec la montée des technoscientifiques issus des sciences de la Terre et du vivant, la base de notre socialité risque à terme d'être subvertie : l'homme tend à s'appréhender désormais en tant qu'*espèce*, en symbiose et coévolution avec les myriades d'autres espèces. Les courants qui se préoccupent d'environnement global tendent peu à peu, du seul fait de leurs outils de lecture et d'action (statistiques, systèmes, flux et bilans énergétiques...), à dissoudre l'humain dans les processus d'une dynamique toujours plus vaste et complexe.

Cette conception biologique, importante dans son domaine mais aveugle à certaines spécificités humaines essentielles, ne peut qu'ignorer ce sur quoi sont fondés les « droits de l'homme » ; seul le « droit de vivre » pourrait encore faire sens, mais pour l'espèce humaine tout entière bien plus que pour l'individu. À la limite, aux yeux de certains - dans le but certes louable de sauver la diversité d'un « patrimoine génétique » jugé indispensable -, les vrais « citoyens » de la biosphère ne seraient plus tant les hommes individuels que chacune des quelques millions d'espèces non encore éteintes, embarquées à la diable sur le même « vaisseau spatial Terre ». Il est alors probable que, après une phase de consensus vague autour de l'écologie globale, s'aggrave le conflit, déjà séculaire, entre biologisme et humanisme - et plus radical ou ancestral, entre « nature » et « culture »[5].

On assiste à une transition essentielle dans la vision du monde commune puisqu'on passe d'une vision de l'« homme *et* son environnement » (sa terre, sa patrie...) à celle de l'« homme *dans, par* et *pour* la dynamique planétaire ». Ainsi, sous la pression des urgences et de leurs « médications » technoscientifiques (théories, modèles, réseaux intégrés...), bien avant toute élaboration notable d'une citoyenneté mondiale, risque de s'imposer très vite une sorte de « géodynamique humaine », où l'ensemble des hommes, du Nord comme du Sud, pour simplement survivre (satisfaire les besoins de base, trouver du travail, fonder une famille...), devront *justifier écologiquement* leur présence sur Terre en tant que consommateurs obligés. Déjà certains auteurs scientifiques et vulgarisateurs nous conçoivent comme des « enzymes de la Terre », des « neurones de la planète », etc., projetant sans prudence dans le monde humain leur univers de spécialistes - moléculaire et cellulaire - et l'unité sociale traditionnelle - la « cité » - dans l'*organicité* planétaire... Que deviendront alors les masses de « consommateurs d'environnement » (populations des tiers et quart mondes), ne trouvant pas à s'intégrer dans cette nouvelle donne, et jugés pour cela non seulement inutiles mais nuisibles pour la sauvegarde de tous ?

Droits de l'homme ou « droits de la planète » ?

De cette tendance de fond émerge déjà une nouvelle idéologie de la gestion harmonieuse de la Terre qui, sous prétexte d'en préserver la saine organicité, dissimule un nouvel avatar du darwinisme social, une caution de la sélection - naturelle ou artificielle - des humains. Un effet pervers possible réside alors dans la fort probable réactualisation de la Déclaration universelle des droits de l'homme, pour intégrer la nouvelle donne technoscientifique - et notamment écologique (« droits verts », « droits de la planète », qu'on « humanise » sous les expressions « droit à l'environnement », « droits des générations futures »...).

5. Voir notamment : François Terrasson, *La peur de la nature*, Paris, Sang de la Terre, 1988 ; Catherine Chalier, *L'alliance avec la nature*, Paris, Cerf, 1989 ; Edouard Bonnefous, *Réconcilier l'homme et la nature*, Paris, PUF, 1990 ; Michel Serres, *Le contrat naturel*, Paris, François Bourin, 1990 ; etc.

Certes, l'avènement progressif d'une « écosociété » ne peut qu'être souhaitable dans nos pays, où la majorité des personnes jouissent déjà de leurs libertés fondamentales ; mais ce nouveau cadre social risque pourtant d'introduire la tension entre écologisme et humanisme au sein même de la Déclaration. De l'État à l'individu, puis à la planète : l'actuel mouvement de balancier qui, sous l'effet des urgences, pousse à l'avènement d'une « écocitoyenneté », risque ainsi de porter atteinte à l'*indivisibilité*[6] des droits de l'homme, et surtout de défavoriser les êtres humains qui, à travers le monde, en sont encore à revendiquer leurs premiers droits (tiers et quart mondes).

Les « pays avancés », pourtant responsables au premier chef de la menace de l'environnement global du fait même de leur « développement » historique effréné, pourraient bien encore trouver dans l'essor de l'écologie globale un « avantage sélectif » opportun. Nos pays, affichant désormais l'inévitable attitude gestionnaire, se (et nous) donnent encore une fois aisément bonne conscience par le rôle providentiel qu'ils s'y inventent. En effet, ne sont-ce pas les pays du Nord qui ont détecté les dangers globaux par leurs moyens scientifiques (satellites, modèles informatiques, etc.), et qui, *in extremis*, poussent maintenant à l'« écologisation » de l'économie, de l'industrie, de la société, voire de la pensée ? Nouveau « défi » stimulant pour eux, riches d'atouts ; lourde contrainte de plus pour les pays plus démunis. Le plus grave est qu'ils risquent aussi à terme de *retourner l'accusation de pollution* (bois de feu, production de gaz à effet de serre, surpopulation, etc.) contre les peuples plus démunis, incapables de mesures écologiques aussi radicales et rapides (voir notamment le cas des chlorofluorocarbones), et de leur imposer des mesures « musclées » (en faveur d'une « transition démographique » forcée, ou bien contre certaines activités polluantes, etc.).

À terme, les retombées juridiques internationales de la préoccupation nouvelle et impérative pour la physiologie de la Terre seront sans doute cruciales. Ce souci de la « santé de Gaïa » rejaillit déjà en dures tensions géopolitiques (consommation d'énergie,

6. Voir : Joseph Wresinski, « Les plus pauvres, révélateurs de l'indivisibilité des droits de l'homme », *in 1989 : Les droits de l'homme en question*, Commission nationale consultative des droits de l'homme, Paris, La Documentation française.

émissions de CO_2, etc., selon les régions du monde[7]), et risque de se traduire par un « ensauvagement » intempestif de la société en voie de planétarisation.

Gestion... ou gestation de la Terre ?

Mais allons au plus profond : le *statut de l'essor technoscientifique et marchand*. Les analystes des fondements de l'organisation - dans son sens très large : au cours des évolutions du vivant, de la société - font apparaître que l'innovation et la diffusion techniques s'enracinent dans l'affectif, la volonté de vivre, de survivre, et s'avèrent ainsi l'un des tout premiers facteurs de *déstabilisation*, d'*exclusion*, voire d'*élimination* de l'« autre ». Sous l'effet de la « lutte pour la vie », les « espèces techniques » (par exemple les « générations » successives des divers types de machines) - et les individus qui les servent - sont elles-mêmes soumises à la *sélection* « naturelle ». L'évolution, d'abord et pendant des éons de temps uniquement naturelle, puis à travers l'homme toujours plus artificielle, au point de se développer comme « technonature », s'emballe et déracine les traditions humanistes.

Ces réflexions conduisent à douter de la possibilité à terme d'une « gestion » simpliste et pacifique de la planète : sous prétexte de « prendre la Terre en charge », la course technoscientifique et commerciale se trouve paradoxalement exacerbée : devant les limites inexorables qui s'annoncent, les pouvoirs cherchent à placer leurs pions coûte que coûte. Ainsi, l'*écologisme global*, fruit de la technoscience et de l'instinct de survie, qui prétend combattre les effets nocifs du développement techno-industriel pour l'environnement global, pourrait bien s'avérer surtout une nouvelle étape de la dynamique la plus déstabilisante qui soit : la poursuite de l'essor technoscientifique asservi au mercantilisme mondial (d'autant plus, nous

7. Voir les perspectives de la Conférence mondiale de l'énergie (Montréal, 1989) ; *Énergie et Environnement* (synthèse du colloque de Paris des 30-31 octobre 1989), AFME, 1990 ; Guy Bêney, « L'écologie, amie ou ennemie du tiers monde ? », *Croissance des jeunes nations*, avril 1990.

le verrons, qu'il cherche à le *justifier* par des idéologies plus modernes et séduisantes).

Plus encore, le niveau d'organisation pertinent ne serait plus l'être-individu ou quelque type de société (famille, tribu, État...) ; la « force des choses » nous entraînerait à un niveau supérieur : *l'organicité* - voire l'*entité* - planétaire ; celle-ci s'organiserait « naturellement » dès lors qu'un seuil d'une dizaine de milliards d'entités « inférieures » - ici, des humains... - serait atteint. Dans le cours de ce processus proprement géodynamique, chaque individu risque de n'être plus qu'un simple « ludion » fonctionnel interchangeable. Nous voici participant activement à la réalisation de la fresque d'*incarnation planétaire* d'un Teilhard de Chardin, mais sans dimension intérieure, à l'avènement d'un véritable « teilhardisme réel ».

LE MYTHE PLANÉTAIRE

« La planète est vivante », clame-t-on de partout. Cette montée d'un néovitalisme biosphérique montre à l'évidence qu'outre les nécessités technoscientifiques doit être prise en considération l'émergence d'un nouveau mythe, d'autant plus prégnant qu'il reste peu pensé. L'analyse du *mythe planétaire* serait fort longue*. Limitons-nous à quelques remarques : la genèse d'un *corps* émanant de nous-mêmes, mais qui nous transcende, qui nous « traverse », s'apparente à la doctrine chrétienne de l'*incarnation*, à la vision planétaire et eschatologique d'un Pierre Teilhard de Chardin ; le choix même de « Gaïa » (nom de la déesse grecque de la Terre) dénote une double recherche de « retour à l'originaire » : occidentale (Grèce ancienne) et *« géocosmique »*. Par sa profonde symbolique (œcuménisme physique, Grande Mère, Vierge Mère, etc.), ce mythe vient opportunément servir la minorité active des « géocrates » qui se sait - ou se croit - dans le cours trop naturel de la « force des choses ». Sous le label « Gaïa », au paganisme évident, il pourrait bien virer un jour à quelque forme d'« écofascisme » (urgences vitales, providentialisme, espace sacré à défendre, organicité à sauver, symbolique des origines, idéologies technoscientistes, etc.)**. Alors, le conflit « homme/Nature », mis en lumière par l'écologie globale, risque de faire émerger dans la conscience de l'Occident une dangereuse *alternative « Sud/Nature »* : « préserver le sens de la Terre (l'auto-organisation planétaire, qui se poursuivrait et s'accomplirait dans le développement occidental) ou respecter la liberté de tous les humains (sous-entendu : des masses urbaines du tiers monde) : il faut choisir ». « Gaïa », nouveau dieu Baal, viendrait justifier en fatalité les exclusions en masse que produisent toujours plus les processus d'intégration planétaire...

* Voir : Guy Bény, « Gaïanalyse », *Lettre science-culture du GRIT*, n° 28, 1987.
** Voir le colloque « Gaïa-Bewusstsein - das Erwachen der Göttin » (Todtmoos, 20-27 mai 1990).

Florilège d'idéologies planétaires... et sélectionnistes

D'inquiétantes théories se référant à l'auto-organisation planétaire, à « Gaïa », tendent, en outre, à *cautionner* cette tendance de fond. Par exemple, dans le *New Scientist*, on a pu lire que la survenue de la pandémie de sida participerait de l'autorégulation gaïenne. « Gaïa », nouvelle figure de « main invisible », de providence, capable de tout combiner, viendrait ainsi *tout* justifier, même le pire. Certains auteurs n'hésitent pas à voir dans le stade actuel du processus géodynamique la formation d'un « cerveau[8] » aux dimensions de la planète (développement des réseaux de télécommunications, fusion avec l'informatique, et dans l'avenir avec les biotechnologies). Les récents appels au « branchez-vous[9] » (à l'informatique) résonnent comme une *caution* à peine voilée de la forme de *darwinisme social* devenue prépondérante : *la sélection par l'aptitude à suivre l'essor technique* - qu'elle porte sur des êtres humains, des peuples, des États ou des entreprises.

Que dire alors de certains projets technobiologiques[10], nés d'*une science de l'évolution dévoyée*, et qui s'ébauchent à l'occasion de la sourde menace de déstabilisation globale du climat ? Ils envisagent que le « salut auto-organisationnel de la Terre » passerait par l'« enfermement nécessaire de la vie dans de multiples *biosphères artificielles* » (« biosphères n »...). Les places dans ce genre de bulles biotechniques étant fort rares (certains parlent déjà d'« arches de Noé »...), ces thèses ouvertement sélectionnistes envisagent froidement une « terrible compétition » intraspécifique.

Ce processus de clivage évolutif de la biosphère originelle s'opérerait déjà sous nos yeux à travers deux projets : celui de Lovelock, « Arès », d'« écopoïèse » de la planète Mars - c'est-à-dire de la création par l'homme, à l'échelle de cet astre, de conditions permettant une vie de type terrestre -, le projet « Biosphere II » de la Space

8. Peter Russel, *La Terre s'éveille. Les sauts évolutifs de Gaïa*, Barret-le-Bas, Le Souffle d'Or, 1989 ; Joël de Rosnay, *Le cerveau planétaire*, Paris, Olivier Orban, 1986.
9. Joël de Rosnay, *Branchez-vous*, Olivier Orban, 1984.
10. Lynn Margulis et Dorion Sagan, *L'univers bactériel (Microcosmos). Les nouveaux rapports de l'homme et de la nature*, Paris, Albin Michel, coll. « Sciences d'aujourd'hui », 1989 ; Dorion Sagan, *Biospheres : a new form of life*, New York, McGraw Hill Publishing Co., 1989 ; Joh, Allen and Marck Nelson, *Space biospheres*, Synergetic Press Inc., 1986.

Biospheres Ventures Inc., en cours d'opération - étape jugée nécessaire en vue des futurs voyages spatiaux.

Un nouveau sens de l'histoire

Car, en ce monde clos, plein, sous pression, *deux scénarios globaux, complémentaires* a priori *mais concurrents à terme, habitent l'imaginaire technophile et se disputent le destin de la Terre* : l'accomplissement évolutif d'une Terre « être vivant » (« cerveau planétaire » pouvant conduire à un « éveil », une « conscience » : *propriété émergente* de ce niveau d'organisation neuf), ou bien la *fuite* hors de cette « vallée de larmes » pour des mondes cosmiques meilleurs : avant de s'éteindre étouffée par sa pollution, la Terre, tel un fruit trop mûr, lancerait quelques poignées d'humains dans l'espace...

L'erreur serait de ne voir là que de simples jeux prospectivistes. Leurs auteurs - gens influents : vulgarisateurs « médiatiques », « conseillers de princes » (d'entreprise ou d'État) - sont souvent des scientifiques de haut niveau, s'appuyant sur des théories de pointe[11]. Le vrai danger n'est donc pas tant qu'ils nous leurrent par un scientisme irréaliste, mais bien que, « au train où vont les choses », l'avenir ne leur donne que trop vite raison. En anticipant, souvent dans l'enthousiasme, certain processus « naturel », en « surfant » sur la vague techniciste, en nous invitant généreusement à découvrir l'« avenir en direct », ils nous convient à les suivre, donc à amplifier, à *assurer* le mouvement qu'ils ont pu détecter et choisi de servir, ils nous persuadent de son inexorabilité, la légitiment même sous prétexte d'un *nouveau sens - géodynamique - de l'histoire* dont le mythe planétaire (cf. encadré) est un des principaux éléments ; par là ils font silence sur toute possibilité de contrer ce mouvement, ou du moins de l'infléchir, alors qu'ils en devinent le terrible prix pour les moins habiles d'entre nous à s'adapter, à pouvoir « changer d'ère ».

Sans compter l'*ampleur* de l'exclusion actuelle et à venir, sous la pression de l'intégration planétaire. Par exemple, d'après le sémi-

11. Auto-organisation, autopoïèse, sélectionnisme neuronal, néoconnexionnisme, etc.

naire « Prospective des déséquilibres mondiaux[12] », en deux siècles, vers 2100, du fait des progrès de la productivité agricole nés dans nos pays et que diffuse dans le monde entier le jeu du « libéralisme » économique, près de *deux milliards* de personnes auront été déracinées de leurs terres, pour s'agglutiner dans les banlieues des mégalopoles, perdant en une génération leur culture paysanne, au risque de justifier la nouvelle étiquette sociologique qui veut en faire des « sauvages urbains ».

Le citoyen se découvrira toujours plus partie prenante de telles dynamiques planétaires d'exclusion pratique et idéologique du prochain comme du lointain - devenu d'ailleurs « téléprochain » par l'omniprésence médiatique. À chacun d'apprécier avec lucidité dans quel processus il est engagé, pour qu'au moins il ne justifie pas son « suivisme géodynamique » quasi obligé en se faisant l'écho - pour faire branché - d'idéologies contestables venant couvrir d'un sens séduisant les exclusions en masse des « largués de la géodynamique ».

12. Sous la direction de Thierry Gaudin. Centre de prospective et d'évaluation. Voir le *Rapport sur l'évolution du monde*, 1990 - notamment : Marcel Mazoyer, « Reconfiguration critique des systèmes de production » (dossier « PDM »-GRET).

Guy Béney

Partie 3

Un autre regard : le droit de l'homme à l'erreur

Bernd Guggenberger

L'erreur est humaine : ne pas être autorisé à se tromper n'est pas conforme à la nature de l'homme ! Un monde qui interdit l'erreur est un monde inhumain. Et pourtant : est-il possible de douter que nous enfermions un peu plus chaque jour notre monde dans des structures qui interdisent l'« erreur » - collective ou individuelle ? Que nous fixions par écrit et que nous développions des conditions de vie dans lesquelles nous ne soyons plus autorisés à nous tromper - ni en traversant la rue, ni en absorbant des cachets, ni en nous décidant pour une technologie énergétique, ni en nous lançant dans des planifications urbaines à grande échelle et irréversibles, ni dans le cockpit d'un jumbo-jet, ni devant le levier de la menace atomique réciproque ?

Une part de la supériorité humaine

Errare humanum est ! Nous avons trop longtemps compris cette phrase de travers : nous sommes accoutumés à l'entendre comme la constatation d'un manque. En fait, nous devrions sans doute plutôt l'interpréter dans le sens d'une mention honorable - comme une déclaration, en fin de compte, de ce qui fait réellement de l'homme un homme, de ce qui le distingue de manière spécifique d'autres créatures vivantes ; seul l'homme peut se tromper et en tirer une leçon, sauf s'il s'organise le monde de telle sorte que les erreurs fassent inévitablement courir un danger mortel et menacent son espèce.

Mais, si l'enrichissement et le développement de sa propre personne et de ses conditions de vie par l'expérience de l'erreur sont des traits de la nature humaine, alors il existe aussi quelque chose comme un droit de l'homme à l'erreur ou, pour s'exprimer autrement, un devoir de créer et de conserver un environnement acceptant les erreurs ; si le fait qu'il puisse devenir plus intelligent sur la voie de l'essai et de l'erreur constitue littéralement une part de sa supériorité, alors il convient de tout mettre en œuvre pour préserver aussi ce mode d'apprentissage et de découverte par la déduction.

Hans Jonas avançait, lors d'une discussion sur ce thème, que l'homme commettait manifestement bien assez d'erreurs comme ça, et qu'il n'était nul besoin de lui apporter, de surcroît, un soutien particulier dans ce domaine. Mais une telle objection néglige le cœur de notre réflexion : ce que nous considérons comme menacé, c'est précisément le « droit » et la chance de commettre des erreurs, y compris à l'avenir, et d'en tirer les leçons ; et ce que nous voulons voir préservé, c'est précisément la possibilité d'une erreur qui n'entraîne pas immédiatement la fin du monde.

L'erreur, il est vrai, ne devient une force productive que là où nous n'avons pas à la payer trop cher. L'erreur qui nous coûte beaucoup ou, dans le cas extrême, qui nous coûte « tout », est aussi dépourvue de valeur heuristique que didactiquement catastrophique. On ne revendique pas ici le droit de jouer avec le feu entre des barils de poudre, mais le droit à un monde qu'on ne puisse pas incendier avec une allumette.

Le monde tel qu'il est

Le « droit de l'homme à l'erreur » n'implique pas que l'homme soit autorisé à déclencher la grande catastrophe provoquée par l'erreur ; au contraire : c'est précisément parce qu'il aspire à empêcher celle-ci qu'il prend ses points de repère dans le monde tel qu'il est, et non dans celui que nous aimerions peut-être bien avoir. Il le fait dans un monde d'êtres imparfaits : débauchés, menteurs, tire-au-flanc, égoïstes, envieux, insomniaques, dépressifs, charlatans incompétents, fous, obsédés du pouvoir...

Le « réalisme » impose de considérer l'image de l'être humain « tel qu'il est », avec toutes ses lacunes, toutes ses faiblesses, lorsqu'on se demande quels risques techniques on peut raisonnablement prendre. Ces défaillances sont le prix de la liberté. On ne peut l'avoir à meilleur marché. Quiconque mesure le « facteur humain » à l'aune de l'informatique est forcé d'admettre que cette liberté, qui est aussi, précisément, la liberté de se tromper et de faillir, ne compte pas à ses yeux.

Le droit catégorique à l'erreur inclut le droit de vivre dans un monde où aucune erreur humaine ne peut devenir une catastrophe irréparable, un monde qui puisse fonctionner sans que tous agissent comme des automates, qui puisse tourner sans que tout soit forcément garanti, un monde où nous puissions être faibles ou défaillants.

Or ce que nous qualifions, en méconnaissant notre propre dotation biologique et psychologique, de « défaillance humaine » est toujours la défaillance d'une technique inadaptée à l'être humain, c'est-à-dire d'une technique qui n'honore pas l'erreur, mais la punit. Ce discours montre en outre à quel point nous nous voyons et nous nous évaluons nous-mêmes sur le modèle de la machine, de l'automate qui nous donne la « mesure », parce qu'il fonctionne d'une manière absolument calculable, sans défaillance ni erreur. Mesurées selon cette toise, les facultés humaines ne pourront jamais que rester inférieures.

On peut supposer que l'usine sans être humain garantit pour une bonne partie un fonctionnement sans défaillance ni erreur. Mais est-elle un modèle pour l'édifice global de notre réalité ? Faut-il vraiment que l'être humain, avec ses besoins physiques, psychiques, esthétiques et affectifs désespérément démodés, commence par disparaître pour que le monde déterminé par la technique fonctionne sans défaillances ni erreur ? Quel est alors, au juste, l'« objectif », qu'est-ce qui « tend » vers lui ?

L'homme, un facteur de troubles

Aller jusqu'au bout de cette réflexion ne peut pas faire de mal : seules l'« automatisation » accrue de la technique, la mise hors circuit progressive du « facteur de troubles » qu'est l'homme - en l'excluant de la technique ou en l'y adaptant - offrent une fiabilité optimale. Au lieu de rendre la technique inoffensive pour l'homme, nous suivons précisément le chemin inverse dans de nombreux cas, nous rendons l'homme « inoffensif » pour la technique. L'« optimum » serait ici, indiscutablement, la technostructure qui, au niveau le plus élevé, se programmerait, s'organiserait et se régénérerait elle-même. Le seul monde adapté à la technique est, à long terme, le monde sans homme.

À côté d'une quantité d'empiétements tout à fait quotidiens et qui nous concernent tous, l'adaptation à la technique se fait surtout à travers la « mutation » - préparée et menée par la formation, l'éducation et l'accoutumance systématique - d'une partie des êtres humains en « techniciens » dont les spécificités peuvent être décrites avec exactitude. Ces êtres possèdent leur propre langage et leurs propres préférences, une idée personnelle de leur rôle et d'eux-mêmes, leur propre « morale » et une image du monde qui se distingue clairement de celle des autres membres de la société.

Pouvons-nous alors nous permettre une technique qui ne peut plus accepter l'être humain avec ses émotions et ses défaillances ? Pouvons-nous encourager une évolution de la haute technologie qui exige, en prenant de moins en moins de gants, un citoyen adapté à la technique, réglé sur la voiture et l'atome ? Les systèmes de haute technologie, et cela ne s'applique nullement aux seuls systèmes à objectif militaire, sont dans leur logique « intolérants » au plus haut degré. Ils rognent les alternatives et les contre-projets vivables, nous contraignent à nous couler dans un « moule interne », et nous rendent incapables de modifier nos objectifs. Ce n'est certainement pas un hasard si la résistance la plus acharnée à l'encadrement par des systèmes de haute technologie s'est justement déclenchée à l'occasion de l'utilisation civile et militaire de l'énergie atomique.

On comprendra à quel point la stricte obligation d'éviter l'erreur pourrait avoir un effet fatal sur les capacités d'innovation et de changement d'objectif dans l'évolution de la civilisation si nous nous rappelons tout ce que l'humanité doit à la faculté de se tromper.

Essayer et rejeter « pour jouer »

Quiconque s'est occupé, même marginalement, d'anthropologie culturelle et d'histoire technique sait combien fut long et rocailleux, par exemple, le chemin d'essais et d'erreurs qui mena des grains de blé à coque dure, immangeables à l'état brut, mais amylacés, au pain quotidien, ce vecteur de liberté qui garantit à l'homme archaïque une sécurité d'approvisionnement totalement inconnue jusqu'alors, et créa ainsi les conditions d'une quantité d'avancées techniques et culturelles. Ce qui vaut pour la découverte de la pénicilline vaut aussi et déjà, *mutatis mutandis*, pour la découverte de l'effet tranquillisant du serpentaire (réserpine) par les Indiens « primitifs » ; dans un cas comme dans l'autre, les découvertes décisives résultent de la force productive du hasard et de l'erreur associée à un esprit expérimental qui s'exprime dans la liberté d'essayer et de rejeter « pour jouer ».

On le voit à de nombreux tournants décisifs du progrès technique : ce n'est pas le progrès de l'évolution des forces productives lui-même qui constitue le modèle de l'évolution globale ; presque toujours, l'esprit et l'art font office d'éclaireurs de l'utilité ; la curiosité théorique et les transformations anticipatrices de l'image du monde, menées par jeu, précèdent presque toujours comme des « pionniers » la fabrication des outils et l'innovation technique.

L'attrait qu'exerce aujourd'hui la science-fiction, surtout la « sérieuse », pourrait témoigner de la difficulté à renoncer à l'exercice de la spéculation y compris dans ce monde techniquement surdéterminé. La science-fiction est indiscutablement un phénomène de compensation : elle compense la perte de l'expérience et les limites imposées à nos capacités de représentation par des éruptions imaginatives de la pensée et des aventures littéraires de substitution, où elle expérimente d'autres mondes sous forme de jeu.

Une situation socratique

Nous nous trouvons à maints égards dans une « situation socratique ». Dans les cas favorables, nous savons que nous ne savons rien. La « compétence de l'incompétence » est l'attribut de ceux qui comprennent : de ceux qui voient que la vue est mauvaise et la perspective floue ; de ceux qui sont accessibles au trouble et à l'erreur.

C'est pour cette raison que celui qui sait qu'il ne sait rien en sait bien plus que celui qui entretient une certitude à bon marché. On trouve toujours une proportion respectable de savoir dans le fait de savoir que l'on ne sait rien : d'abord le savoir de ce qui peut être su, c'est-à-dire de ce que nous pouvons par principe savoir ou ne pas savoir ; ensuite le savoir, dans un cas donné, de ce que nous ne savons pas (encore) et de la raison pour laquelle nous ne le connaissons pas (encore). Et enfin le savoir de ce que l'absence d'un certain savoir, dans un cas donné, signifie pour notre décision et notre comportement.

Celui qui sait qu'il ne sait pas dispose de ces trois formes du savoir. Elles fondent sa supériorité morale et - à plus long terme - sa supériorité effective sur celui qui ne sait pas qu'il ne sait pas : celui qui sait que nous ne savons pas et ce que nous ne savons pas, et qui sait quelles conséquences cela implique, a toujours dans l'action un degré de compétence supérieur à celui qui nourrit, imperturbable, ses illusions de savoir et de certitude.

Dès lors que nous disposons seulement, dans presque toute situation d'action concrète, d'une fraction du savoir que nous pourrions détenir et que nous devrions aussi maîtriser pour avoir une emprise fiable sur l'avenir, la compétence de l'action est le plus souvent une « compétence de l'incompétence », dans le sens que nous avons décrit.

La prudence comme principe directeur

D'un point de vue écologique, le « progrès » qui survient ne résulte jamais d'un projet rationnel ou d'une construction planifiée. La connaissance que nous pouvons avoir de la réalité en tant qu'êtres humains reste toujours largement en deçà de ce savoir que nous devrions détenir pour « prendre en main » l'avenir, en le planifiant et en le construisant. La « construction de la catastrophe » est ainsi beaucoup plus vraisemblable que la « construction du progrès ». Le progrès social « global » ne se laisse pas susciter et réaliser sur une intervention directe et volontariste par le projet et le plan. Nous pouvons à la rigueur l'encourager indirectement - en créant des conditions globales favorables à une évolution non catastrophique.

La prudence, la lenteur et la diversité pourraient faire office de principes directeurs. Un aussi grand nombre que possible de petits pas divers doit indiscutablement être préféré à l'unique « grand bond en avant » : parce que cette solution évite le grand risque, mais surtout parce qu'elle écarte de nous la contrainte inhumaine que constitue le fait de ne pas avoir le droit de nous tromper. L'« humanité écologique » vise à une société qui permette expressément à l'être humain ce qu'il ne peut de toute façon pas éviter : commettre des fautes. Et au-delà : relever les erreurs suffisamment tôt pour qu'il soit encore possible de les corriger. Pourvoir se tromper est une condition fondamentale de l'humanité.

La fin d'un rêve

Si nous prenons réellement au sérieux ce critère d'une société humaine, Tchernobyl a créé une situation qui donne à réfléchir : elle a montré qu'un projet de vie ébauché par des minorités déviant du projet « officiel » n'a plus aucune chance. Le rêve de l'« autre vie », de l'existence écologique repliée sur elle-même, de la robinsonnade en marge de la civilisation industrielle est révolu ! En une nuit, ce qui était le plus artificiel est soudain devenu ce qui était (encore) le moins dangereux : du jour au lendemain, la poudre instantanée, la nourriture en boîte ou congelée ont ravi la palme au radis qu'on cultive soi-même et à l'œuf de poule élevée en plein air.

Tchernobyl nous a tous indissociablement liés au collectif de dangers de la société industrielle. La mise en péril global, sous la forme des nuages radioactifs auxquels personne n'échappe, vide de son sens la responsabilité qu'assume l'individu sur son destin personnel. Après Tchernobyl, l'inclination individuelle à une existence dépourvue de tout lien avec les systèmes d'information ou de communication, ou à une existence qui renonce à la technique, au compteur Geiger et au gammaspectromètre serait littéralement suicidaire. Même celui qui se retire dans la forêt pour vivre en autarcie, ne faisant confiance qu'à ses sens, a au moins besoin du transistor pour savoir si la salade et les champignons, les baies et le gibier peuvent être mangés sans risque pour la santé. S'il ne se fie qu'à ses sens, ses yeux, son nez, sa bouche et sa main, il est perdu !

L'autarcie, le repli, la vie privée : ce sont des rêveries utopiques sans espoir d'hier et d'avant-hier. Mais celui qui, dans la réalité où il vit, n'est plus capable de se créer des certitudes d'une manière autonome parce qu'il n'est plus « maître de ses sens » perd aussi sa dernière chance de mettre en œuvre, au moins pour lui seul, un projet de vie divergent.

Dans la pratique, le respect d'un « droit de l'homme à l'erreur » implique d'abord des actes d'abstention : sont interdites, notamment dans le domaine de la haute technologie, toutes les mesures « recouvrantes » qui ne sont pas passées par une « phase » suffisamment longue « d'essai et d'erreur », ou qui n'ont pu, pour des raisons matérielles, passer par cette phase. Dans tout ce que nous faisons, l'acquisition de l'expérience dans l'application d'un savoir ou d'une technologie donnés doit être possible. Les processus d'apprentissage par l'imitation doivent, dans le doute, avoir la primauté sur les processus d'apprentissage par l'instruction. On préférera en général la solution diversifiée, concrètement, dans l'espace et dans le temps, à la solution homogène, centralisée et simultanée.

Une faculté de préjuger

Ce que nous nommons la faculté de juger n'est autre que le fait de disposer d'une panoplie relativement solide de modèles généraux de sélection qui réduisent la complexité. Ce que nous nommons faculté de juger est la plupart du temps, à y regarder de plus près, une faculté de *pré*juger, la faculté de savoir ce qui n'est *pas* en vigueur, ce que nous ne voulons *pas* et n'avons *pas* le droit de faire. Cela vaut autant pour la dimension individuelle que pour la dimension collective de notre action. En règle générale, il nous est plus facile d'indiquer ce que nous ne voulons *pas*. Bref : le chemin de la vérité - qui l'ignorerait ? - est pavé d'erreurs.

Les préjugés sont les « réflexes conditionnés » de notre faculté de nous tromper. Grâce à eux, nous sommes déchargés - et cela nous permet de vivre - de l'obligation toujours renouvelée de prendre des décisions. Bien que nous « vivions » tous, dans ce sens, de nos préjugés, ils ne jouissent pas d'une bonne réputation. Comment s'en étonner ? Le préjugé contrecarre la logique offensive de la rationalité technique. Il donne plus de pouvoir pour conserver que pour susciter, pour rejeter que pour inciter.

Quels que soient les reproches qu'on adresse à la science, tout le monde est d'accord pour affirmer qu'elle devrait traiter des questions « urgentes » pour produire des résultats « utiles ». Cette exigence induit l'affirmation que nous sachions aujourd'hui ce qui sera « urgent » demain - une idée que rien ne vient étayer.

Dans une situation d'insécurité et de « diminution » générale de la « certitude dans l'avenir » (H. Lübbe), la meilleure option est celle qui utilise à son profit la prévention du non-savoir : puisque nous ne savons rien, nous ne savons pas non plus ce dont nous aurons le besoin le plus urgent ; c'est précisément pour cette raison que nous collectons le savoir et la réflexion « par provision ». Les découvertes effectuées sans la vive pression de l'« urgence » ont par-dessus le marché l'avantage de la plus grande indépendance possible. C'est certainement sur elles que le soupçon d'être inféodées aux intérêts (d'exploitation) à court terme pèse le moins.

La nouvelle mobilité

La philosophie de l'erreur utile n'est pas une panacée, mais simplement un fragment de philosophie profane sur la manière d'éviter le malheur. Dans les époques d'incertitude, la mobilité est le meilleur moyen de prendre les devants : c'est quand on est préparé à tout qu'on est le mieux préparé. La « nouvelle opacité » (J. Habermas) exige, comme réaction appropriée, la « nouvelle mobilité » des protagonistes. L'« homme sans qualité » de Musil ou le « Zelig » de Woody Allen incarnent les vertus sociales de l'heure : ils restent obstinément aux aguets, prêts à tout ; pourvus de l'équipement théorique de saison, ils évitent le plus soigneusement possible toute affirmation définitive : attendre et rester en mouvement !

Tant que nous savons seulement que nous ne savons pas ce qui est le moins toxique - le thé ou le café, l'eau du robinet ou en bouteille, la bière ou le vin, le Coca-Cola ou le jus d'orange -, il n'existe, pour des motifs de minimisation du risque et de limitation des dommages, qu'un seul principe : tout boire mais, pour l'amour du ciel, ne rien établir définitivement ! La fidélité au produit et l'attachement aux principes appartenaient au vieux monde des certitudes inébranlables.

Seule une fraction de nos productions techno-scientifiques satisfait encore au critère de l'innovation « pure » ; le « reste », gigantesque, ne vise qu'à atténuer les conséquences de la technologie... Nous sommes bien loin de l'achèvement du « cosmos technique » ; nous sommes plutôt en train de réduire le monde à l'état de simple et gigantesque entreprise de réparation. Le problème n'est pas que nous réparions, mais que nous « réparions » plus que nous n'« inventons » et ce, de manière pathologique : nous réparons la réparation de la réparation de la réparation..., mais nous ne pouvons plus corriger l'erreur elle-même.

Le capital d'une société réellement « riche », ce sont les capacités utopiques et fantastiques de « récolter » un excédent qui dépasse la stricte nécessité historique de maîtrise de la vie. Le jeu, bien plus que le travail, est l'« élément formateur » dans la culture humaine. C'est dans le rituel et le jeu, dans la musique et dans la danse, dans le langage et dans le mythe, bref : c'est dans ses formes d'extériorisation artistique et symbolique que l'homme devient homme.

L'outil et l'esprit

Nous avons besoin d'urgence d'une interprétation élargie de notre histoire et de notre préhistoire, qui incorporerait aussi les manifestations informelles, inorganisées de ce qui relève de l'intellect. Celui qui, dans l'interprétation des choses engendrées par l'homme, prend le visible pour le tout, ne manque pas seulement le tout : il comprend de travers ce qu'il voit. L'évolution de l'esprit n'est pas simplement un reflet de l'évolution de l'outil. Les outils sont toujours une manifestation de l'esprit. C'est l'outil qui suit l'esprit, et non l'inverse. L'être humain n'est pas ce qu'il fait, il fait ce qu'il pense.

Mais la technique elle-même peut-elle survivre à la révocation de l'être d'esprit ? À quoi ressemble une technique qui évacue le fondement intellectuel et perd les impulsions subjectives, l'index pointé par l'imagination ? Ce qui nous effraie et nous inquiète tant aujourd'hui dans l'évolution technique ne témoigne-t-il pas déjà de l'esprit négatif d'une époque sans esprit : la transformation progressive du monde en catacombe de survie de l'ère nucléaire ?

La machine n'est qu'un mythe

Les risques et dommages visibles causés à la nature correspondent aux dommages psychiques et sociaux moins apparents causés à l'homme lui-même. Les crises de la nature et de l'environnement ne sont que l'expression visible d'une crise de la communauté sociale et de la conscience que l'homme a de lui-même. Notre pensée, nos sens troublés ont provoqué les destructions dans l'environnement et la concentration grotesque de dangers et de risques dans nos structures techniques.

Ce qui a été engendré par l'esprit peut aussi être anéanti par lui - y compris par son tarissement progressif. Une époque qui laisse l'outil (sous sa forme élargie de technostructure) occuper l'espace vide de la personnalité humaine se sépare des sources de sa propre créativité.

L'« artefacteur » capitule-t-il devant l'intolérance de son artefact ? Vivons-nous, à travers les contraintes et les obligations de la haute technologie hostile aux défaillances et aux erreurs, le retour masqué du « fatum » ? Notre chance est de reconnaître que la machine n'est qu'un « mythe » (L. Mumford), un dieu mortel qui n'existe que par la grâce de l'esprit humain qui le reconnaît - du moins tant que nous n'admettrons pas qu'il s'installe à la place de cet esprit.

Traduit de l'allemand par Olivier Mannoni.

Bernd Guggenberger

Annexes

Bibliographie

En complément de l'article « L'écologie : généalogie d'une discipline »

Les questions liées à la connaissance de l'environnement ont été longtemps négligées par les philosophes. À signaler pourtant : Georges Canguilhem, *La Connaissance de la vie*, 1946, rééd. 1965 ; François Dagognet, *Une épistémologie de l'espace concret*, 1977. À l'étranger et en particulier dans les pays anglo-saxons, les travaux sur l'histoire des sciences de l'environnement ont été plus nombreux. Franck N. Egerton est l'auteur de deux articles de synthèse sur les travaux relatifs à l'histoire des sciences de l'environnement dans *Journal of history of biology* (1983, 16/2, et en 1985, 18/1).

Depuis, plusieurs textes ont paru qui tendent à combler le retard français dans ce domaine : Pascal Ascot, *Histoire de l'écologie*, Paris, PUF, 1988 ; Roger Dajoz, « La renaissance de l'écologie moderne au XIXe siècle », *in Histoire et Nature*, n° 24-25, 1984 ; Jean-Marc Drouin, « Histoire du concept d'écosystème », *in* André Giordan (dir.), *Histoire de la biologie*, Paris, Lavoisier, 1987, et *Réinventer la nature. L'écologie et son histoire*, Paris, Desclée de Brouwer, 1991.

Par ailleurs les analyses de Jacques Grinewald, de Raphaël Larrère et de Jean-Paul Deléage, ainsi que quelques travaux universitaires en préparation, attestent la diversité des recherches actuellement en cours sur l'histoire de l'écologie.

En complément de l'article « Un dangereux relâchement ? »

Callon M., *La science et ses réseaux*, Paris, La Découverte, 1988. 214 p.

Latour B., *Les microbes, guerre et paix*, Paris, A. Métaillié, 1984. 300 p.

Latour B., *La science en action*, Paris, La Découverte, 1989. 451 p.

Limoges C., Cambrosio A., Anderson F., *A public assault on biotechnology ? Accounting for the controversy over environmental release of genetically engineered organisms.*

Communication au colloque *Science, technology and social change. Questioning and assessment*, Veszprem, 18-20 janvier 1989. 46 p.

Mendel A., *Les manipulations génétiques*, Paris, Seuil, 1980. 330 p.

Schwartz C., *Les organismes modifiés génétiquement : du laboratoire au champ, des controverses à l'outil scientifique*, Paris, CSI, 1989. 85 p.

En complément de l'article « Tchernobyl : la montée de l'expertise »

Hawkes N. et alli. *Tchernobyl, la première catastrophe nucléaire majeure de l'histoire*, Presses de la Cité, 1986.

Haynes V., Bojcun M., *The Chernobyl disaster*, Londres, Hogarth Press, 1988.

Shcherbak I., *Chernobyl, a documentary story*, Londres, MacMillan, 1989.

Medvedev G., *La vérité sur Tchernobyl*, Albin Michel, 1990.

Belbeoch R., *Tchernobyl trois ans après*, actes du séminaire « Société et environnement en URSS », SRETIE/MSH 1989, à paraître.

Lenoir Y., « Retour à Tchernobyl », *Science et Vie*, juin 1988, et « Les cancers de Tchernobyl », *Science et Vie*, octobre 1988.

Karlinski B., « Le dernier combat de Liouba Kovalevskaïa », *L'Autre Journal*, mai 1990.

Mandrillon M.-H., *Environnement et politique en URSS, problèmes politiques et sociaux*, La Documentation française, décembre 1989 ;
« Luttes écologistes en URSS », *Médecins du monde*, avril-mai 1990.

En complément de l'article « Le lynx a-t-il le mauvais œil ? »

Lachau H., *La présence du lynx dans les montagnes du Jura français*, DEA de sociologie rurale, Paris X-Nanterre, 1990.

Vourc'h A., Pelosse V., « Chasseurs et protecteurs : les paradoxes d'une contradiction », *in Protection de la nature, histoire et idéologie*, L'Harmattan, 1985.

Vourc'h A., Pelosse V., *Chasser en Cévennes, un jeu avec l'animal*, ÉDISUD/éd. du CNRS, 1988.

En complément de l'article « Tradition culturelle et expertise »

Defrance J., « Donner la parole. La construction d'une relation d'échange », *Actes de la recherche en sciences sociales*, n° 73, juin 1988 ; p. 52-66.

Drouet D., *L'industrie de l'eau dans le monde*, Paris, Presses de l'ENPC, 1987.

Dyson K., *The state tradition in western Europe*, Londres, Martin Robertson, 1980.

Hawkins K., *Environment and enforcement : regulation and the social definition of pollution*, Oxford, Clarendon Press, 1984.

Poitevin J., Delavigne R., *Un fleuve propre dans une grande agglomération : la Tamise à Londres*, Paris, IAURIF, 1982.

Pollak M., « La régulation technologique : le difficile mariage entre le droit et la technologie », *Revue française de sciences politiques*, 32 (2), avril 1982, p. 165-184.

Triantafillou C., *Situation des réseaux d'assainissement, en Angleterre, aux États-Unis et en France*, Paris, École nationale des ponts et chaussées, CERTES, 1985.

Wiener M.J., *English culture and the decline of the industrial spirit. 1850-1980*, Cambridge University Press, 1981.

En complément de l'article « Quand la science met l'inconnu dans le monde »

Antoine S., « Les Français et la qualité de la vie », *in Futuribles*, mars-avril 1978.

Barre R., Theys J., « Crise économique et prospective de l'environnement », *in Pour*, 1985.

Bonnal F., « Évolution de l'opinion publique à l'égard de l'écologie à travers les sondages », *Association française de sciences politiques*, septembre 1980.

Chabasson L., Theys J., *Plan national pour l'environnement*, juin 1990.

CREDOC, « Conditions de vie et aspirations des Français », *Rapport 1978-1985*.

Duflos C., « Le cadre de vie et l'environnement », CREDOC, mai 1989.

Duflos C., « Consommation et modes de vie. Les Français et l'environnement », CREDOC, janvier 1990.

Douglas M., Wildavsky A., *Risk and Culture*, Berkeley, Univ. of California Press, 1982.

Douglas M., *Risk Acceptability*, Syracuse, Syracuse Univ. Press, 1986.

Fabiani J.-L., « Science des écosystèmes et protection de la nature » *in* A. Cadoret (éd.), *Protection de la nature : histoire et idéologie, de la nature à l'environnement*, Paris, L'Harmattan, 1986.

Gray D., *Ecological Beliefs and Behavior*, Londres, Greenwood Press, 1985.

Theys J., *La société vulnérable*, Paris, Presses de l'École normale supérieure, 1987.

Biographie des auteurs

Guy Béney

Docteur en biologie, ancien secrétaire général du Groupe de réflexion inter- et transdisciplinaire, et rédacteur de la *Lettre science-culture du GRIT*, participant à l'Autre Sommet économique (TOES 89), rédacteur, chroniqueur, chercheur indépendant.

Michel Callon

Professeur à l'École des mines de Paris, Centre de sociologie de l'innovation.

Florian Charvolin

Prépare actuellement une thèse en sociologie sur l'environnement au CSI, École des mines.

Jacques Defrance

Sociologue, maître de conférences à l'université Paris-Sud Orsay. Il travaille notamment sur les relations entre experts et profanes dans divers secteurs. Il a publié : *La forêt comme enjeu d'environnement* [...], Paris, Maison des sciences de l'homme, ministère de l'Environnement, 1987 ; ainsi que des articles, dont « Donner la parole. La construction d'une relation d'échange », *Actes de la recherche en sciences sociales*, n° 73, juin 1988, p. 52-66.

Gilles Denis

Ingénieur en agriculture, membre de l'équipe REH SEIS du CNRS (recherches en épistémologie et histoire des sciences et des institutions scientifiques), membre fondateur de l'association RHESEDA, il travaille actuellement sur l'histoire des modèles scientifiques des maladies des plantes entre 1750 et 1850.

Francesco Di Castri

Sous-directeur général de l'UNESCO, responsable de l'environnement et des sciences de la nature. Il est aussi président du Comité scientifique international sur les problèmes d'environnement (SCOPE), directeur du centre d'écologie du CNRS de Montpellier (Centre Louis-Emberger). Il a publié de nombreux travaux dont *Ecology in practice* édité par Tycooly, Dublin, et l'UNESCO en 1989, et une série d'articles parus dans *Géojournal* sur le thème : Comment renforcer la crédibilité de l'écologie ?

Jean-Marc Drouin

Travaille au Centre de recherche en histoire des sciences et des techniques (Cité des Sciences et de l'Industrie). Auteur de plusieurs articles sur l'histoire de l'écologie et de la botanique, a participé notamment au livre *Éléments d'histoire des sciences*, dirigé par Michel Serres (Paris, Bordas, 1989), et vient de publier *Réinventer la nature. L'écologie et son histoire* (Paris, Desclée de Brouwer, 1991).

Denis Duclos

Sociologue à l'IRESCO (CNRS), auteur de nombreux articles et de *La peur et le savoir : la société face à la science, la technique et leurs dangers*, La Découverte, Paris, 1989.

François Ewald

Docteur d'État en sociologie. Assistant de Michel Foucault au Collège de France (1976-1984). Directeur de recherche au CNRS. Codirige la revue *Risques*. A publié : *L'État-providence* (Grasset, 1986), et de nombreux articles concernant la théorie du droit, le droit social et la naissance de la « société assurancielle ».

Bernd Guggenberger

Professeur de sciences politiques à la Freie Universität de Berlin, et directeur de l'Institut allemand de philosophie sociale appliquée (DIAS) à Bergisch-Gladbach. Il est l'auteur de nombreux ouvrages, notamment : *Wenn uns die Arbeit ausgeht*, Munich, 1988 ; *Mensch, Natur und Technik ; Brauchen wir eine neue Ethik ?*, Munich, 1990.

Isabelle Jeuffroy-Niehues

Agrégée de sciences économiques et sociales, traductrice de Max Weber dans la *Revue française de sociologie* en 1989, prépare actuellement une thèse sur la sociologie en RFA de 1960 à 1980. Elle enseigne à l'université Lille-I et à la Technische Hochschule de Hanovre (Allemagne).

Denise Jodelet

Docteur d'État, maître de conférences à l'École des hautes études en sciences sociales, directeur-adjoint du Laboratoire de psychologie sociale. Spécialiste de l'étude des représentations sociales, elle a mené plusieurs études dans le domaine de l'environnement. Elle a fondé avec d'autres chercheurs européens le Groupe européen de recherches urbaines, patronné par l'UNESCO.

Bernard Kalaora

Sociologue à l'INRA, anime et gère la recherche en sciences sociales dans le domaine de l'environnement au SRETIE, ministère de l'Environnement, où il est chargé de mission. Il est notamment l'auteur de : *Le musée vert :*

naissance et développement d'un loisir urbain : le cas de la forêt de Fontainebleau, Anthropos, 1981 ; revue *Recherches*, 1981 ; *La forêt pacifiée* (avec Antoine Savoye), L'Harmattan, 1986 ; *Les inventeurs oubliés ; Le Play et ses continuateurs* (avec Antoine Savoye), Champvallon, 1989.

Robert Kandel

Directeur de recherche au CNRS. Responsable scientifique français du projet franco-soviétique de mesure spatiale du bilan radiatif de la Terre. Membre des équipes scientifiques ERBE et CERES de la NASA, et du groupe de travail « Terre, Atmosphère, Océan, Biosphère » du Centre national d'études spatiales. Auteur ou co-auteur de nombreux articles de recherche en astronomie et en géophysique. Il a récemment publié : *Le Soleil, les planètes, la Terre* ; contribution à l'ouvrage collectif *Astronomie Flammarion*, J.C. Pecker (dir.), Flammarion, Paris, 1985, p. 514-561 ; *Le devenir des climats*, collection « Questions de science », Hachette, Paris, 1990.

Marie-Hélène Mandrillon

Chercheur à l'IMSECO, spécialiste de la vie politique et sociale en URSS, elle est notamment l'auteur de l'article « Écologie », *in Cinquante idées qui ébranlent le monde. Dictionnaire de la glasnost*, Paris-Moscou, Payot-Progress, 1989 ; « Environnement et politique en URSS », *Problèmes politiques et sociaux*, série URSS, n° 621, La Documentation française, 15 décembre 1989.

Edgar Morin

Directeur de recherche honoraire au CNRS, a notamment écrit *L'Écologie généralisée*, 1re partie. *De la méthode II. La vie de la vie*, Seuil, 1980, et l'article « La relation anthropo-bio-cosmique » dans la section *L'homme et la nature* de l'*Univers philosophique*, PUF, 1989.

Valentin Pelosse

Chercheur au Groupe de recherches sociologiques du CNRS, s'intéresse au rapport de l'homme à l'animal.

Jérôme Ravetz

Ex-professeur de philosophie des sciences à l'université de Leeds, Grande-Bretagne, il a publié de nombreux travaux sur l'histoire et la philosophie des mathématiques et des sciences, l'évaluation et la gestion des risques, l'analyse des politiques publiques. Ses recherches portent actuellement sur le traitement de l'incertitude dans le domaine du risque. Il anime le « Council for Science and Society » de Londres.

Arie Rip

Professeur de philosophie des sciences à l'université de Twente (Pays-Bas), il dirige le Center of Studies on Science, Technology and Society. Auteur de nombreux articles et ouvrages en sociologie des sciences et des techniques, et en politique scientifique, il s'intéresse particulièrement aux questions d'évaluation de la recherche.

Michèle Rivasi

Agrégée de biologie, professeur à l'École normale supérieure de Valence, présidente de la CRII-RAD depuis sa fondation, administratrice de l'Agence pour la qualité de l'air depuis mai 1990, elle est membre de plusieurs commissions d'information et de surveillance dans le domaine de l'environnement. Auteur de l'article « Les rejets radioactifs, l'environnement et la chaîne alimentaire », in *Actes du colloque : nucléaire, santé et sécurité* organisé par le Conseil général de Tarn-et-Garonne à Montauban en janvier 1988 ; elle collabore régulièrement à la revue trimestrielle *Le Cri du Rad*.

Philippe Roqueplo

Directeur de recherche au CNRS, conduit actuellement une étude sur les modalités de l'expertise scientifique relative à l'augmentation des gaz à effet de serre dans l'atmosphère et à ses conséquences climatiques. Responsable du secteur Énergie au cabinet du ministre de l'Environnement en 1983-1984. Il est auteur de nombreux écrits sur la science, la technique et la société, dont : *Le partage du savoir : science, culture, vulgarisation*, Paris, Seuil, 1974, 3e édition, 1987. *Penser la technique. Pour une démocratie concrète*, Paris, Seuil, 1983 ; *Pluies acides ; menaces pour l'Europe*, Paris, Economica, 1988.

Cécile Schwartz

Ingénieur civil de l'École des mines de Paris depuis 1989. Auteur de l'ouvrage *Les organismes modifiés génétiquement : du laboratoire au champ, des controverses à l'outil scientifique*, Paris, Centre de sociologie de l'innovation, École des mines, 1989.

Carole Scipion

Chercheur à l'École des hautes études en sciences sociales, a collaboré, dans le cadre du Laboratoire de psychologie sociale, à diverses recherches dans le domaine de l'environnement.

Jacques Theys

Docteur en mathématiques, diplômé d'études supérieures en économie et en sciences politiques, est adjoint au chef du Service de la recherche du ministère de l'Environnement, responsable du Groupe de prospective, et chargé de cours à l'université Paris-I. Fondateur de l'association et des *Cahiers* du GERMES, il est membre du comité de rédaction de *Futuribles* et du Comité national français de l'UNESCO. Auteur d'un grand nombre d'articles, il a notamment publié : *L'environnement entre le maire et l'État*, ADEF, 1990 (avec G. Jeannot et V. Renard) ; *Conquête de la sécurité, gestion des risques*, L'Harmattan, 1991 (avec J.P. Gailland, C. Dourlens et P. Vidal-Naquet).

Anne Vourc'h

Spécialiste des relations à l'environnement, travaille sur la revitalisation des banlieues au sein du bureau d'études Campanile Cités Conseil.

Table des matières

Partie 1 13

Quand la science réinvente l'environnement 15
Jacques Theys et Bernard Kalaora

Partie 2 51

1. Les cartes de la connaissance

L'écologie : généalogie d'une discipline 54
Jean-Marc Drouin

Pour une pensée écologisée 66
Edgar Morin

L'écologie en temps réel 78
Francesco Di Castri

Connaissance utile, ignorance utile ? 87
Jérôme Ravetz

2. Incertitudes et controverses

Le débat se réchauffe 104
Robert Kandel

Un dangereux relâchement ? 111
Florian Charvolin et Cécile Schwartz

Tchernobyl : la montée de l'expertise 118
Marie-Hélène Mandrillon

Le lynx a-t-il le mauvais œil ? 126
Anne Vourc'h et Valentin Pelosse

Normandie, 1768-1771 : une controverse sur la soude 130
Gilles Denis

3. L'expert entre la science et la politique

Humains, non-humains : morale d'une coexistence 140
Michel Callon et Arie Rip

L'expertise scientifique, consensus ou conflit ? 157
Philippe Roqueplo

La science absorbée par la commande administrative 170
Denis Duclos

Tradition culturelle et expertise 188
Jacques Defrance et Isabelle Jeuffroy-Niehues

4. Géo-, média-, et démo... crates

L'expertise, une illusion nécessaire 204
François Ewald

Quand la science met l'inconnu dans le monde 210
Denise Jodelet et Carole Scipion

Expertise et contre-pouvoir 223
Michèle Rivasi

La montée des géocrates 233
Guy Béney

Partie 3 245

Un autre regard : Le droit de l'homme à l'erreur 247
Bernd Guggenberger

Annexes 259

Bibliographie 261

Biographie des auteurs 264

Déjà parus dans la même collection

Tokyo séisme. 60 secondes qui vont changer le monde.
N° 2. Par Peter Hadfield

Technologies du quotidien. La complainte du progrés.
N° 3. Dirigé par Alain Gras et Caroline Moricot

À paraître dans la même collection

Le corps surnaturé. Les sports entre science et conscience.
Dirigé par Claude Genzling

Les chiffres molles. Ou l'illusion des statistiques.
Dirigé par Jean-Louis Besson

Éditions Autrement

Directeur-rédacteur en chef : Henry Dougier. *Rédaction :* Béatrice Ajchenbaum-Boffety. Nicole Czechowski. Maurice Lemoine. *Fabrication/Secrétariat de rédaction :* Bernadette Mercier, *assistée de* Hélène Dupont. *Maquette :* Patricia Chapuis. *Concept couverture :* Philippe Apeloig. *Service financier :* Éric Moulette. *Gestion et administration :* Anne Allasseur. Agnès André. Hassina Mérabet. Christian Da Silva. *Service commercial :* Jean-François Platet. *Attachée de presse :* Magalie Cornetto.

Abonnements au 1er janvier 1992 : la collection Sciences en société, complémentaire des Séries « Mémoires », « Morales », « Monde » et « Mutations », est vendue à l'unité (120 F par ouvrage) ou par abonnement (France : 380 F ; Étranger : 480 F) de 4 titres par an. L'abonnement peut être souscrit auprès de votre libraire, ou directement à Autrement, Service abonnements, 4, rue d'Enghien, 75010 Paris. Établir votre paiement (chèque bancaire ou postal, mandat-lettre) à l'ordre de NEXSO (CCP Paris 1-198-50-C). Le montant de l'abonnement doit être joint à la commande. Veuillez prévoir un délai d'un mois pour l'installation de votre abonnement, plus le délai d'acheminement normal. Pour tout changement d'adresse, veuillez nous prévenir avant le 15 du mois et nous joindre votre dernière étiquette d'envoi. Un nouvel abonnement débute avec le numéro du mois en cours.
Vente en librairie exclusivement. Diffusion : Éditions du Seuil.

Directeur de la publication : Henry Dougier, Revue publiée par Autrement
Comm. par. 55778. Corlet, Imp. S.A., 14110 Condé-sur-Noireau. N° 1172.
Dépôt légal : janvier 1992. ISBN : 2-86260-344-9. *Imprimé en France*